40种装饰、38款蛋糕，
千余张彩色图解

蛋糕装饰技法大全

详尽的步骤图解，高手升级，新手零失败！

[日]杉本都香咲 著
徐泽华 译

河北科学技术出版社

目 录

第1章 奶油装饰

Decoration technic

奶油

意大利蛋白霜

第2章 水果装饰

Decoration technic

水果

镜面果胶

第3章 巧克力装饰

第4章 其他装饰方法

Decoration technic

巧克力

甘纳许

表层巧克力

Decoration technic

杏仁蛋白软糖

粉类装饰

和面和打发奶油

基础蛋糕坯

基础奶油

Column

专栏

装饰工具

注意事项

材料

◆除特别说明外，一般使用以下规格的材料：

- 鸡蛋=M码（重50g、蛋黄20g、蛋白30g）
- 黄油=无盐黄油
- 生奶油=包装上标有“奶油”
- 巧克力=回火巧克力
- 面粉=高筋面粉
- 吉利丁=吉利丁片
- 镜面果胶=非加热型镜面果胶
- 糖汁=100mL水加入100g白砂糖煮溶而成
- 糖粉（装饰用）=难溶解型

◆白砂糖可用绵白糖代替。

◆食用色素可以用水溶解后使用。

准备

◆熔解巧克力时，可先用刀将板状巧克力切细。

◆吉利丁先放在冷水中浸泡。

◆低筋面粉过筛备用。

◆烤箱预热至指定温度。

◆烤箱预热温度根据蛋糕种类有所不同，请参照制作说明。

◆不同品牌的烤箱其预热温度和时间也有所不同，请根据情况自己调整。

道具

◆本书中所用的纸包括食品包装纸（本书一律简称为纸）、烘烤板、烘烤纸和玻璃纸。烘烤板可以洗净后反复使用，烘烤纸则是一次性用品，使用时两者均可。

◆由于温度有可能超出100℃，请使用刻度为200℃的温度计。

关于打发步骤

◆生奶油请隔冷水打发。但是，如果混合巧克力打发时，请先将奶油放入冰箱中冷藏，打发时就不要再浸入冷水了。

第1章

奶油装饰

草莓小蛋糕

在蛋糕四周用裱花嘴制作出可爱的圆形裱花，中间装饰上草莓，红与白交相辉映，华丽的蛋糕就这样诞生啦！

材料（直径18cm的圆形模具1个）

■海绵蛋糕坯

鸡蛋 ……………………………………………… 3个
白砂糖 …………………………………………… 90g
低筋面粉 ………………………………………… 90g
黄油 ……………………………………………… 20g
牛奶 ……………………………………………… 10g

■打发奶油

生奶油（乳脂肪含量47%）……………… 400g
白砂糖 …………………………………………… 32g

■夹心水果

草莓 ……………………………………………… 8~10个

■最后装饰

草莓 ……………………………………………… 6~8个
糖粉、开心果（切碎）、镜面果胶、巧克力板（见P42）…………………………………… 适量

准备

■海绵蛋糕坯

・预先做好海绵蛋糕坯备用（见P172）

制作方法

制作海绵蛋糕坯

1 制作海绵蛋糕坯，放入模具中烤好（见P172）。

打发奶油

2 生奶油中加入白砂糖，打至七分发（见P182）。

切草莓

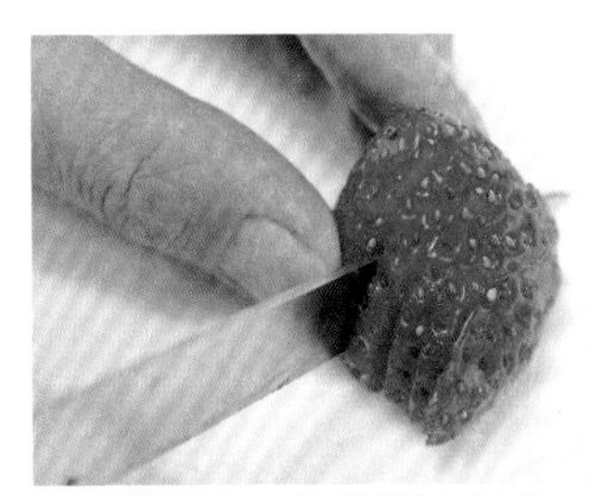

3 将做夹心的草莓切成厚3~4cm的薄片。留下3个整的草莓用做装饰，剩下的从中间一切两半。

组装蛋糕

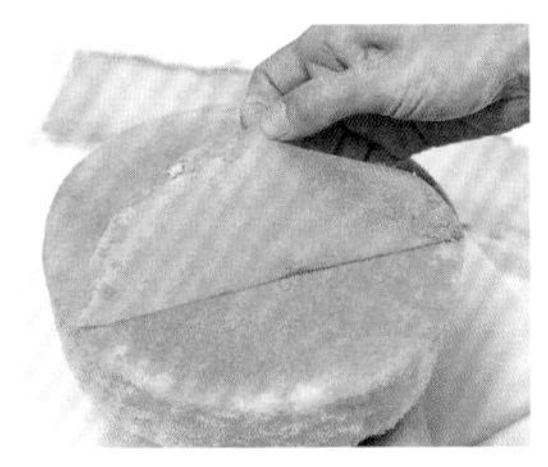

4 揭掉步骤1（海绵蛋糕坯）底面的纸。

5 蛋糕前后各放一块厚度1cm的木条垫，用波浪刃切片刀沿着木条将蛋糕切为1cm厚的蛋糕片。

※选用厚1cm、宽2cm的木条垫，这样可以切出1cm或2cm厚的蛋糕片，十分方便。

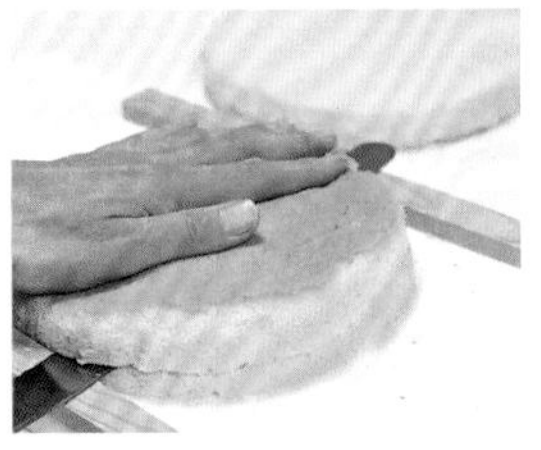

6 用同样的方法再切2片蛋糕片，共计3片。

※剩下的海绵蛋糕坯可用保鲜膜包好放到冰箱里，以后可以用来做慕斯蛋糕等其他种类的蛋糕。

7 将1片蛋糕片放在旋转台的中间位置，在上面放上1勺奶油。

※建议将最先切下的蛋糕片放在最下面。

※蛋糕片位置若是偏离，组装时会遇到困难，所以一定要放在旋转台的正中央。

8 先用抹刀将奶油涂抹到整个蛋糕片上，然后抹刀前半部放在蛋糕上固定不动，转动旋转台，将奶油涂抹均匀。

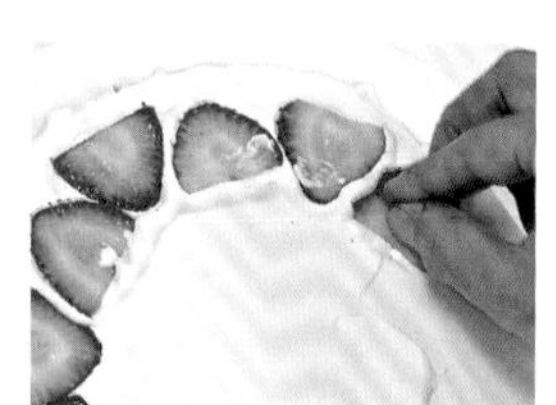

9 将草莓片嵌入奶油中，草莓片距蛋糕边缘5mm，形状上下错开，环绕一周。

※由于在制作蛋糕过程中，蛋糕片的重量会使夹心的草莓发生错位，所以草莓片要放在距离蛋糕边缘5mm的地方。

10 摆上剩下的草莓片，注意空出中心位置。

※为了以后切蛋糕方便，蛋糕的中心位置要空出来，以免切蛋糕时草莓片卡在切刀上。

11 在草莓片上覆盖打发奶油，厚度以能透过奶油看见草莓为准。

※这是为了填上草莓片之间的空隙，防止蛋糕发生凹陷。

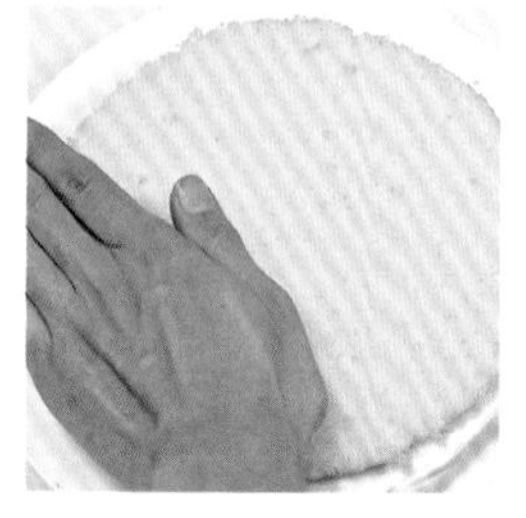

12 放上第2片蛋糕片，注意别放歪了，然后将其轻轻压平，重复步骤7~11，最后放上第3片蛋糕片。

※不注意的话蛋糕容易变成拱顶形状，所以放蛋糕片的时候一定要将其压平。

13 蛋糕涂奶油（见P34）。

装饰

14 将剩下的奶油打至八分发（见P182）。然后将其放入裱花袋中，在裱花袋前面装上口径1cm的裱花嘴。

15 在蛋糕边缘裱两圈水滴形裱花。两圈裱花的水滴要相互交错。

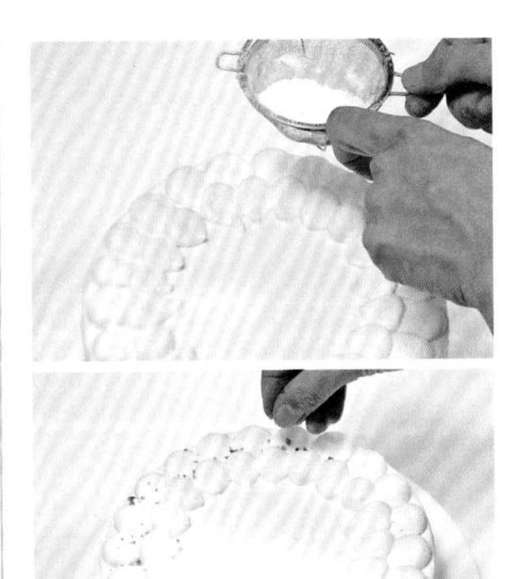

16 用筛网过滤糖粉，然后撒上开心果。

17 在上面放上草莓，完整的3个草莓放在中间，切开的草莓放在四周垒成宝塔状。

※把好看的草莓摆在上面。

18 在草莓的切口涂上镜面果胶，蛋糕就完成了。之后可以按照个人喜好自由装点。

草莓方形花蛋糕

在传统样式的基础上加入现代元素而得出的精巧设计，看似漫不经心的装饰，实则处处精心安排，就连蛋糕切分都已考虑在内。

材料（18cm×18cm×4cm的方形模具1个）

■海绵蛋糕坯

鸡蛋……3个
白砂糖……90g
低筋面粉……90g
黄油……20g
牛奶……10g

■打发奶油

生奶油（乳脂肪含量47%）……450g
白砂糖……36g

■夹心水果

草莓……10~12个

■最后装饰

草莓……5个
糖粉、镜面果胶（见P42）……适量

准备

■海绵蛋糕坯

- 预先做好海绵蛋糕坯备用（见P172，模具的准备方法和慕斯圈是一样的）

制作方法

制作海绵蛋糕坯

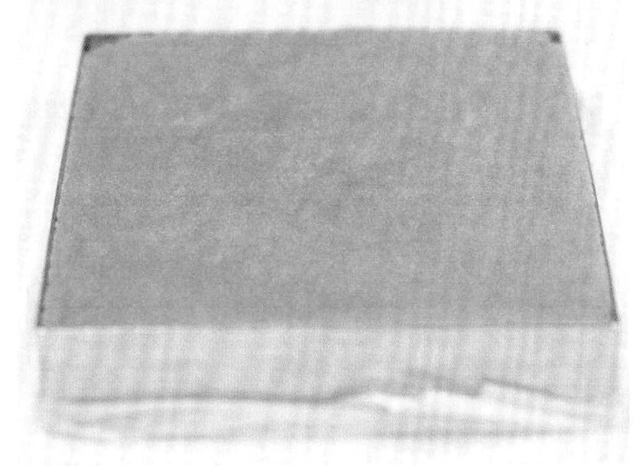

1 制作海绵蛋糕坯，放入模具中烤好（见P172）。

打发奶油

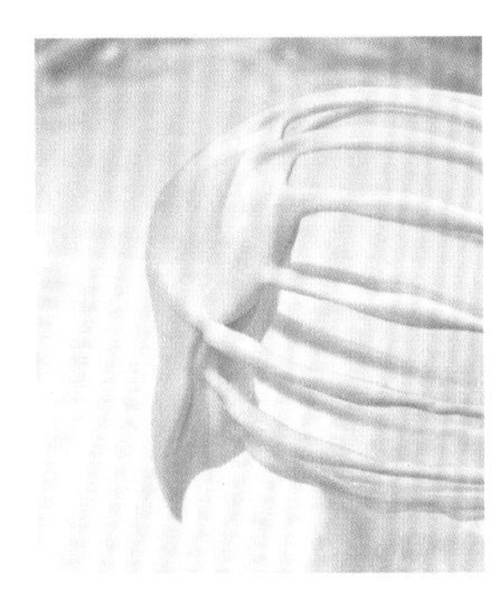

2 生奶油中加入白砂糖，打至七分发（见P182）。

切草莓

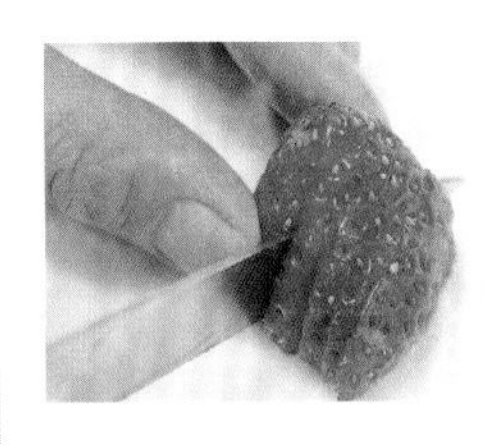

3 将做夹心的草莓切成厚3~4mm的薄片。装饰用的草莓要从中间切开。

组装蛋糕

4 揭掉步骤1（海绵蛋糕坯）底面的纸，将刀具沿着模具的四边插入，将蛋糕脱模。

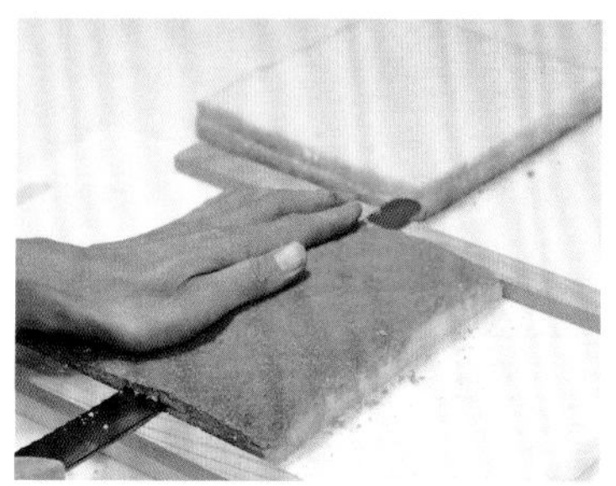

5 将蛋糕切为3片，厚度为1cm。

※蛋糕的烧烤面切掉，不再使用。

6 将1片蛋糕片放在案板上，取出1/4的打发奶油放在上面，用抹刀抹平。

※由于四方形蛋糕无法使用旋转台，只能用案板代替。

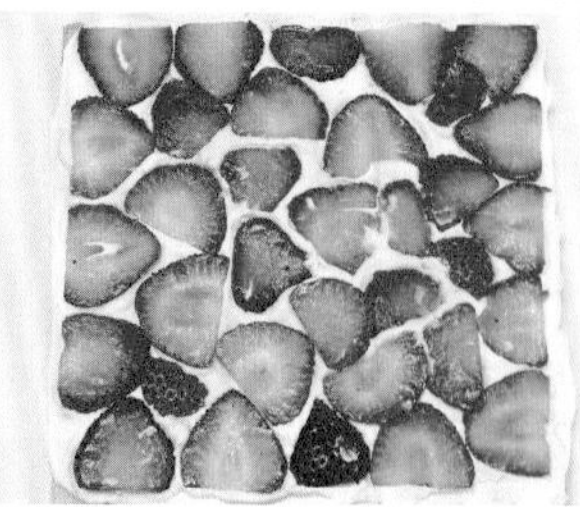

7 先围绕蛋糕的周边，将草莓嵌在奶油中，草莓宽的一端朝外，然后再将剩下的草莓片摆在中间，尽量排列紧密。

※用手轻压草莓片，使其嵌在奶油中。

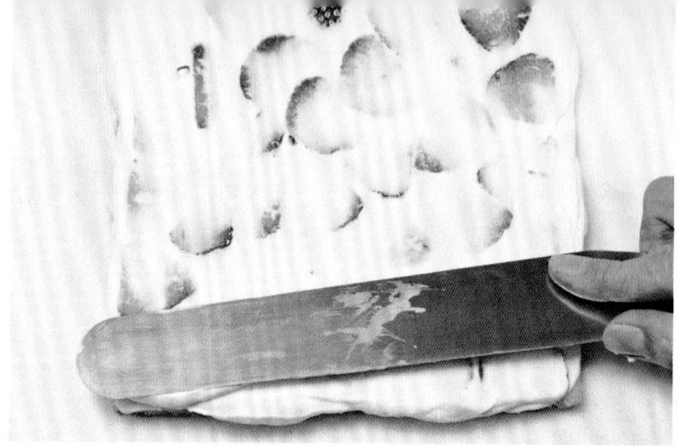

8 在草莓片上放上打发奶油，用抹刀抹平，厚度以能透过奶油看见草莓为准。

※放上奶油以填满空隙。

9 放上第2片蛋糕片，注意别放歪了，然后将其轻轻压平，重复步骤6~8，最后以同样方式放上第3片蛋糕片。

10 涂奶油底。在蛋糕上面放上打发奶油，用抹刀前后涂抹均匀，厚度尽量薄，但要以不透明为准。

※涂奶油时，要用抹刀将奶油从奶油多的地方刮到没有奶油的地方。

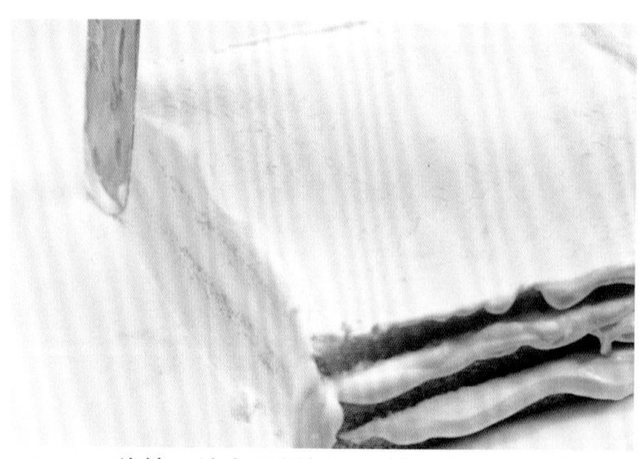

11 将抹刀放在蛋糕侧面，抹平溢出的奶油。

※侧面部分稍后将要切掉，但是抹平奶油的话方便后面的工作。

12 正式涂奶油。将打发奶油放在蛋糕上面，将其抹平。

※抹刀的使用方法与P12的步骤10相同。

13 用长切片刀由远至近抹平奶油，然后将蛋糕放入冰箱冷藏30分钟。

※由于侧面部分要被切掉，所以此处的奶油不必再管。

装饰

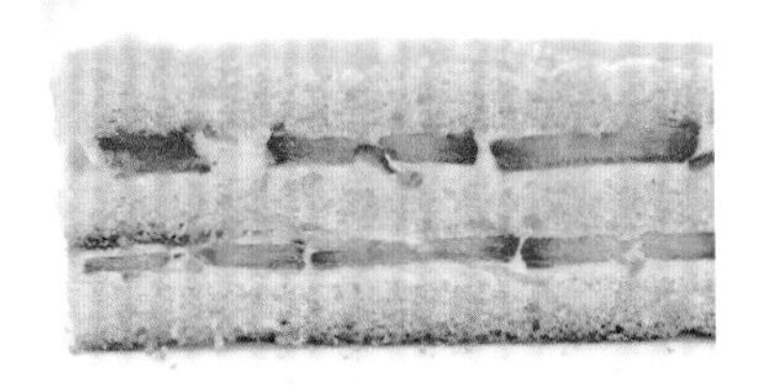

14 加热切片刀，将蛋糕的4条边各切掉5cm。

15 用抹刀在蛋糕上横、竖各划3条线，使其能够9等分。

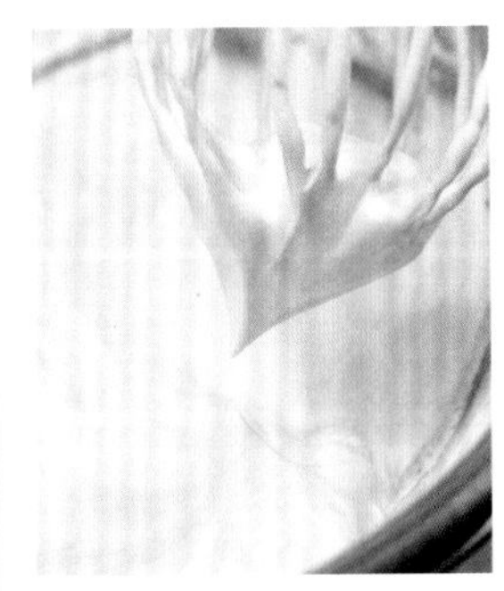

16 将剩下的奶油打发至八分（见P182）。将其放入裱花袋中，前面装上口径1cm的裱花嘴。

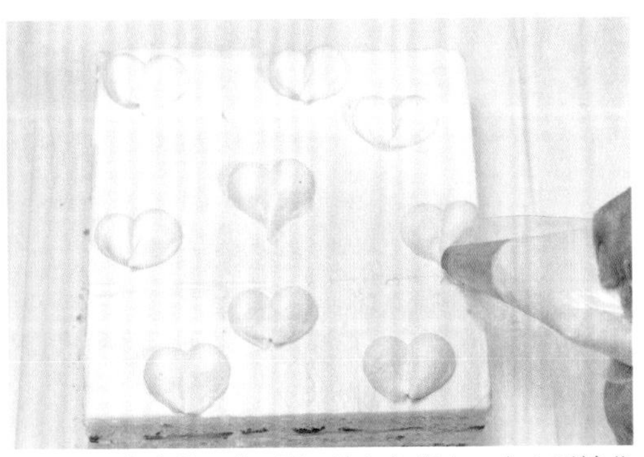

17 在步骤15分开的9处中各挤出一个心形裱花（见P37）。

18 在心形裱花的斜上方做出球形奶油裱花，装饰上草莓（外面撒上糖粉，切口涂上镜面果胶），蛋糕完成。

核桃仁巧克力蛋糕

花瓣形状的奶油围成一圈，如同盛开的雏菊。在可爱中透出稍许的成熟。

制作方法见P16、17

柠檬蛋挞

意大利蛋白霜的3种裱花。裱花形状不同，上焦方式也随之改变，如同3种不同的表情。

制作方法见P18、19

核桃仁巧克力蛋糕

材料（直径15cm的蛋糕模具1个）

■核桃海绵蛋糕坯

鸡蛋……2个
白砂糖……60g
低筋面粉……60g
核桃仁（切细）……20g
黄油……13g
牛奶……7g

■巧克力鲜奶油

巧克力（牛奶）……85g
生奶油（乳脂肪含量35%）……300g

■最后装饰

可可粉、细砂糖……适量
核桃仁（大小为1cm左右）……3粒

准备

■核桃仁海绵蛋糕坯

・提前做好海绵蛋糕坯（P172）

■巧克力鲜奶油

・生奶油放入冰箱冷藏

制作方法

核桃仁海绵蛋糕坯做法

1 参考P172、173步骤1~7，当面粉还剩下少许时，加入核桃仁搅拌均匀，然后按照P173步骤8~11继续加工。

巧克力鲜奶油做法

2 将巧克力放入汤锅中搅拌，使其熔化，温度为45℃。

※由于余热会使温度继续上升，当加热至40℃时便应将汤锅端下。

3 将冷藏的生奶油打至七分发（P182），打发奶油时注意不要放在冰水里。

※由于稍后要将巧克力放入，为防止巧克力结块，打发奶油时不能放在冰水里。

※生奶油如果没有提前冷藏，可将其放入冰水打发直到奶油呈黏稠状，然后再从冰水里拿开。

4 将步骤3（奶油）的1/3放入步骤2（巧克力）中，搅拌均匀，直到带有光泽为止。

※如果巧克力凝固发硬，将其放入汤锅，慢慢加热容器，从汤锅中取出后，待其变柔软时再加入奶油。

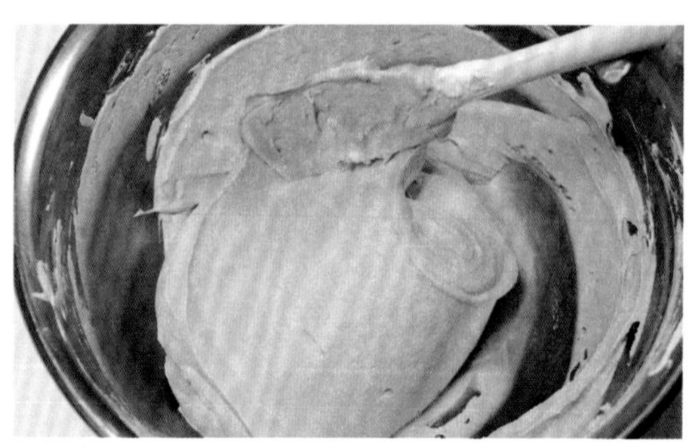

5 加入剩下的奶油，用打蛋器不停搅拌直到其开始凝固为止，然后用橡胶刮刀从容器底部开始手工搅拌均匀。

组装

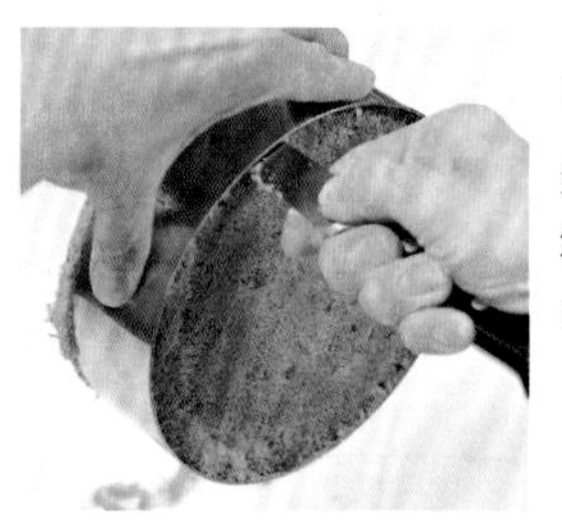

6 揭掉步骤1（海绵蛋糕坯）底部的纸，用水果刀沿模具边缘将蛋糕与模具分开。

※将水果刀刀尖向上插入模具，刀刃紧贴模具内侧划开，这样不会破坏蛋糕形状。

7 将蛋糕切为3片，厚度为1cm。

※若有剩余，可将其放入冰箱中。

8 将其中1片放到旋转台上，在上面放上略多于1勺的奶油（步骤5），然后用抹刀将其涂抹均匀（P8步骤8）。

9 放上第2片蛋糕片，注意位置不要偏移，轻轻压平，然后用同样的方法放上第3片蛋糕片。

10 涂奶油（P34）。

※因为要用剩下的巧克力鲜奶油做裱花，所以可以将其放到小一些的容器里。

装饰

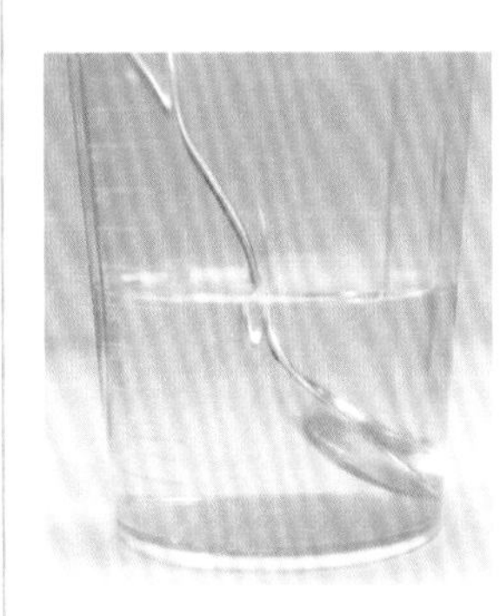

11 将汤勺放入热水中加热（P40步骤2）。

12 用步骤10的巧克力鲜奶油做裱花（P40步骤3~5）。

13 将裱花轻轻放到蛋糕上，注意汤勺不要碰到蛋糕，全部裱花要呈放射状围成一圈。

※注意不要让汤勺碰到蛋糕表面。

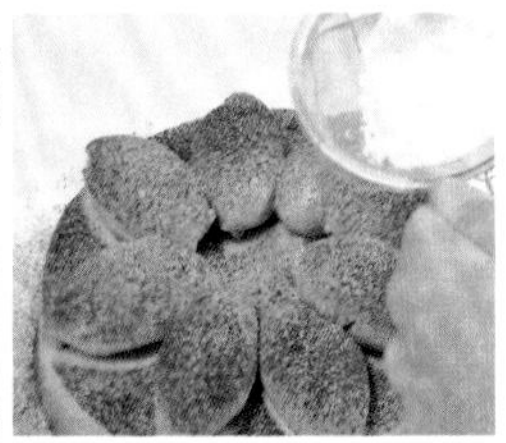

14 将可可粉、细砂糖分别放入滤茶器中，然后用抹刀轻轻敲击滤茶器边缘，将其分先后均匀撒到蛋糕上，将核桃仁放到蛋糕的中心位置以起到装饰作用，蛋糕完成。

※在用抹刀敲击滤茶器时，细小颗粒会首先落下，这样裱花的形状会更加完美。

柠檬蛋挞

材料（直径7cm的蛋挞模具8个）

■蛋挞皮

黄油 …… 75g
糖粉 …… 50g
食盐 …… 1g
鸡蛋 …… 25g（1/2个）
低筋面粉 …… 120g
杏仁粉 …… 20g

■柠檬蛋挞液

鸡蛋 …… 2个
白砂糖 …… 100g
玉米淀粉 …… 10g
柠檬汁 …… 60g
黄油 …… 80g

■意大利蛋白霜

蛋白 …… 60g
白砂糖 …… 10g
糖汁 水 …… 35g
糖汁 白砂糖 …… 110g

■装饰

糖粉 …… 适量

准备

■蛋挞皮

- 蛋挞皮提前烤好备用（见P178）

■柠檬蛋挞水

- 将白砂糖与玉米淀粉混合备用
- 将黄油切成小块

制作方法

制作蛋挞皮

1 制作蛋挞皮（见P178），放入磨具中烤好（见P181）。用抹刀将蛋挞皮底部与上部凸出部分削掉。

※蛋挞皮的外形关系到整个蛋挞的美观度。

制作柠檬蛋挞液

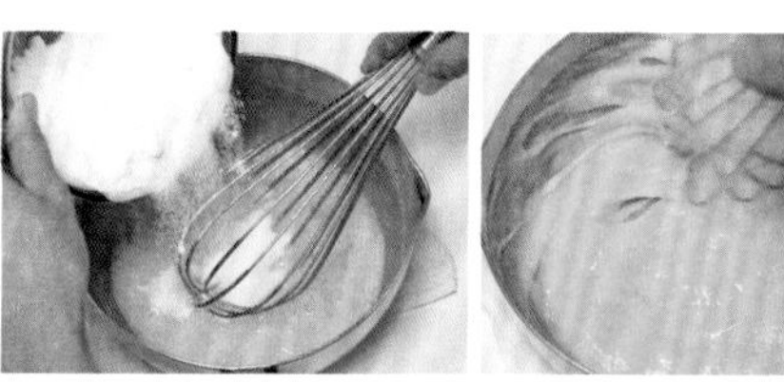

2 在锅中放入鸡蛋并打开，然后加入白砂糖与玉米淀粉的混合物，搅拌均匀。

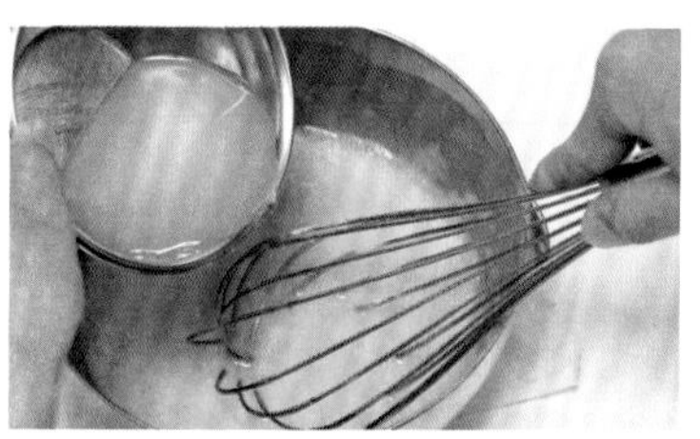

3 加入柠檬汁和黄油，用打蛋器继续搅拌。

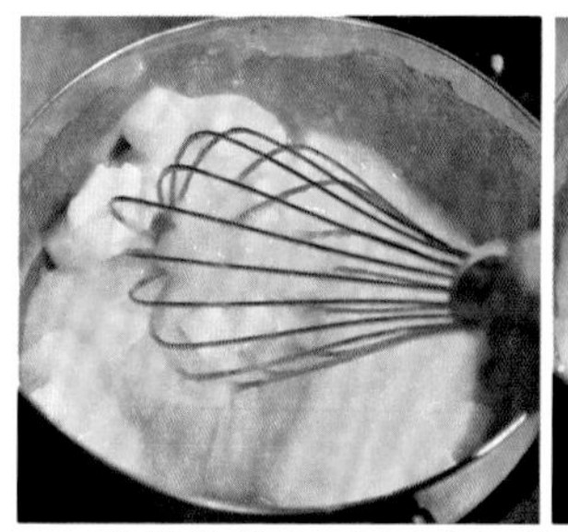
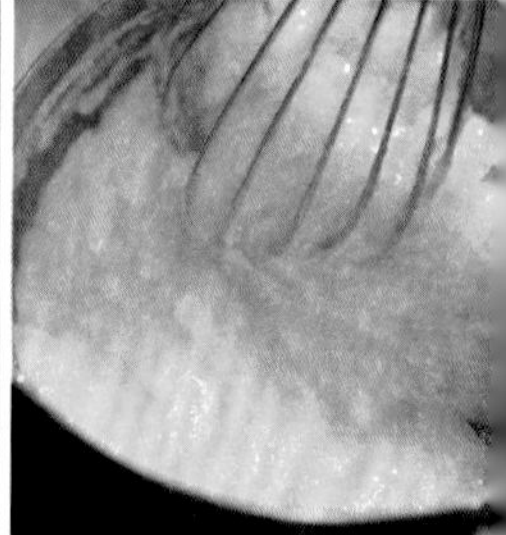

4 将锅放到灶上用中火加热，同时不停地搅拌，将蛋挞液向上提起，带离锅底，当其呈透明状时将锅从灶上拿开。

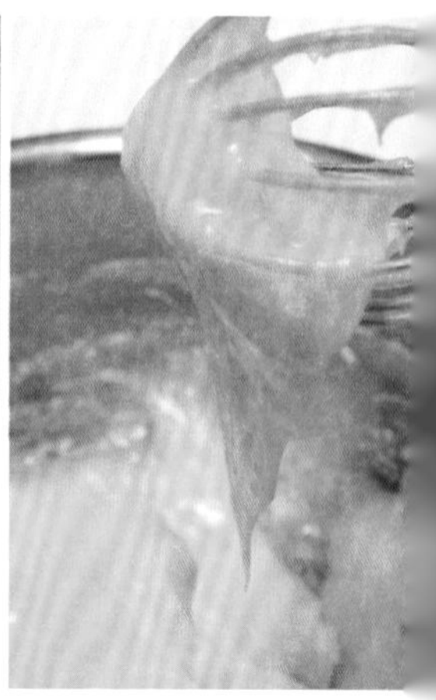

5 将蛋挞液转移到小盆子里，浸在冷水中继续搅拌，待其完全冷却后从冷水里拿出，并继续打发，直到透明感不断加强，变得像果冻一样为止。

6 将蛋挞液放入裱花袋，前面装上口径1cm的裱花嘴，然后倒入步骤1（蛋挞皮）中，倒的时候要从中间开始像画圆一样向外倒。

装饰

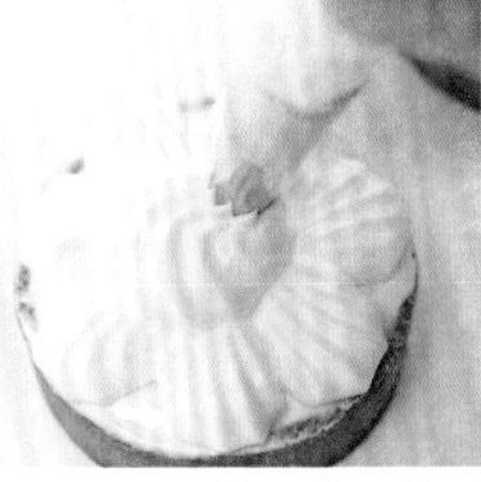

7 制作意大利蛋白霜（见P183），将蛋白霜放在步骤6上面，用抹刀抹平。

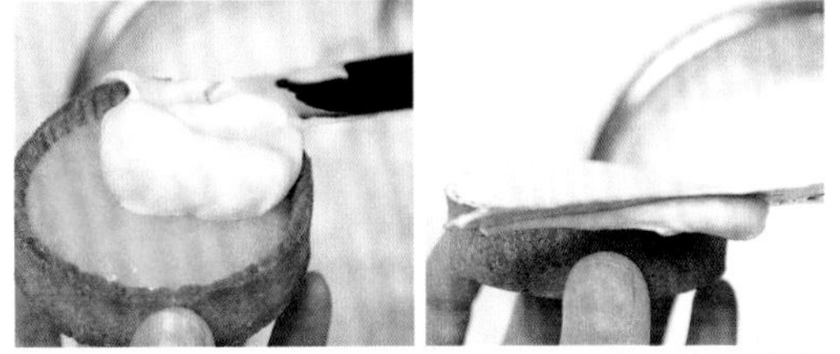

8 将蛋白霜放入裱花袋中，用星形裱花嘴从外到内裱出贝壳形（见P38），裱完一周后再在中间裱1个球形（见P38）。

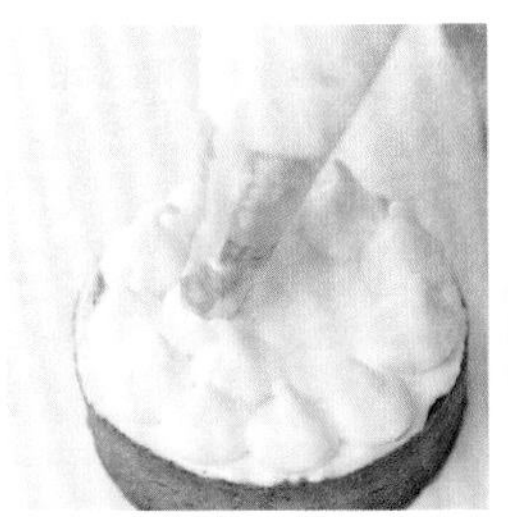
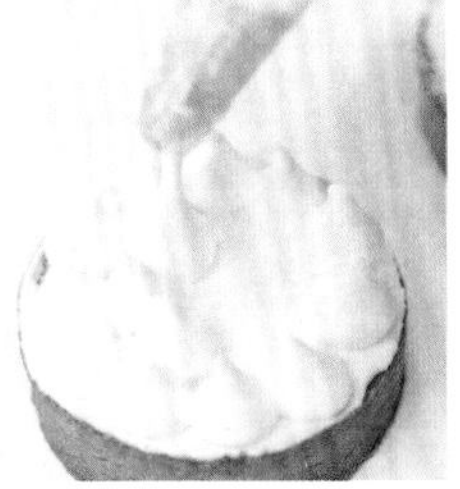

9 用口径8~9mm的圆形裱花嘴裱出球形裱花（见P37）。

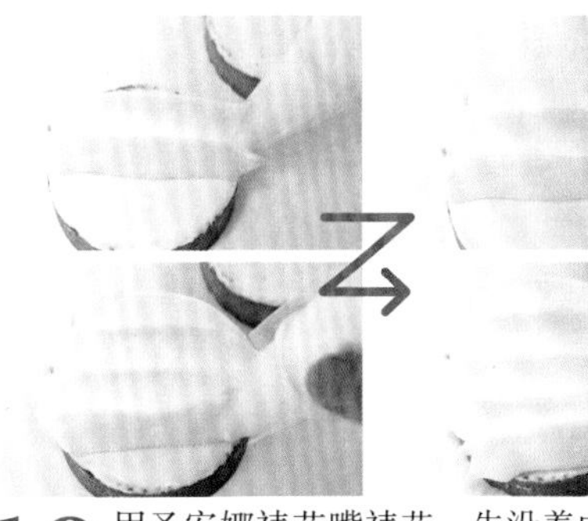

10 用圣安娜裱花嘴裱花。先沿着中间裱出一道，然后再向两侧逐次裱花（见P39）。

※这时意大利蛋白霜从边缘处溢出也不要紧。

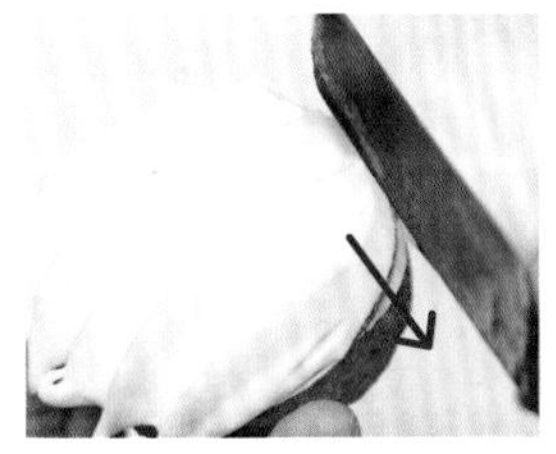

11 用抹刀抵住蛋挞边缘，向斜下方将溢出的蛋白霜刮掉。

12 将糖粉筛到蛋挞表面，如果糖粉溶解，可以再筛一次。

13 将蛋挞放入烤箱，温度调至200~220℃，待其表面稍微出现焦黄色时取出。

摩加咖啡蛋糕

奶油的可塑性与3种裱花技巧巧妙组合，
充分展现了星形裱花的美丽之处。

材料（直径18cm的圆形模具1个）

■咖啡风味海绵蛋糕坯

鸡蛋……3个
白砂糖……90g
低筋面粉……90g
速溶咖啡……6g
热水……6g
黄油……30g

■咖啡风味黄油奶油

黄油……280g
意大利蛋白霜
　蛋白……80g
　白砂糖……15g
　糖汁［水……40g
　　　　白砂糖……120g
速溶咖啡……8g
热水……8g

■朗姆酒风味海绵糖汁

糖汁（见P4）……30mL
朗姆酒……20mL

■装饰

咖啡豆形状的巧克力……8粒

准备

■咖啡风味蛋糕坯

· 海绵蛋糕坯提前烤好备用（见P172）

■朗姆酒风味糖汁

· 将糖汁混合，搅拌均匀备用

制作方法

制作咖啡风味海绵蛋糕坯

1 制作过程参见P172、173步骤1~6。其中步骤3中只需要将黄油放在汤锅中熔化即可。

2 用开水溶化速溶咖啡，倒入P173步骤6中打发好的鸡蛋里，充分搅拌后按照P173步骤7~11制作海绵蛋糕坯。注意，在步骤8中要加入溶化好的黄油。

制作咖啡风味黄油奶油

3 制作黄油奶油（见P184）。用适量的开水溶化速溶咖啡。

4 将咖啡倒入黄油奶油中，同时用手动搅拌器搅拌，搅拌好后，再用橡胶刮刀充分搅拌均匀。

※为防止靠近容器底部的那部分搅拌不到，后面一定要换用橡胶刮刀。

组装蛋糕

5 揭掉蛋糕坯底面和侧面的纸，将其均匀切为厚1cm的蛋糕片，将底面烤焦的部分去掉。

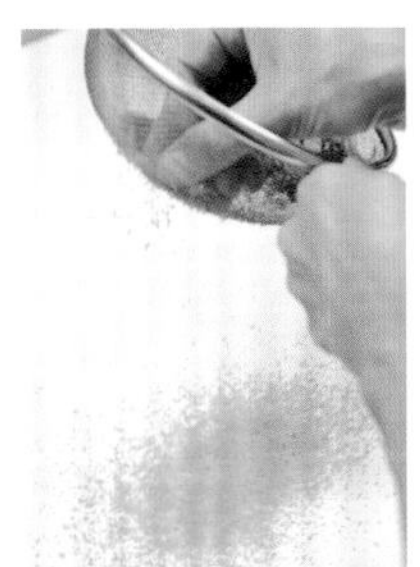

6 将切好的蛋糕片留下3片备用，其余的用万能筛滤成面包屑。

※切掉的底面部分由于在烤制过程中水分完全蒸发，所以不能用来制作面包屑。

7 将1片蛋糕片放在旋转台的中心位置，在上面涂上朗姆酒糖水。

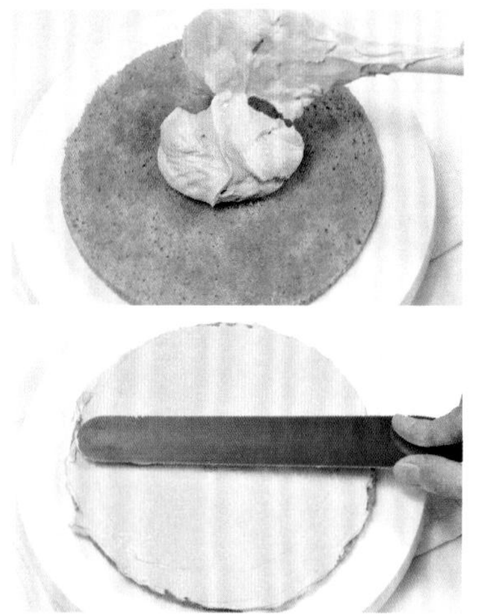

8 取出适量的咖啡风味黄油奶油放在蛋糕片上面，用抹刀抹平（见P8步骤8）。

9 将第2片蛋糕片放在第1片上面，注意应使两片完全重合，然后用手轻轻压平。

10 重复步骤7、8，放上第3片面包片，在其表面涂上朗姆酒糖汁。

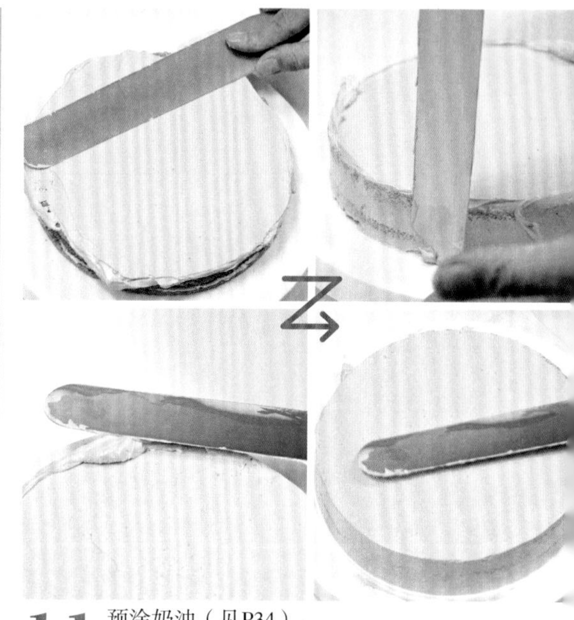

11 预涂奶油（见P34）。

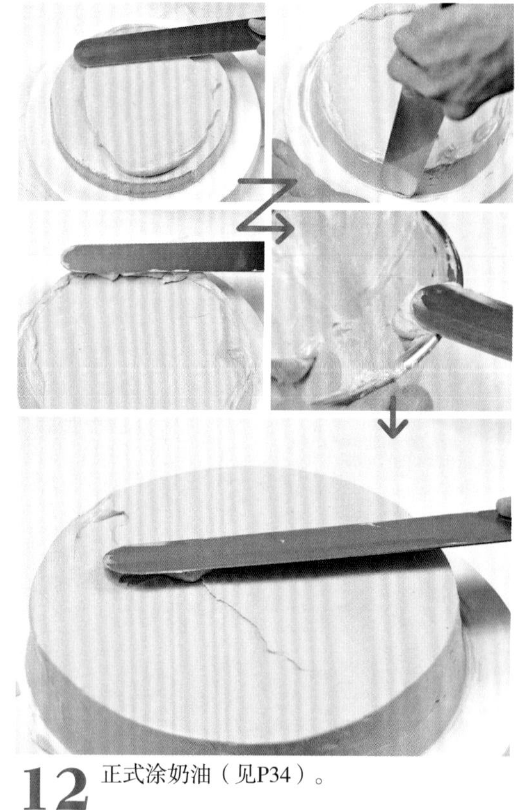

12 正式涂奶油（见P34）。

※涂抹完成后拿开抹刀，如果正面朝上直接拿掉则会将奶油带离表面，所以应该将一侧倾斜，逐渐加大角度，慢慢从蛋糕上拿开。

装饰

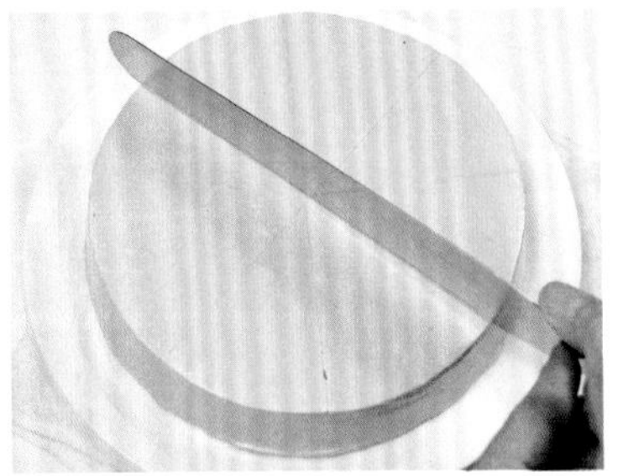

13 用抹刀在蛋糕表面划线，将蛋糕面8等分。

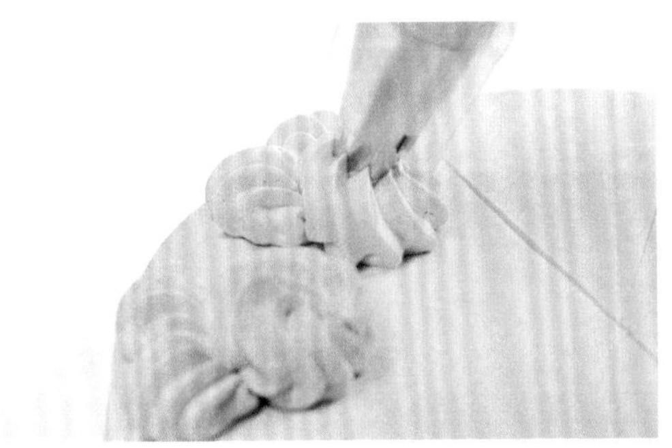

14 将剩下的黄油奶油放在裱花袋中，装上星形裱花嘴，裱花时先在边缘裱出心形裱花（见P38），然后在心形裱花的连接处裱圆形裱花（见P38）。

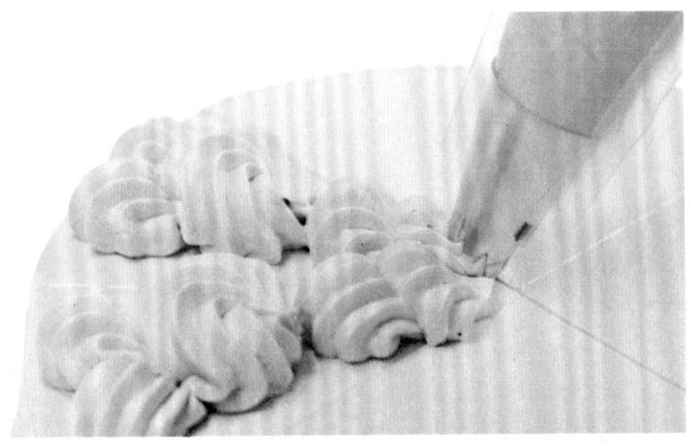

15 向中心方向裱2个连接的贝壳形裱花（见P38）。

※两个两个裱的话可以不用一直移动旋转台，效率比较高。

16 重复步骤14、15，在8个部分上都裱上同样的裱花。

17 最后在中心位置裱圆形裱花（见P38）。

18 装饰上咖啡豆形状的巧克力。

19 将蛋糕拿起，将步骤6中的面包屑撒在蛋糕的下面，蛋糕完成。

圣诞树干蛋糕

人们熟悉的圣诞蛋糕是树干一般的形状。在断面做出年轮般的装饰，会让蛋糕更加完美。

制作方法见P26~29

Merry Christmas

蒙布朗蛋糕卷

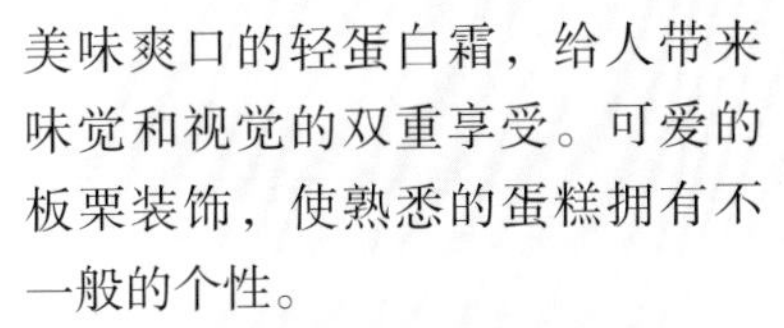

美味爽口的轻蛋白霜，给人带来味觉和视觉的双重享受。可爱的板栗装饰，使熟悉的蛋糕拥有不一般的个性。

制作方法见P30~33

圣诞树干蛋糕

材料（蛋糕长度约为25cm）

■海绵蛋糕坯

鸡蛋……3个
白砂糖……90g
低筋面粉……90g
牛奶……15g

■黄油奶油（香草味、板栗味）

黄油……280g
意大利蛋白霜
　蛋白……80g
　白砂糖……15g
　糖汁　水……40g
　　　　白砂糖……120g
香草精……适量
板栗奶油……200g

■朗姆酒风味糖汁

糖汁（见P4）……30mL
朗姆酒……10mL

■装饰

食用色素（红色、黄色和绿色）……适量
巧克力板……适量

准备

■海绵蛋糕坯

- 蛋糕坯提前烤好备用（见P172，注意烤箱要预热到200~210℃）

■朗姆酒风味糖汁

- 将糖汁混合，搅拌均匀备用

■准备模具

在模具（30cm×30cm）的底面与侧面刷上黄油。

※黄油是为了粘住纸张，可以用人造黄油代替。

在模具上铺上1张纸，纸要比模具大些（纸的4个角向里剪开，长度5~6cm）。

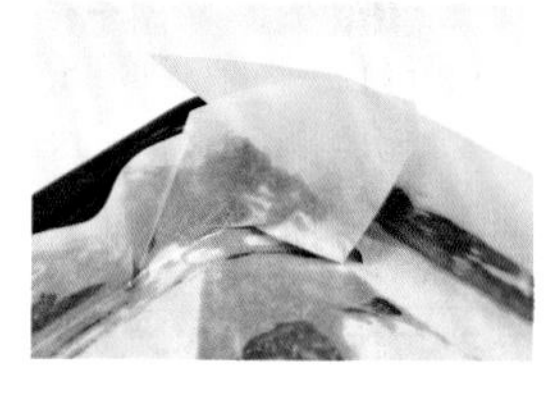

纸的4个角可以重叠。

制作方法

制作海绵蛋糕坯

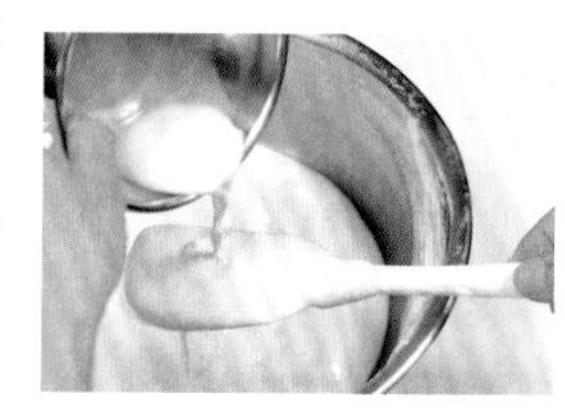

1 海绵蛋糕坯的制作过程参见P172、173步骤1~9。但是在步骤3中只需要将牛奶放入汤锅中即可，然后在步骤8中将其倒入面糊里。

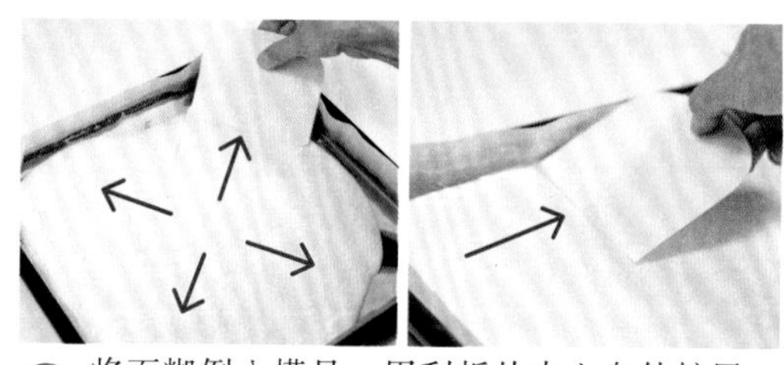

2 将面糊倒入模具，用刮板从中心向外扩展，然后一边90°旋转模具，一边由左至右将面抹平。

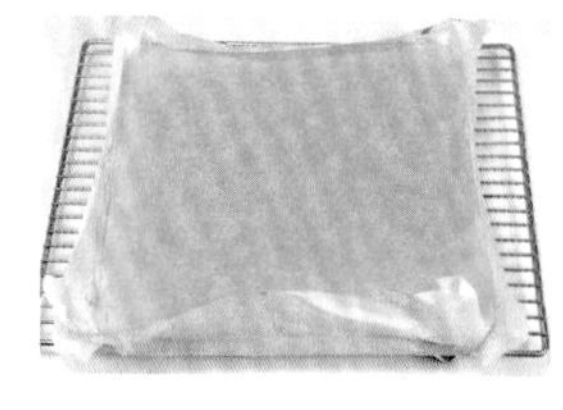

3 烤箱温度设定至200~210℃，烤制10分钟左右，然后从烤箱中取出后脱模，按照P173步骤11中的方法冷却。

制作香草风味黄油奶油

4 制作黄油奶油（方法见P184），加入香草精搅拌均匀。取出100g放入裱花袋中，装上8mm口径的裱花嘴。

※需要香草和栗子风味的奶油，但是两者同时制作效率更高（这样可以使栗子风味的奶油也带有香草的香味）。

制作栗子风味黄油奶油

5 在步骤4剩下的黄油奶油中加入栗子奶油，用手动搅拌器搅拌。全部搅拌好之后再换用橡胶刮刀从底部开始充分搅拌均匀。

卷蛋糕

6 取出烤好的海绵蛋糕坯，在上面盖层纸，然后将其翻至底面朝上，将纸揭掉，再把蛋糕翻过来，使其正面朝上。

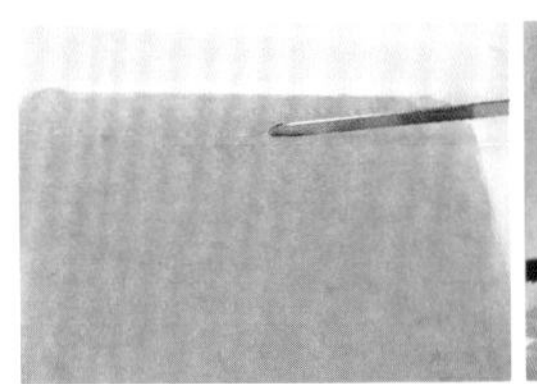

7 用波浪刃切片刀在海绵蛋糕坯远离自己的一侧划4~5道，在靠近自己的一侧斜着划1道。

※卷蛋糕时应沿着由外向内的顺序，最后的一边斜着划可以使卷出来的蛋糕更加美观。

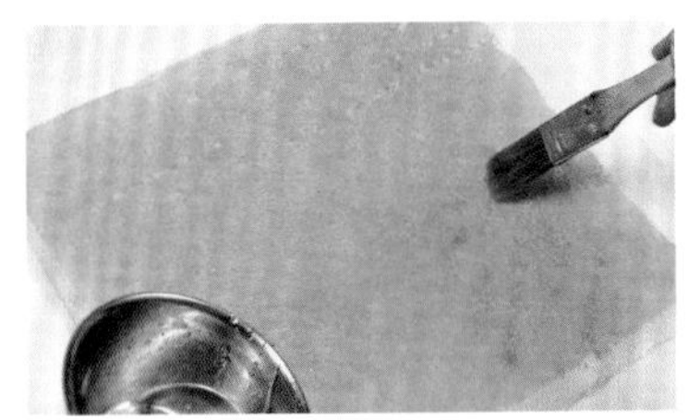

8 在蛋糕表面涂上朗姆酒风味的糖汁。

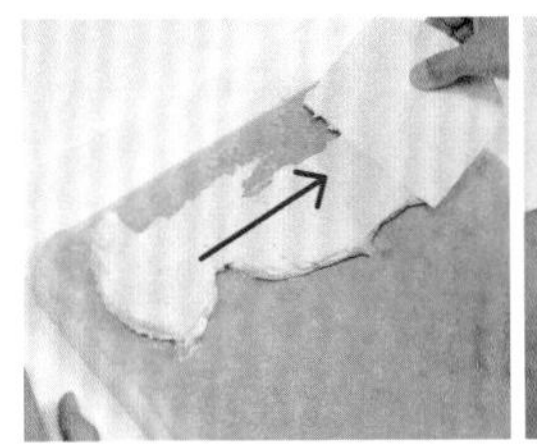

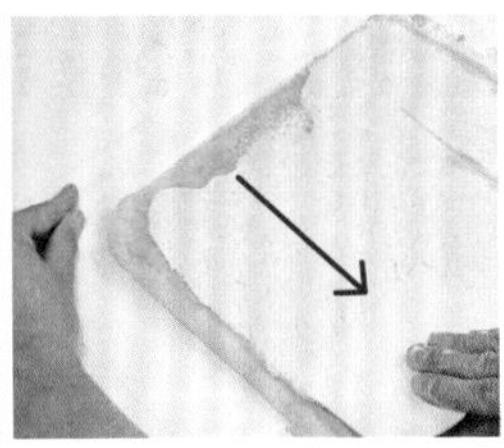

9 取出适量的黄油奶油（步骤5），将其放在海绵蛋糕坯靠外侧的1/3部分，先用刮板左右抹开，然后由外向内将黄油奶油在整个蛋糕上涂抹均匀。

※若刮板竖太直涂抹，会使黄油脱落，建议将刮板形成角度缓慢涂抹。

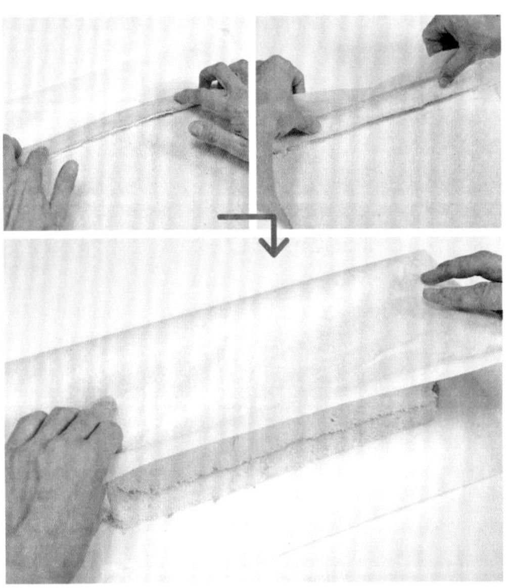

10 将最外侧的蛋糕卷起1卷当做蛋糕芯，然后把蛋糕下面的垫纸向自己方向拉，卷起蛋糕。

※拉的时候纸张稍微向下，使蛋糕顺着纸张自然卷起。

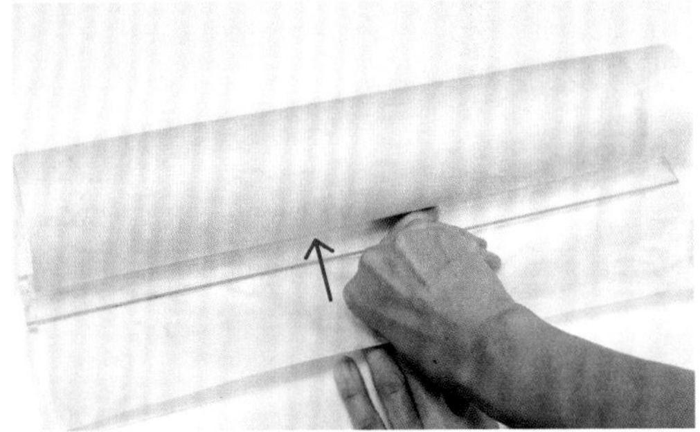

11 卷好后蛋糕被纸完全包住，纸的两端重合，这时用手按住下面的纸，同时将直尺放在蛋糕下面，将纸张拉紧。然后用胶带将蛋糕连同纸张粘好，放入冰箱中冷藏30分钟左右。

※用直尺拉紧纸张可以固定住蛋糕卷，并使其外形更加完美。

组装蛋糕

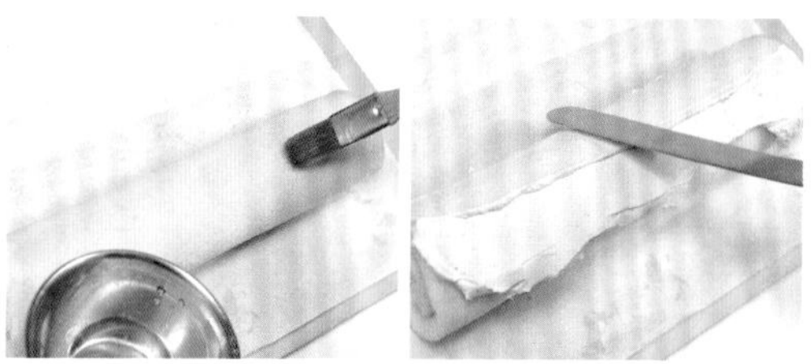

12 将剩下的朗姆酒糖汁涂在蛋糕卷上，然后放上栗子黄油奶油，用抹刀抹开，进行预涂抹。

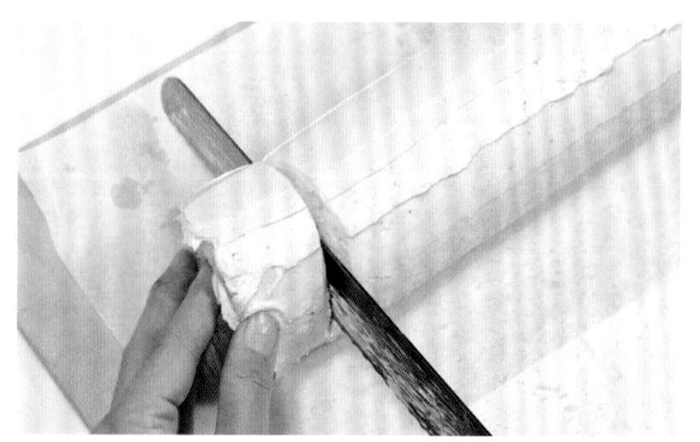

13 将蛋糕卷的一端斜着切下，厚度为5~6cm，另一端也斜着切下1片。

※后切下的这1小片后面不会用到。

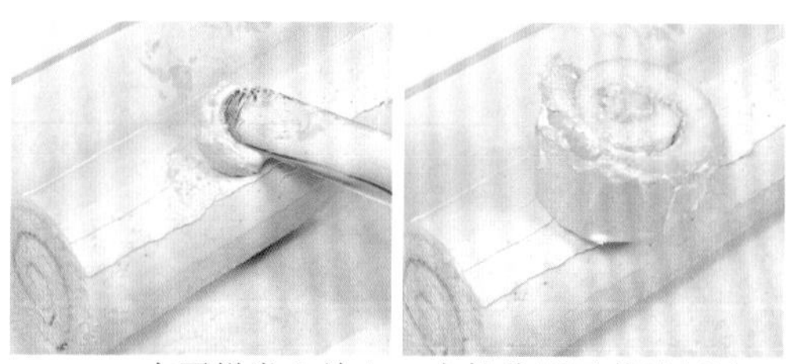

14 在蛋糕卷上放上一小部分栗子黄油奶油，然后把步骤13中切下的部分放在上面，放的时候倾斜的切口朝下。

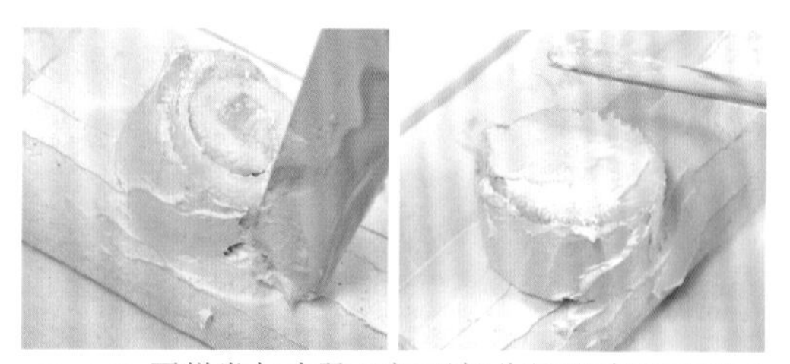

15 蛋糕卷与步骤13切下部分的缝隙要用栗子黄油奶油填好，蛋糕卷两端和步骤13上面的断面也要涂上栗子黄油奶油。剩下的奶油放在裱花袋中，前面装上口径8mm的圆形裱花嘴。

※以上都只是预涂，有地方没涂好也不要紧。

装饰

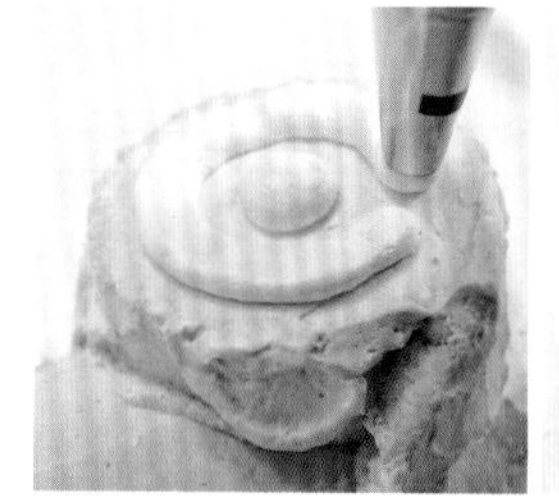

16 首先装饰3个断面，将步骤4的香草黄油奶油裱在断面的中心，并在外面围出一圈，然后用步骤15的栗子奶油填补其余部分。

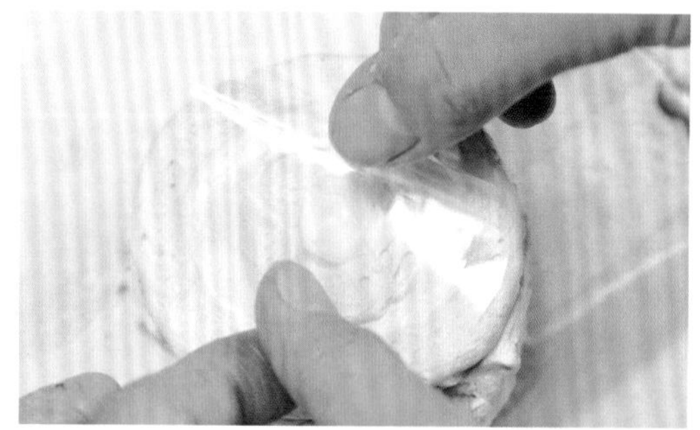

17 将直径7cm的胶膜贴在断面上，用手指轻压，挤出里面的空气，其余两个断面也是同样的做法。

18 将剩下的栗子黄油奶油裱在整个蛋糕上，用抹刀将蛋糕与纸张间的空隙全部填实。

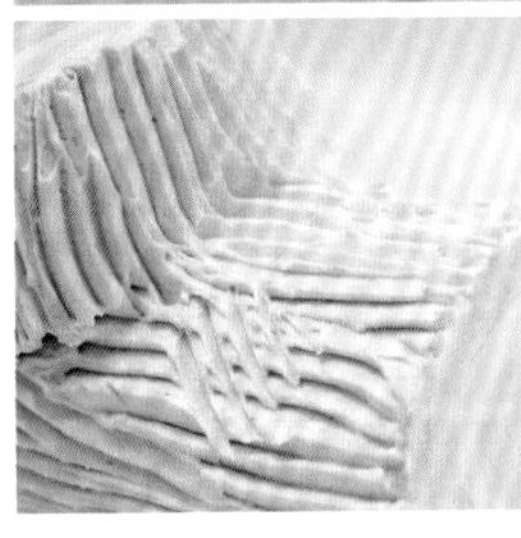

19 找出1张厚纸板，将其一端剪为锯齿状。然后用纸板在整个蛋糕上划出树皮状条纹。清理掉粘在胶膜上面的奶油，将蛋糕放入冰箱中冷藏固定。

20 将剩下的香草黄油奶油从裱花袋中取出，分成两部分。一部分放入1~2滴红色食用色素拌匀，另一部分放入1~2滴黄色食用色素和2~3滴绿色食用色素拌匀，然后将其分别放在锥形袋里。

※根据奶油的颜色一点点加入色素，逐渐调整，直到调出自己喜欢的颜色。

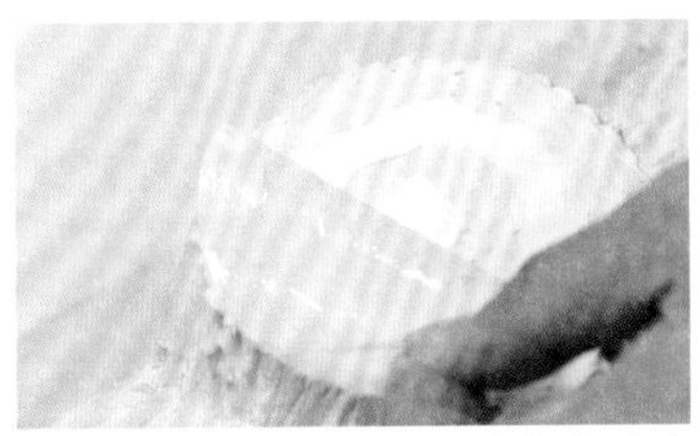

21 冰箱中的蛋糕固定好之后取出，揭去断面上的胶膜。

22 用水果刀将断面削平。

23 将放入绿色黄油奶油的锥形袋前端剪开1mm，然后把奶油挤在蛋糕上，做出树干上缠绕的常春藤形状。

24 然后把同一个锥形袋的前端剪出山形口（见P121），为常春藤添加叶子。

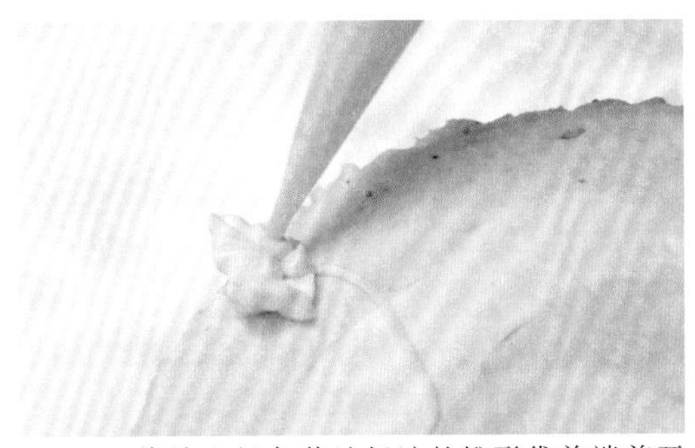

25 将放入红色黄油奶油的锥形袋前端剪开1mm，在叶子上面放上红色的果实，蛋糕完成。然后可以根据个人喜好用巧克力和其他装饰品进行装饰。

蒙布朗蛋糕卷

原材料（蛋糕长度约为28cm）

■海绵蛋糕坯

鸡蛋……3个
白砂糖……90g
低筋面粉……90g
牛奶……15g

■蛋白霜

蛋白……45g
白砂糖……38g
糖粉……50g
玉米淀粉……5g

■蒙布朗奶油

栗子酱……100g
栗子奶油……100g
生奶油（乳脂肪47%）……40g
朗姆酒……5mL

■打发奶油

生奶油（乳脂肪47%）……250g
白砂糖……12g

■朗姆酒糖汁

糖汁（见P4）……15mL
朗姆酒……10mL

■装饰

栗子酱……20g
白砂糖……100g
糖粉……适量

准备

■海绵蛋糕坯

- 海绵蛋糕坯提前烤好备用（见P172，烤箱的温度和模具的型号参见P26）

■朗姆酒风味糖汁

- 混合搅拌均匀备用

制作方法

制作海绵蛋糕坯

1 制作海绵蛋糕坯，烤好备用（见P26步骤1~3）。

制作栗子风味黄油奶油

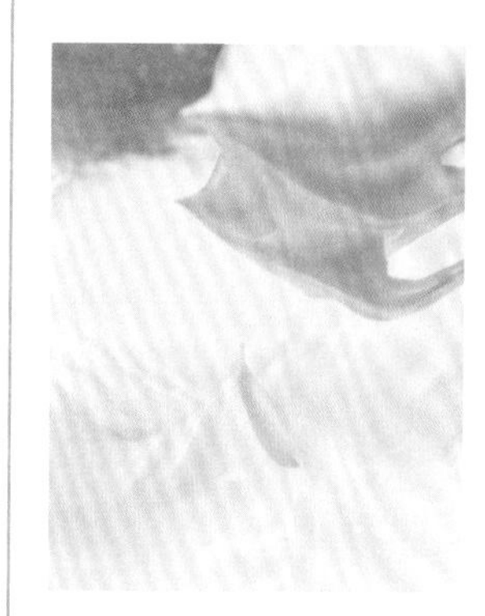

2 用蛋白和白砂糖调制蛋白霜（见P174步骤2~5）。

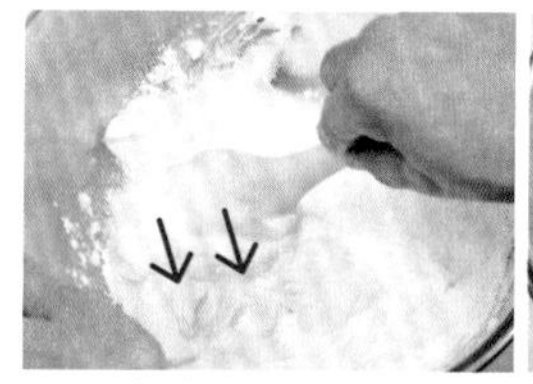

3 将糖粉和玉米淀粉混合后放入蛋白霜，先将刮刀立起，纵向切割混合，待其混合均匀后再用刮刀由底部开始向上搅拌。

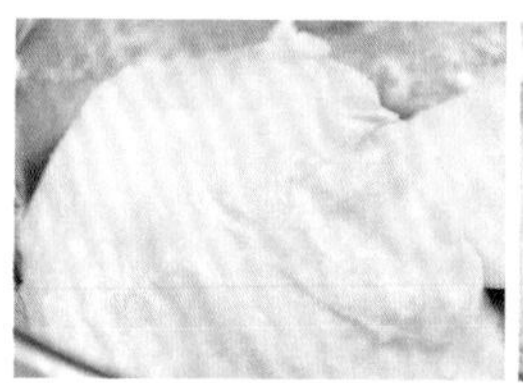

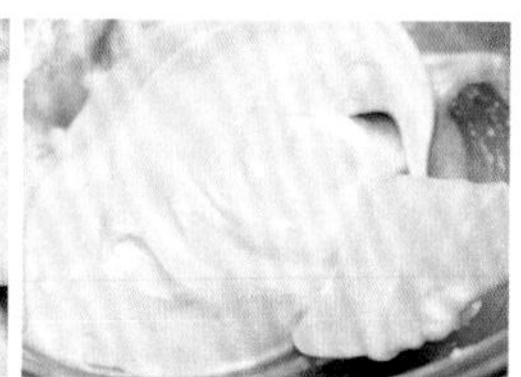

4 搅拌过后如果像左图一样疙疙瘩瘩，说明还没有搅拌充分。必须如右图般柔软有光泽才可以。

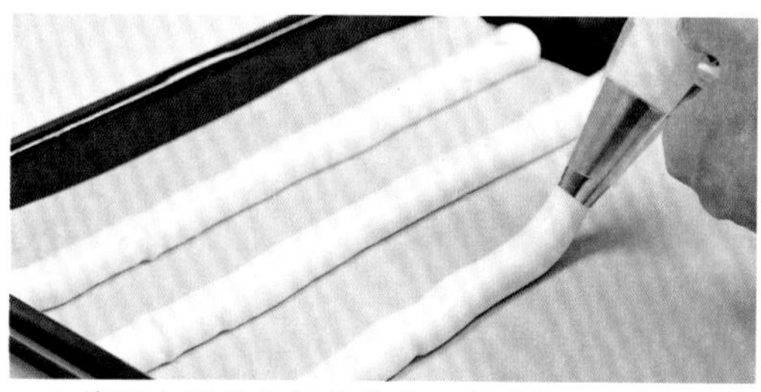

5 将蛋白霜放入裱花袋中，前边装上口径15mm的裱花嘴，在模具上铺上烧烤用纸，然后在上面用裱花嘴裱成棒状。放入烤箱中用150~160℃的温度烤制1小时左右。

※蛋白霜中途断掉也不要紧，从断开的地方接上即可。

※由于蛋白霜含有很多糖分，一般的包装纸会粘在上面，所以必须用烧烤用纸。

制作蒙布朗奶油

6 将栗子酱放在案板上，用木勺将其抹匀，然后分3次加入栗子奶油，每次都要用木勺抹匀。

※如果将栗子奶油一次全部加入的话根本无法抹匀，所以要分成3次。

※使用栗子酱和栗子奶油两种材料搅拌到合适的硬度。

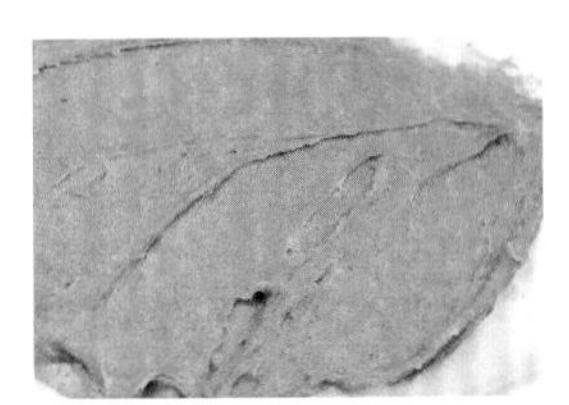

7 抹好的样子。

※做成这个样子是为制作柔软而有韧性的蒙布朗奶油做准备的，裱花的时候也不容易断掉。

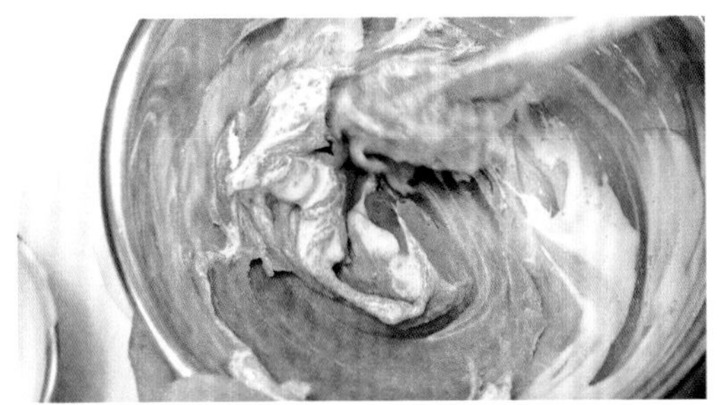

8 将抹匀的步骤7放到盆子里，分2次加入生奶油，每次都要用刮刀拌匀。

9 加入朗姆酒，混合均匀后放入裱花袋中，前端装上蒙布朗裱花嘴。

※放朗姆酒是为了调味，没有的话也可以不放。

卷蛋糕

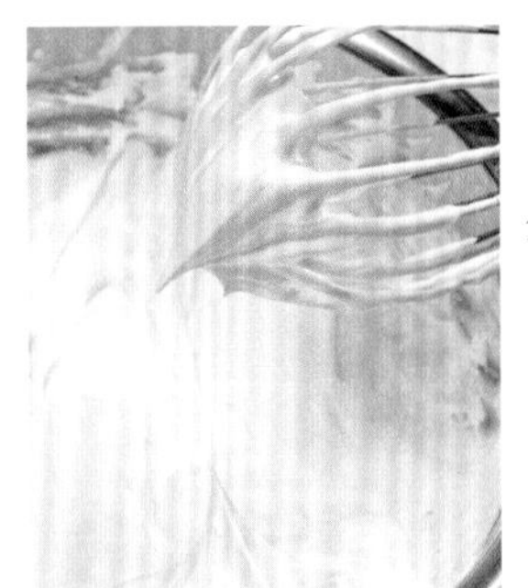

10 打发奶油。在生奶油中加入白砂糖，然后打至七八分发（见P182）。

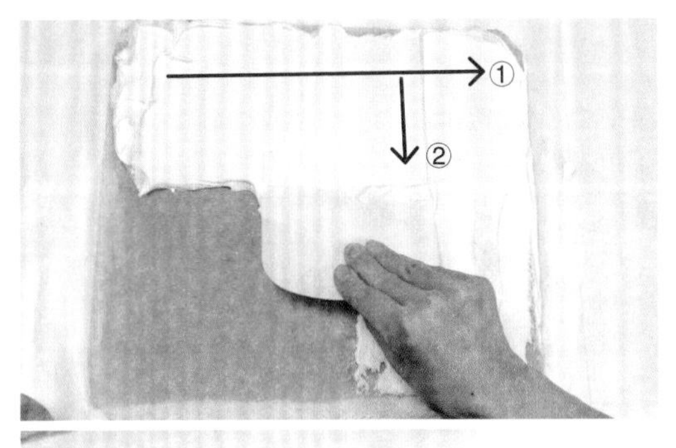

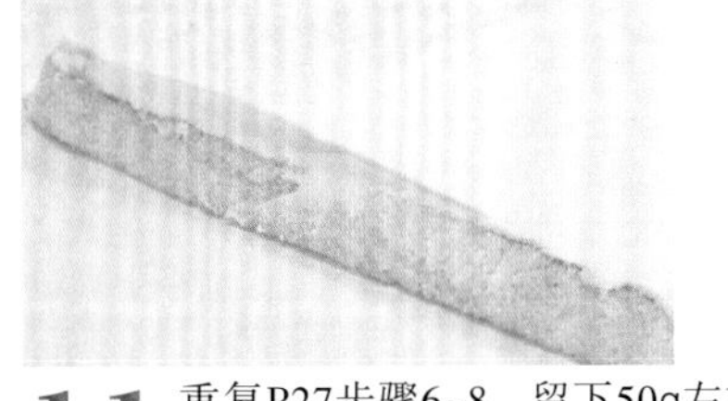

11 重复P27步骤6~8，留下50g左右的打发奶油，其余放在海绵蛋糕坯的上半部分，用刮刀左右抹开（①）。然后刮刀由上向下将奶油抹到整个蛋糕上（②），奶油前边厚，后边薄（下图）。

12 将步骤5中的蛋白霜棒取出1根，长度切至与蛋糕宽度相等，将其放在蛋糕的最外一侧，用手轻压，使其牢牢粘在奶油上。

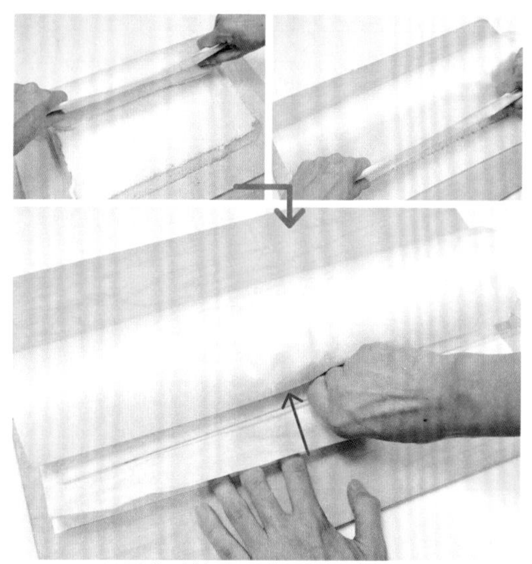

13 以蛋白霜棒为芯将蛋糕连同纸张一起卷起（见P27步骤10、11）。

装饰

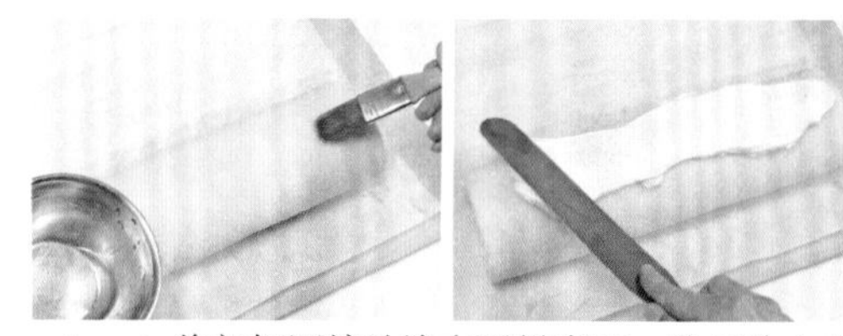

14 将朗姆酒糖汁涂在蛋糕表面，然后放上步骤11中剩下的打发奶油，用抹刀涂好。

※最后装饰还要用到打发奶油，所以还得留一点。

※涂上打发奶油是为了后面放蒙布朗奶油时能让蒙布朗奶油更容易粘在蛋糕上。

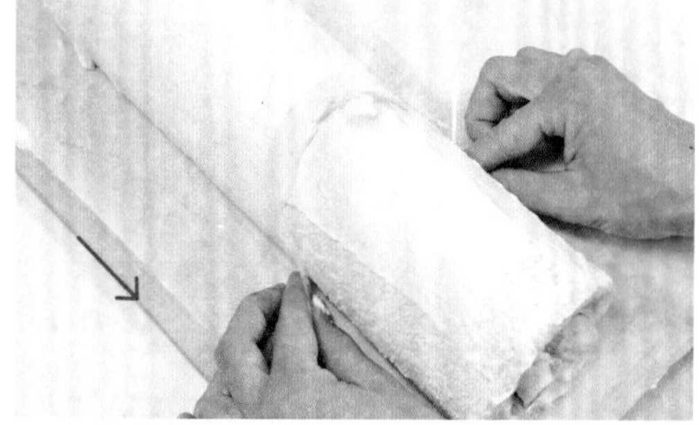

15 将宽5cm的胶膜放在蛋糕外端，然后沿蛋糕表面慢慢向自己方向拉过来，抹平蛋糕上的凸凹之处。

※将胶膜拉紧由外向内拉动。

16 将步骤9的蒙布朗奶油从远至近横向挤在蛋糕上。

※蒙布朗奶油黏附在蛋糕表面即可，不要压实。

※由于奶油是固体的，挤出时需要用一些力气。蒙布朗奶油也可以分两次放入裱花袋。

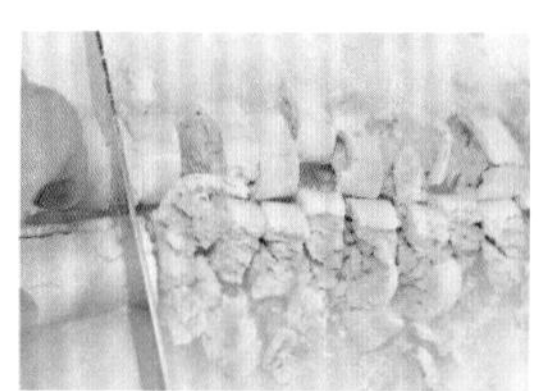

17 将剩下的2根蛋白霜棒切碎，撒在蛋糕的两侧。

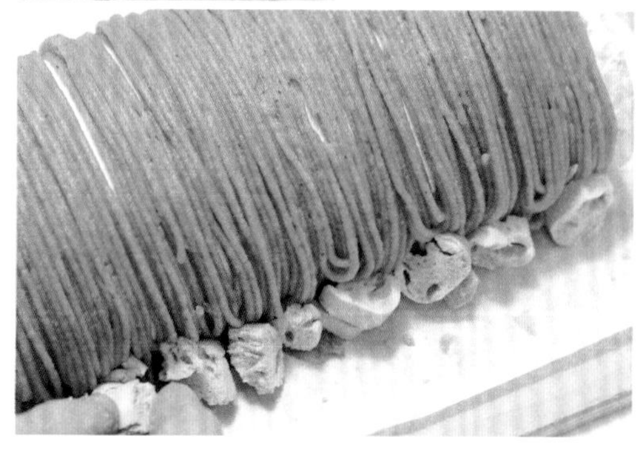

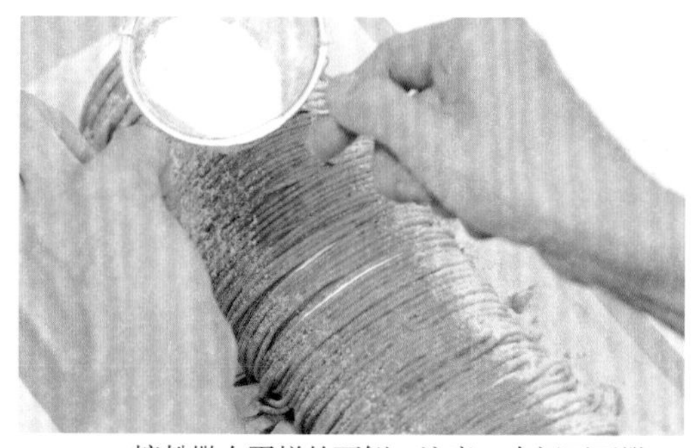

18 糖粉撒在蛋糕的两侧。注意，中间不要撒。

栗子形状小饰品

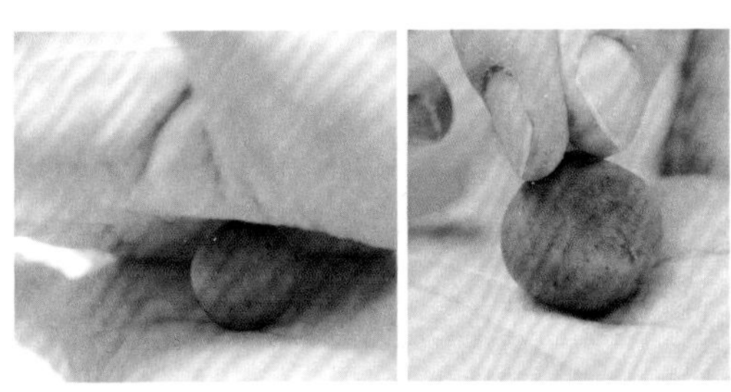

19 将装饰用的栗子酱团成圆形（每个重5g左右）。上端轻轻压扁，然后左右捏尖，做成栗子的形状。

20 将回形针打开，使其成S形，从底面刺入栗子饰品，然后将其挂在金属网上风干半日以上。

21 制作糖膜。将装饰用的白糖放入直径15cm的锅中，分量能盖住锅底即可，然后一边搅拌一边用中火加热，使其熔化。

※在此之前要将水放在另一个锅中备用。

22 白糖熔化之后，将剩下的白糖分5次加入，并搅拌使其熔化。

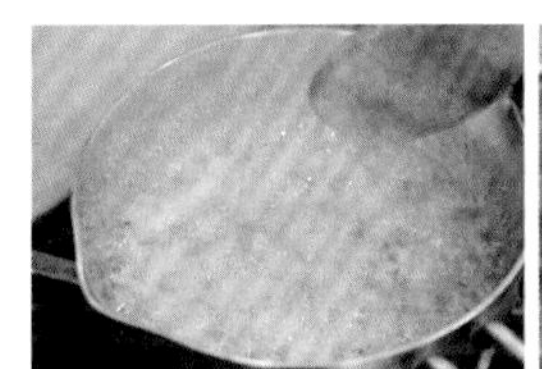

23 白糖沸腾后将火关掉，然后把锅浸入冷水的锅中冷却。

※如果冷却过度，糖会粘在锅底，可以再用小火加热，使其熔化（注意，要用小火）。

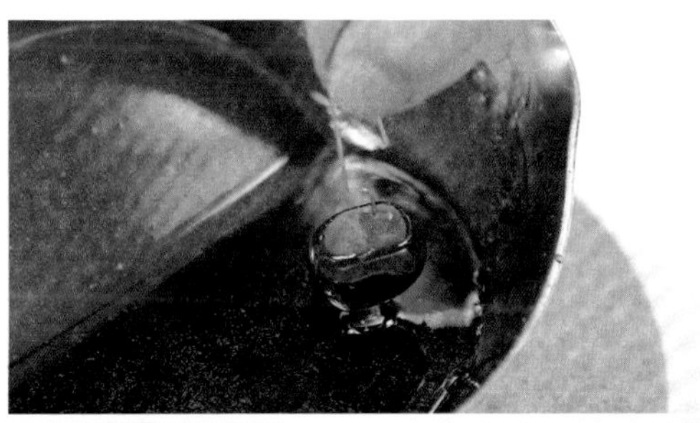

24 将风干后的栗子饰品浸入糖中，然后提起，用剪刀将下面的糖剪掉。

※回形针的周围不要沾糖，以防止稍后回形针拔不下来。

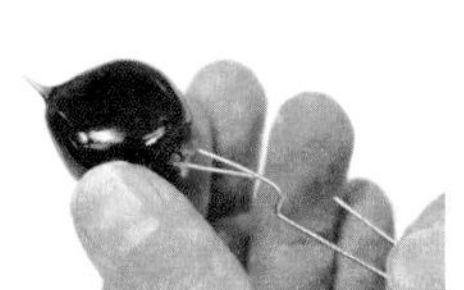

25 将栗子倒挂冷却，然后拔下回形针。把步骤14剩下的奶油放在裱花袋中，然后装上口径1cm的圆形裱花嘴，在步骤18的蛋糕上裱上圆形奶油，上面装饰上栗子，蛋糕完成。

奶　油

现在介绍奶油的两种基本装饰技巧——“涂抹”和“裱花”。

抹刀的使用方法

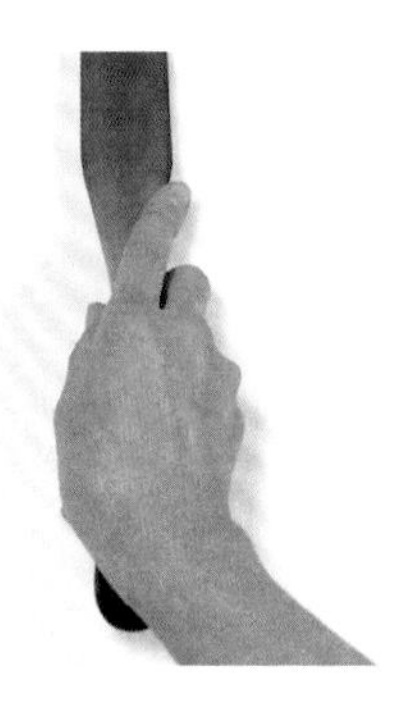

将食指放在刀刃部分，拇指放在刀刃侧面作支撑，拇指指根、中指、无名指和小指握住刀柄。

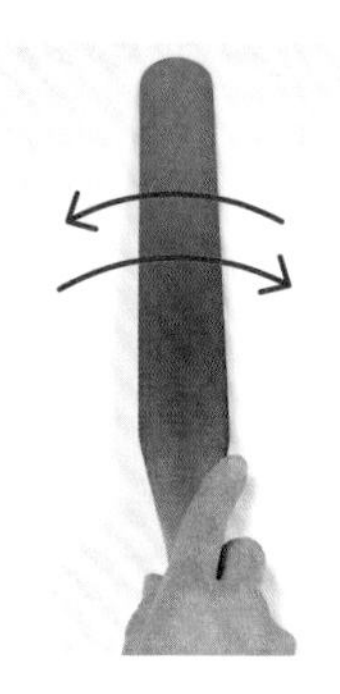

要注意使用时不是用刀子去切奶油，而是将抹刀放在奶油上面，沿着图中箭头方向来回涂抹。

为蛋糕涂奶油的方法

涂奶油底

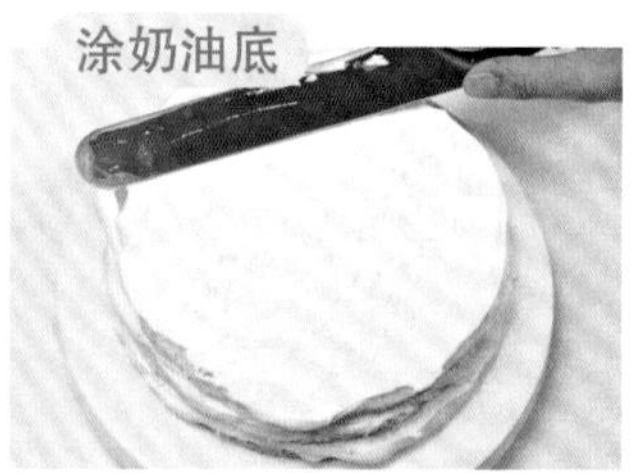

1 涂奶油底时，首先用抹刀把奶油均匀涂在整个蛋糕上面（参照正式涂奶油步骤4~5）。

※涂奶油底是为正式涂奶油做好基础。奶油底涂得好，蛋糕屑就不会露在蛋糕外面影响蛋糕的美观。

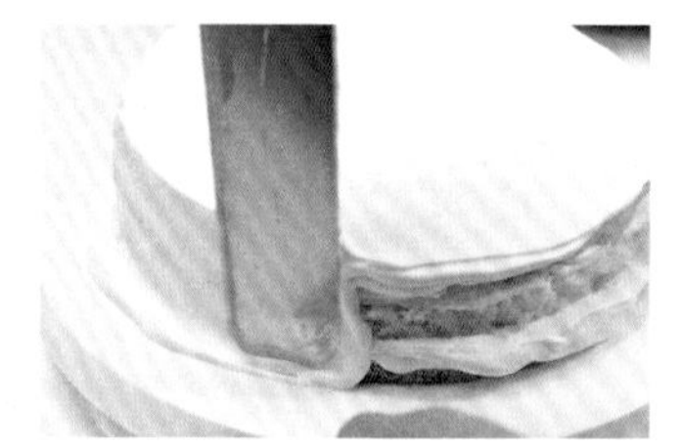

2 用抹刀涂抹蛋糕侧面（参考正式涂奶油的步骤6~7）。

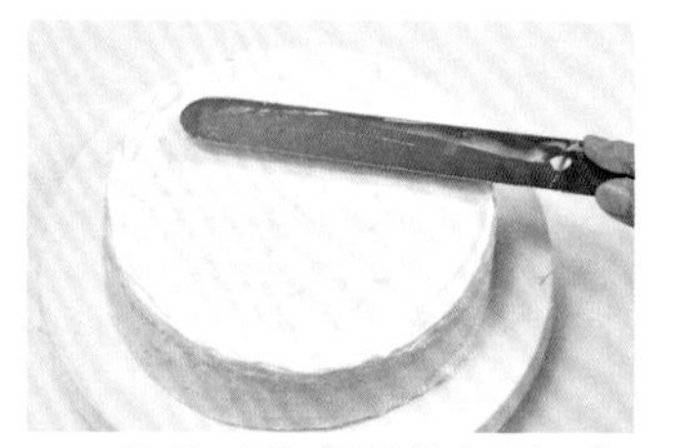

3 将抹刀放在蛋糕上面，把溢出的奶油抹平（参考正式涂奶油的步骤8）。

※这时蛋糕从奶油中露出也不要紧。

正式涂奶油

4 正式涂奶油时，首先在蛋糕上放上足够的奶油，然后抹刀上下大幅抹动，把奶油涂到整个蛋糕上。

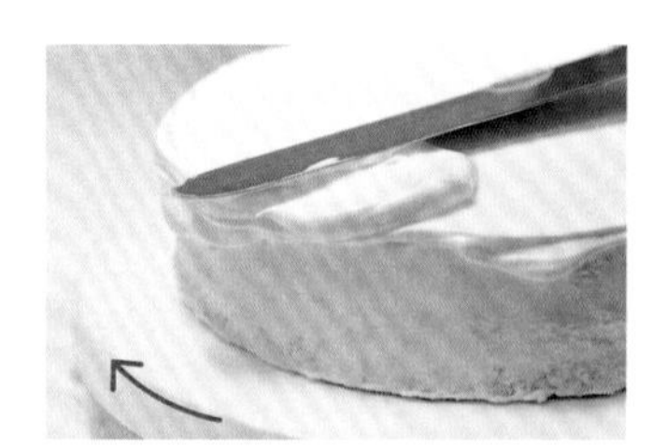

5 把抹刀的前半部分轻轻放在蛋糕上，刀刃稍微倾斜，与蛋糕面成一定角度。然后沿着箭头方向转动旋转台，溢出的奶油会落到蛋糕侧面。

※多余的奶油会沿着蛋糕边缘溢出。

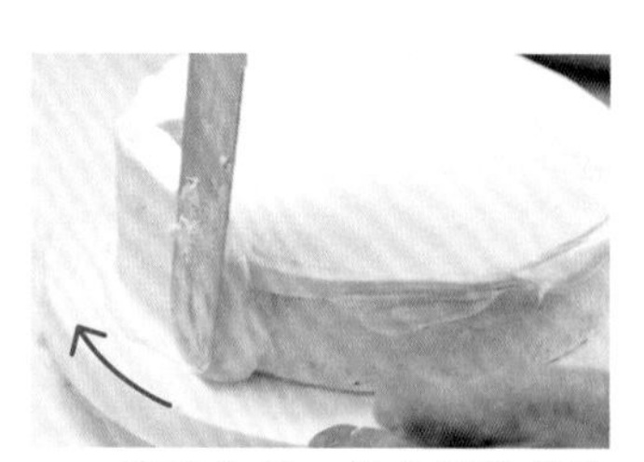

6 抹刀立起，放在蛋糕的边缘，转动旋转台，将步骤5中溢出的奶油涂在蛋糕侧面上。如果奶油不足可以填上。

※这一步骤首先是要让奶油覆盖蛋糕整体，其次是要把奶油抹平。

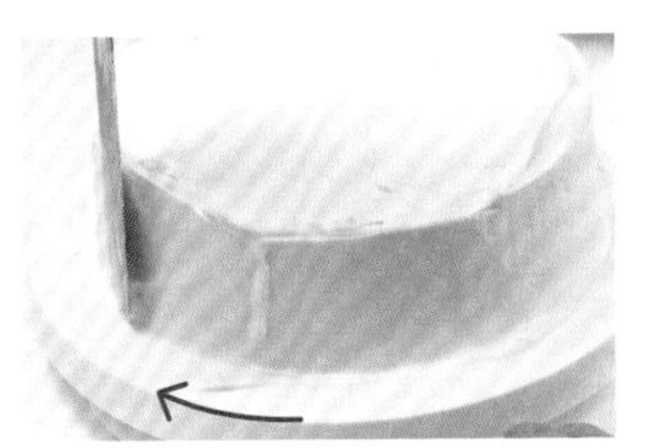

7 把抹刀固定在9点钟的位置（左手持刀的人可以固定在3点钟位置）。刀刃外侧贴在蛋糕侧面，内侧稍微离开，沿图中箭头方向转动旋转台。

※这时奶油会向上方溢出。

8 把抹刀放在蛋糕边缘与表面大致持平且稍稍向上的地方，然后由边缘向中心方向移动，快到中心位置时将抹刀慢慢增加角度，并从蛋糕上移开，从而把溢出至蛋糕上面的奶油抹平。

※蛋糕边缘棱角分明会更加美观。

9 每次涂抹结束都要把抹刀放在碗沿上，将粘在抹刀上的奶油擦去。

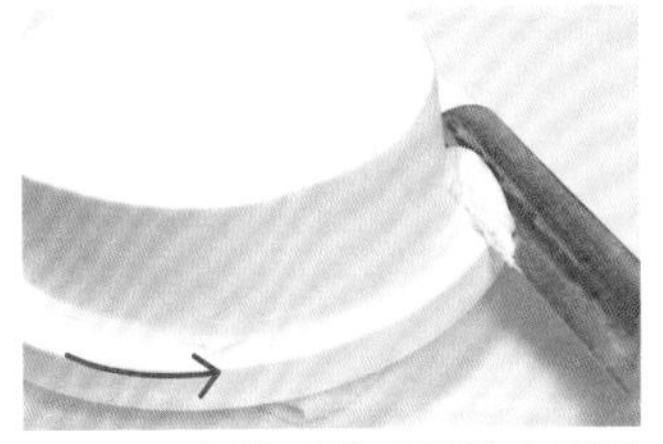

10 把抹刀的刀刃放在蛋糕的下面，将旋转台转动一周，把底面多余的奶油去掉。

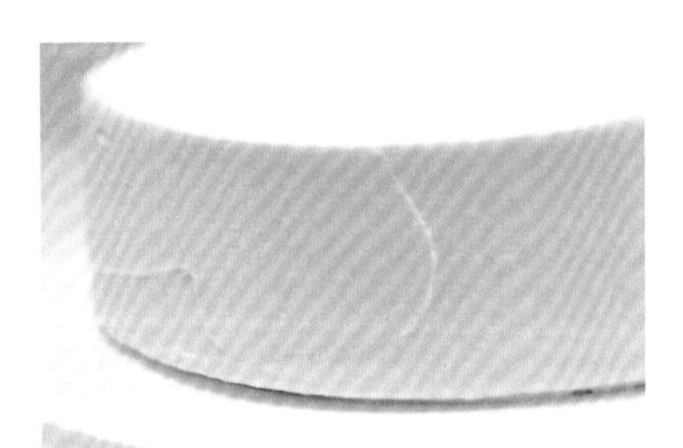

11 奶油涂抹完毕。

从旋转台取下蛋糕的方法

1 把将要盛放蛋糕的盘子放在旁边，一只手拿着抹刀，将其插入蛋糕下面，注意要放在底面的正中间，然后稍微向上抬起一点空隙，将另一只手放在蛋糕底下。

2 保持步骤1的姿势不动，将蛋糕移到盘子里。

3 抹刀和手交替向后移动，慢慢从蛋糕下抽出。

※注意，应先将手从蛋糕下拿开。

裱花袋的处理方法

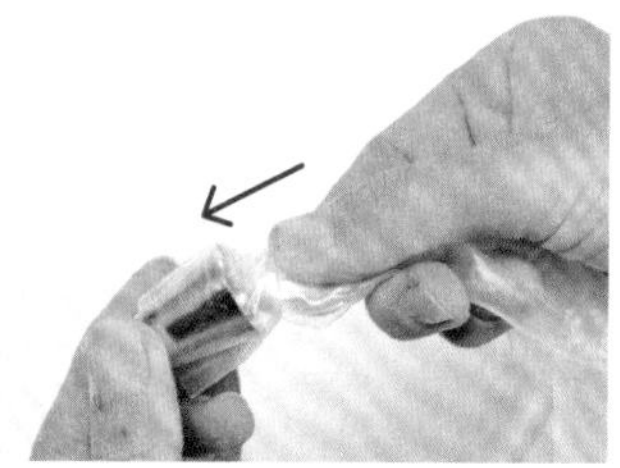

1 把裱花嘴放入裱花袋中，然后将裱花嘴上面的裱花袋拧紧，塞入裱花嘴后部。

※这样形成一个栓口，防止裱花袋内物质流出。

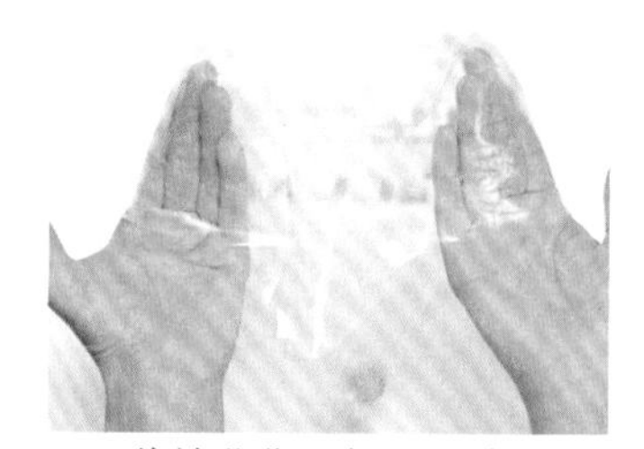

2 将裱花袋上部1/3的部分向外翻开。

3 将左手（左撇子可以用右手）放在翻开的部分之间，然后把要裱花的材料放入其中。

※放入的分量最多至裱花袋的七成满。

4 把裱花袋翻开的部分复原，用刮板把内部材料向下挤。

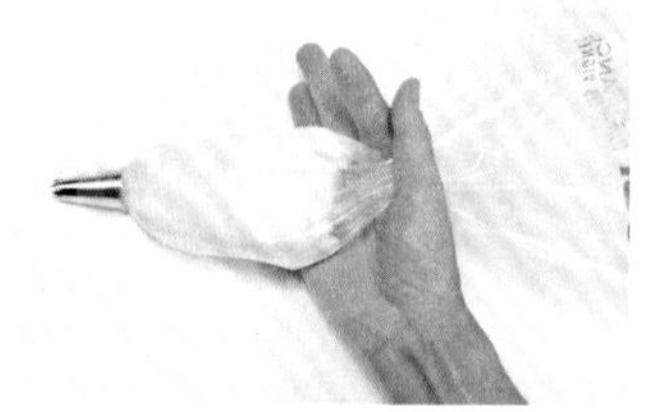

5 用拇指和食指夹住裱花袋上口，然后把袋内的材料向下挤压，使裱花袋鼓起来。

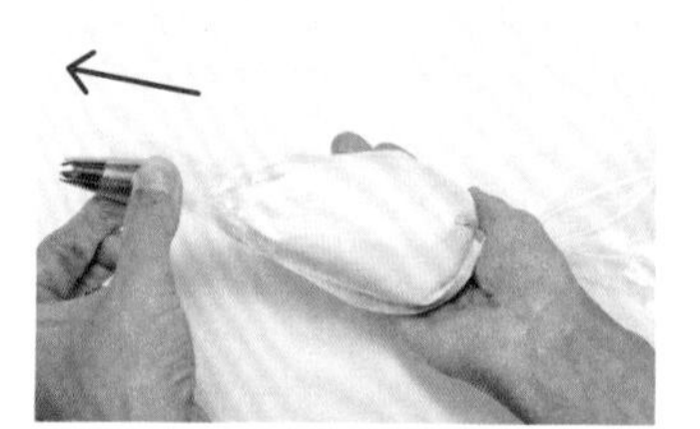

6 将裱花嘴内的部分拉出，然后挤压裱花袋内材料至裱花嘴处。

裱花方法

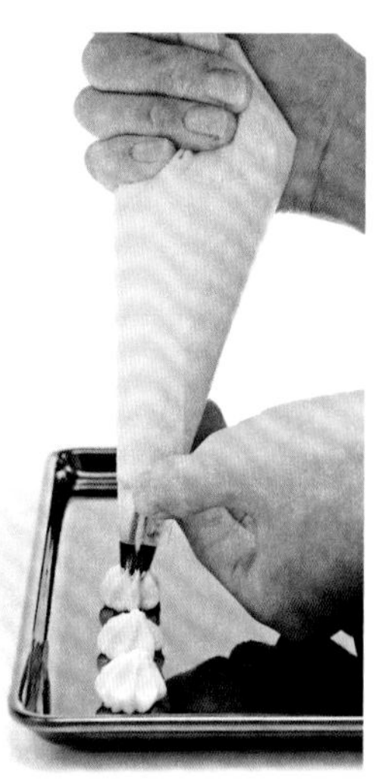

用右手（左撇子可以用左手）握住裱花袋的上端，另一只手抓住裱花嘴部分，右手（或左手）挤压裱花袋，另一只手稳定住裱花袋。挤压时拇指指根、中指、无名指和小指用力。

注意另一只手的位置

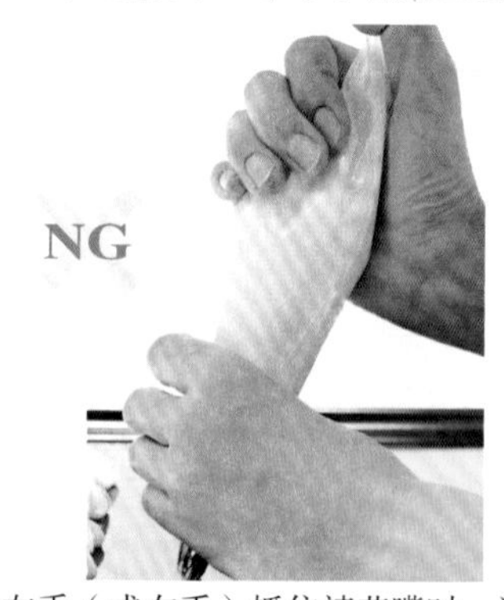

左手（或右手）抓住裱花嘴时，注意不要整个手握住（图中所示），这样不但会加热裱花袋内的材料，而且妨碍视线，并且容易养成用左手（右手）挤压的坏习惯。

圆形裱花嘴的裱花方法

圆锥形

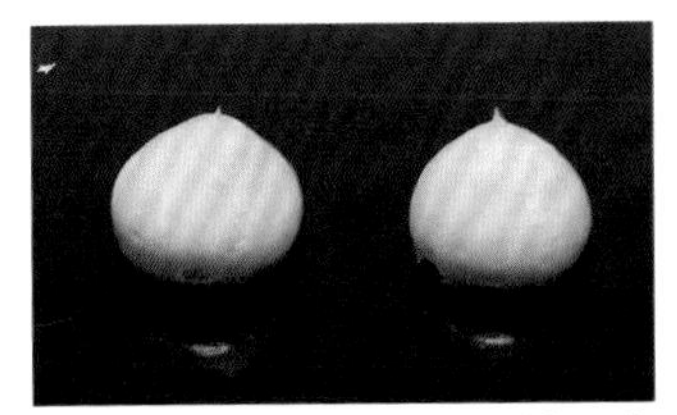

裱花袋竖直挤出奶油后，裱花袋向上轻轻提起。

圆形

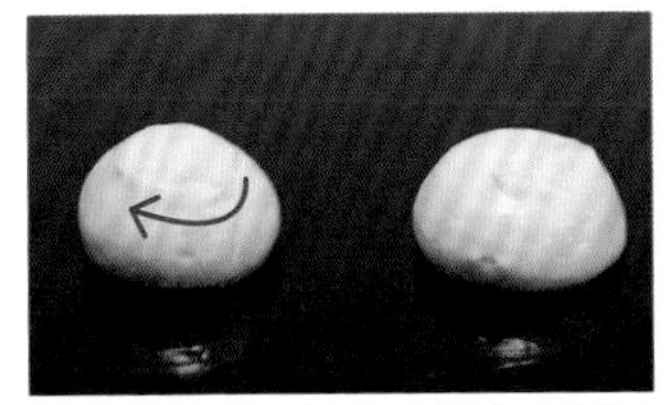

裱花袋竖直，裱花时从中心到四周螺旋挤出。

水滴形

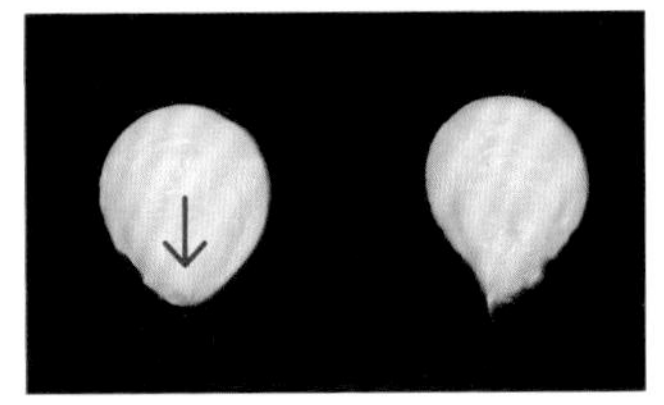

垂直拿好裱花袋，一边挤奶油一边轻轻向自己方向拉。

心形

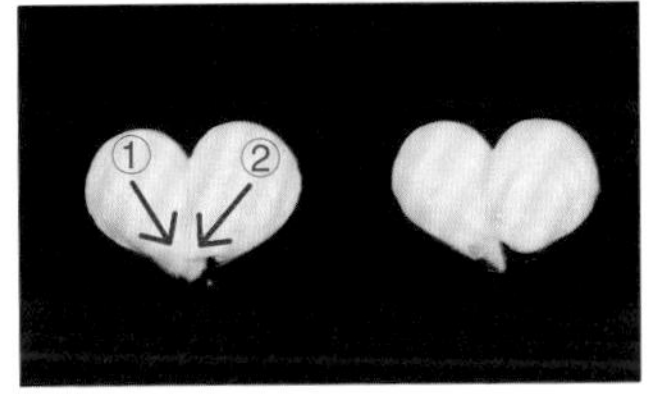

裱花方法与水滴形相同，方向斜向一边，按照①、②的顺序依次裱花。

水滴形连接

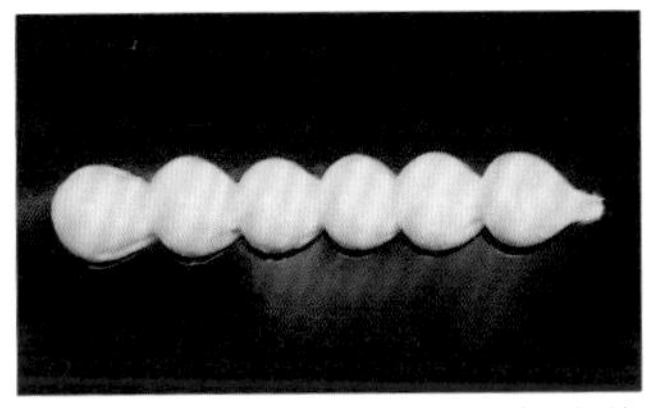

完成一个水滴形裱花后，紧接着开始另一个，连成一条直线。

螺旋形

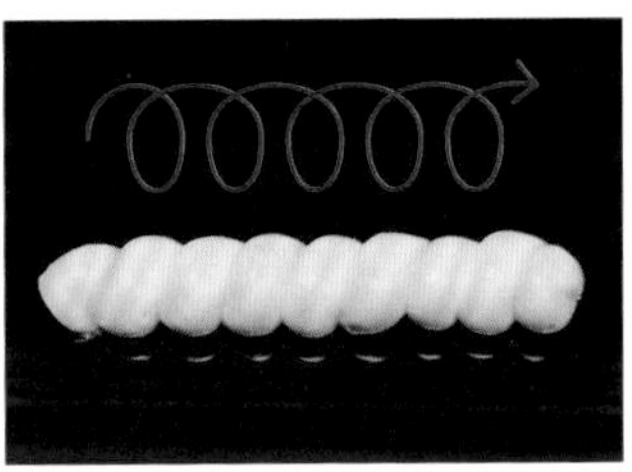

裱花袋斜放，抓住裱花嘴的手画圆，裱成螺旋形。

半排花嘴的裱花方法

直线形裱花

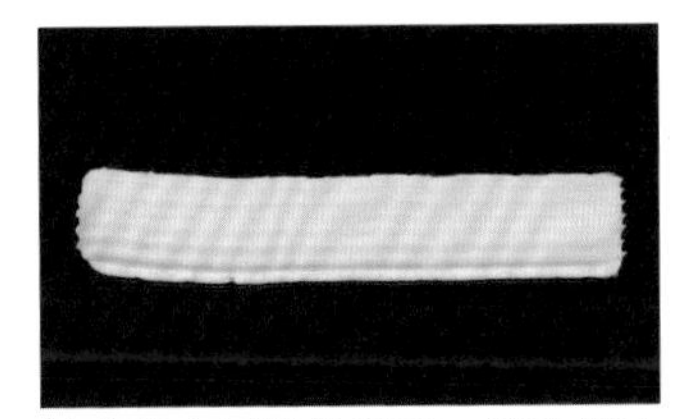

裱花嘴向下贴住底面，挤出奶油后裱花嘴稍稍抬起，沿直线向后拉，结束时裱花嘴向下切断裱花。

波浪形裱花

裱花时手稍微上下晃动。

裱花前要确认裱花嘴的朝向

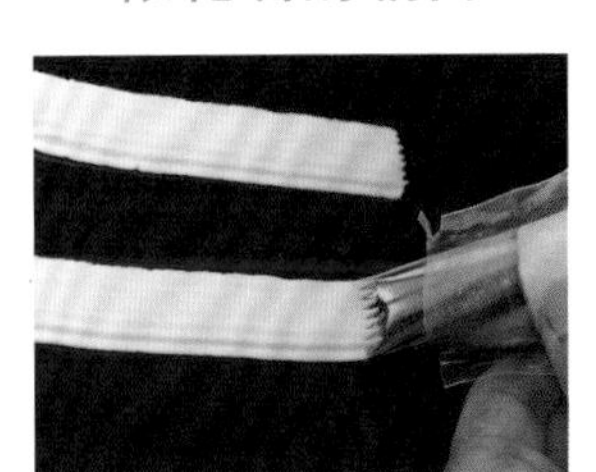

裱花时，将带锯齿的一面朝上，反了的话花纹就到底面去了。

星形裱花嘴的裱花方法

星形

裱花袋竖直挤出奶油后，裱花袋向上轻轻提起。

圆形

裱花袋竖直，裱花时从中心到四周螺旋挤出。

贝壳形

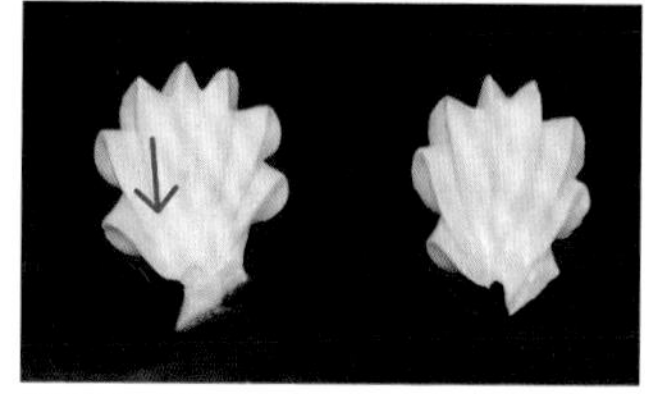

垂直拿好裱花袋，一边挤奶油一边轻轻向自己方向移动。

心形

裱花袋垂直，挤出奶油后向斜上移动，然后向斜后方轻轻切断奶油，按照①、②的顺序依次裱花。

贝壳形连接

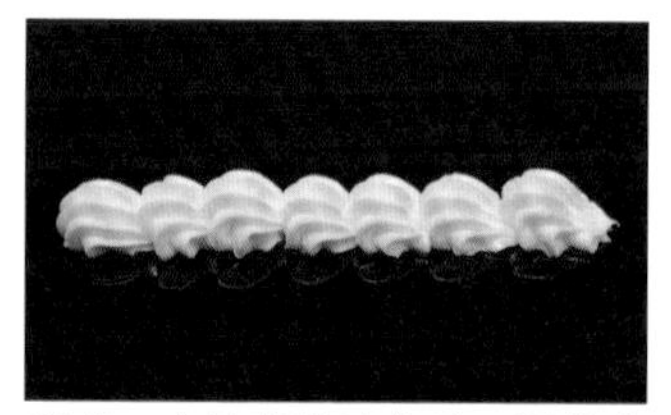

完成一个贝壳形裱花后，紧接着开始另一个，连成一条直线。

心形连接

完成一个心形裱花后，紧接着开始另一个，连成一条直线。

小螺旋

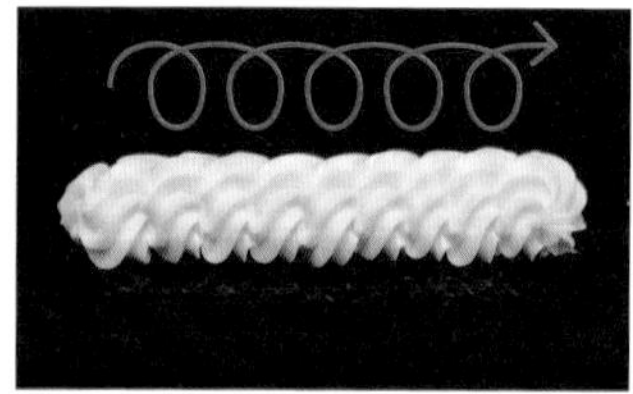

裱花袋斜放，抓住裱花嘴的手画圆，裱成螺旋形。

大螺旋

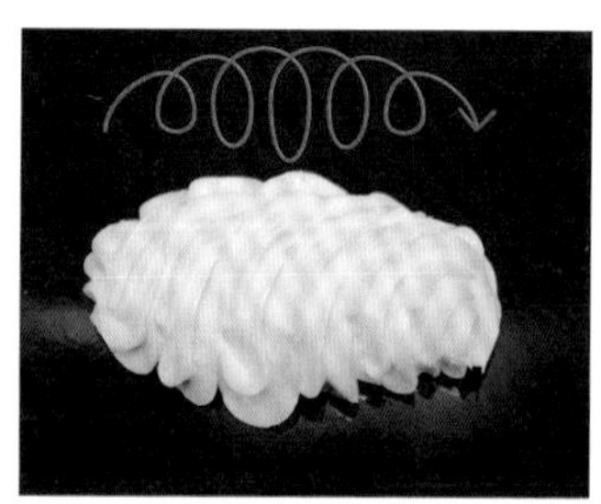

裱花袋斜放，裱到螺旋的中央部分时手的幅度大一些。

星形裱花嘴使用前的准备

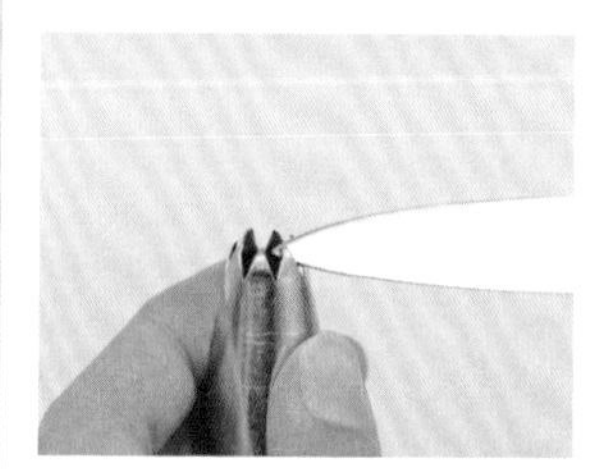

刚买来的星形裱花嘴的齿尖是弯向内侧的，用水果刀将其一个一个掰直再用，这样能裱出很好看的花纹。

圣安娜裱花嘴

基本裱花方法

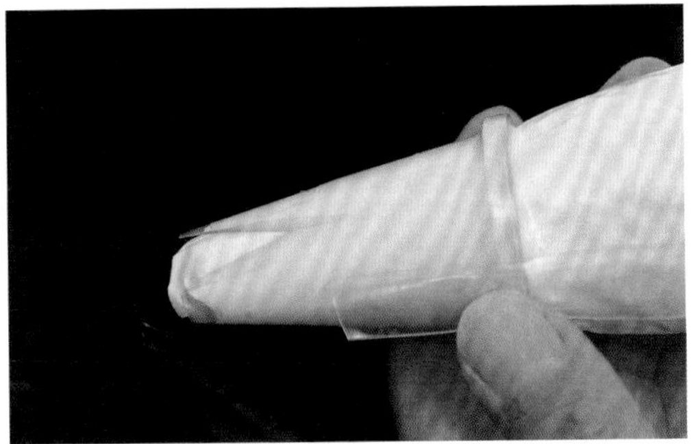

1 裱花嘴切口向上，手拿住裱花嘴的上部。

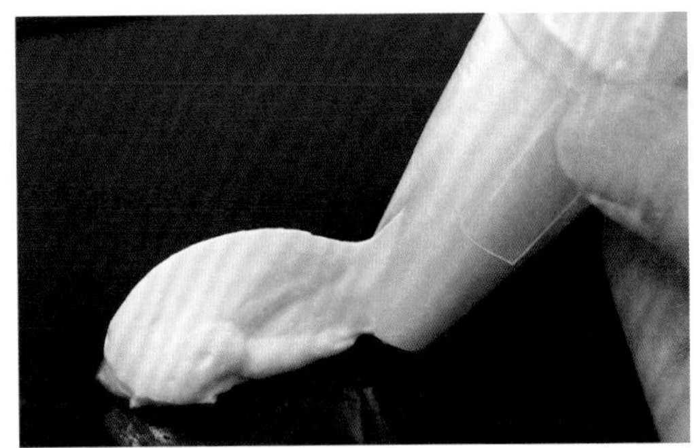

2 裱花嘴稍稍倾斜，挤出奶油后手放松，裱花嘴向后移动。

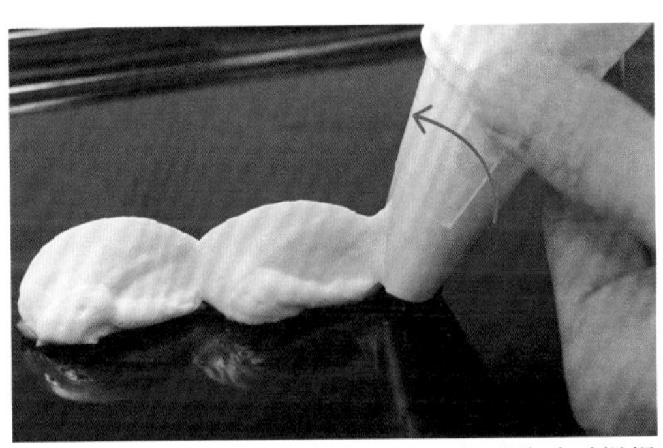

3 开始时裱花嘴略微斜向一边，向后移动时慢慢抬起，最后切断奶油。

4 完成。

基本连接

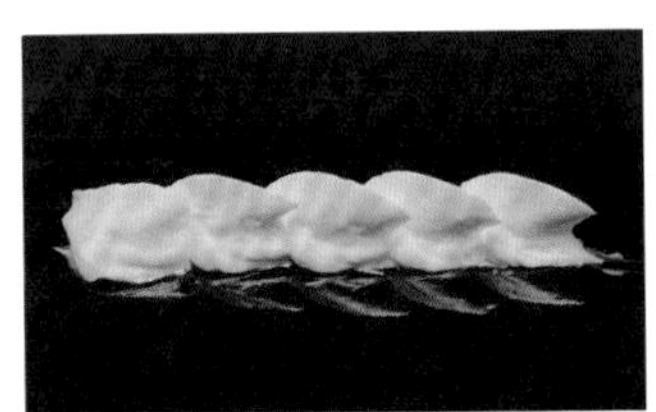

完成一个裱花后接着开始第二个，两者略有重合，如此反复。

V字连接

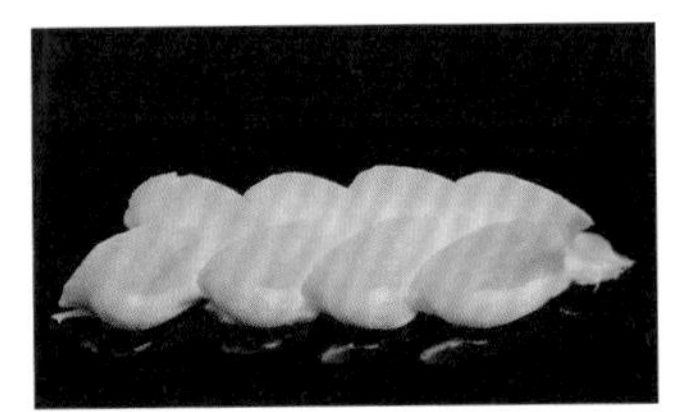

在步骤2时略微向倾斜方向切断奶油，每两个一组拼成V字形，V字形相互重合连在一起。

流线型裱花

在步骤2中，裱花嘴向后移动时画出自己喜欢的曲线。

用勺子制作奶油球

1 打发生奶油（打至九分）。

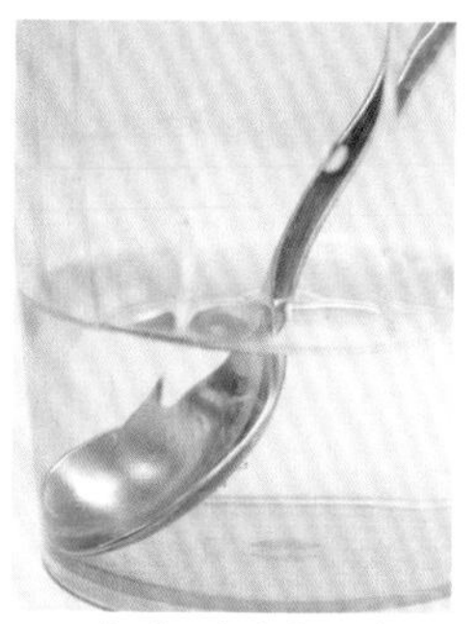

2 把勺子（参照右面的解说）放入热水中暖热。

※注意调节水量，只把勺头放入即可。

制作奶油球的汤勺

可以使用个头比较大的咖喱勺或深度比较浅的勺子。因为用平勺很难做出漂亮的椭圆，所以推荐使用有一定深度的勺子。如果制作较小的奶油球，用茶勺就可以。

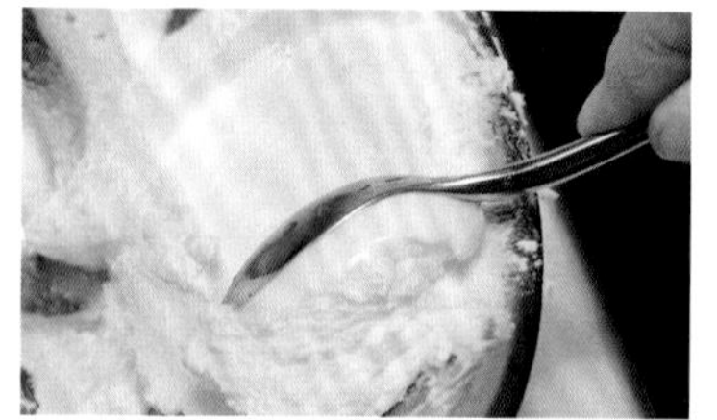

3 勺子竖起，稍微插入奶油中，然后沿奶油表面向自己方向滑动至碗的边缘。

※就像把奶油卷入汤勺中一样。

4 重复一遍步骤3，做成完美的橄榄球形。

※用汤勺舀出奶油球，这个动作最好1次完成，最多2次，之后由于汤勺冷却，奶油会粘在汤勺上，奶油球表面会因此变得不平滑。

5 勺子靠到碗的边缘，将奶油球取出。

6 轻轻放到要放置的地方。

※放奶油球的时候汤勺不要接触底面。

※每做1个奶油球后，汤勺都要再次放入热水中加热。

7 完成。

制作其他椭圆球的技巧

也可以使用冰激凌和慕斯制作椭圆球，制作冰激凌球的时候可以使用木勺，适当调整其硬度。

意大利蛋白霜

有一定硬度的蛋白霜可以像生奶油一样用来裱花和涂蛋糕。

关于意大利蛋白霜

意大利蛋白霜是将蛋白和白砂糖混合打发，后加入糖水并再次打发而成的，特点是比较稳定（制作方法参见P183）。用于装饰时，其温度一般要接近体温，并在表面上焦。

根据用途调节温度

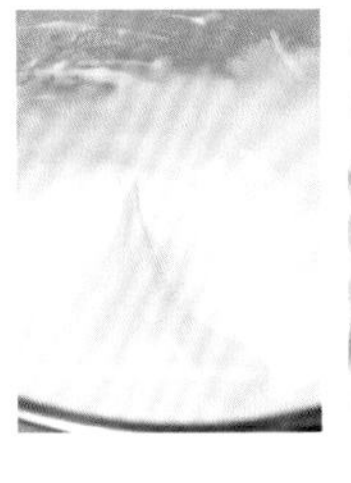

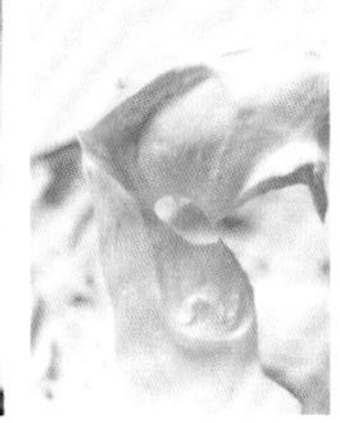

除了用于装饰，意大利蛋白霜还可以加在黄油奶油和慕斯里调整口感和味道。当用于装饰和制作黄油奶油时，做好后可以直接使用。但是混合慕斯时，要事先放入冰箱冷藏，以防止与其他材料混合时融化。

使用方法

用喷枪烤出焦色

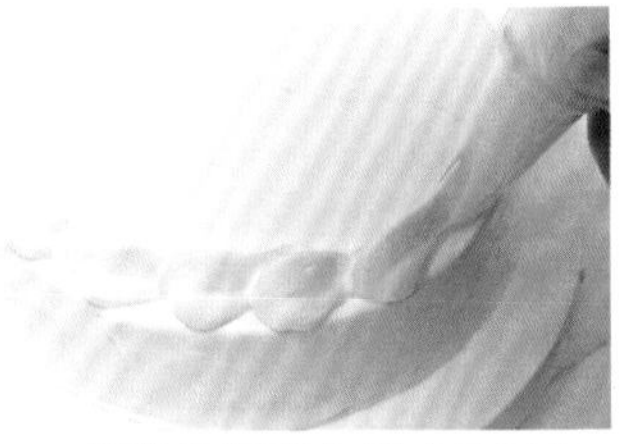

1 蛋糕涂好蛋白霜（见P34）后镶边。

2 喷枪放在距蛋糕10~15cm处喷火。注意保持距离。

用烤箱上焦

1 用意大利蛋白霜填平蛋挞上面，然后裱花。

2 放入烤箱，温度调至200~220℃，由于上焦很快，所以一定要站在旁边守候。

喷枪与烤箱的不同

用喷枪可以把握颜色的浓淡，吃起来口感较软。而用烤箱烤，可使颜色整体一致，并且由于较为干燥，口感较脆。

专栏

祝福语的制作方法

在生日和节日里经常会用到装饰蛋糕，这时美味的祝福饼干就派上用场了。

饼干的制作方法

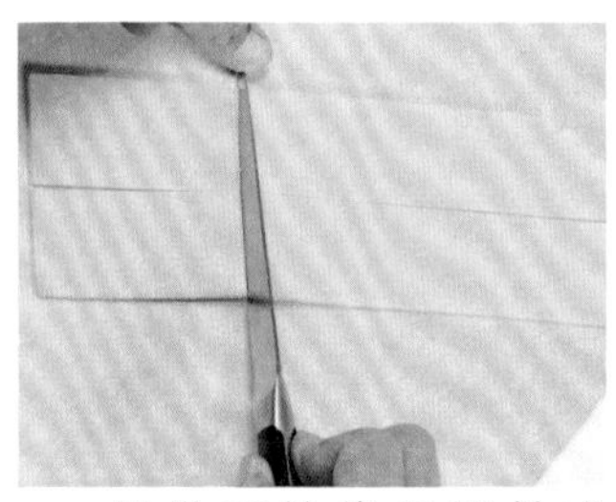

1 用擀面杖将面团做成3~4cm厚的面皮，用直尺量好长、宽后切下（尺寸为3.5cm×7cm）。

2 将面皮放入烤箱，温度调到170~180℃，烤制15~20分钟。

用巧克力板也非常不错哦

巧克力制作的信息板味道好，人气高。制作方法见P114的说明。但是，由于巧克力酱是棕色的，因此推荐使用白色巧克力。

祝福语的写法

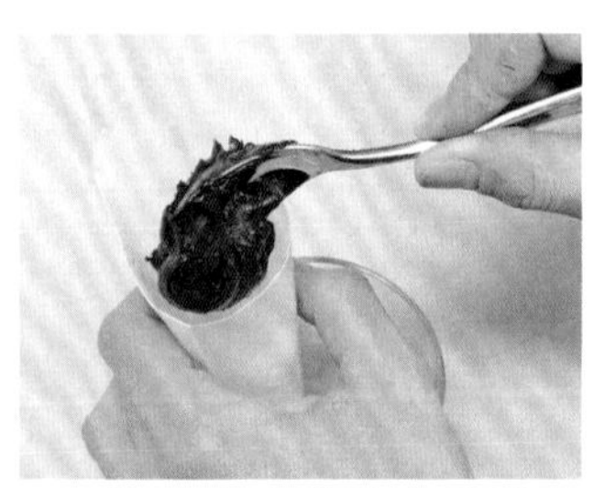

1 将巧克力酱放入锥形袋中，前端剪掉1mm。

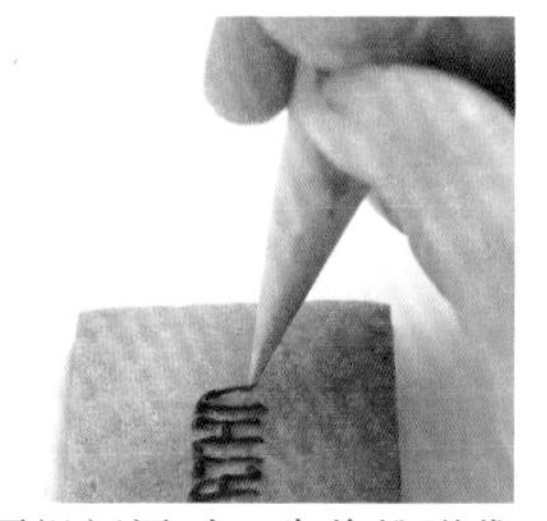

2 写祝福语时，先将锥形袋放在饼干上，然后略微抬起，挤出巧克力酱书写文字，写完后底部向下切断巧克力酱。

3 完成。

文字书写技巧

事先确定书写位置

写之前先把字的位置划分好，免得写出来歪歪扭扭。

手不要抖动

把手固定在一个位置上，书写时不要摇晃。

上下对齐

横向要保持在一条直线上，字的间距也要固定，这样写出来的字才好看。

巧克力酱要软硬适中

巧克力酱太软的话会流得到处都是，太硬时字会连不起来，光滑柔软的糊状巧克力酱是最好的。

第2章 水果装饰

水果挞

大量五颜六色的水果热热闹闹地聚在一起，做出五彩斑斓、新鲜诱人的水果派。

制作方法见P46、47

红色小水果挞

用相同材料做出的小水果派。由于地方有限，不能放各种颜色的水果，但照样可以做得精致美丽。

制作方法见P48、49

水果挞

材料（直径18cm的挞模1个）

■挞皮

黄油……75g
糖粉……50g
盐……1g
鸡蛋……25g（1/2个）
低筋面粉……120g
杏仁粉……20g

■奶油蛋糊

牛奶……250g
香草荚……1/4个
蛋黄……3个
白砂糖……75g
低筋面粉……15g
玉米淀粉……10g

■装饰

草莓、猕猴桃、葡萄柚、粉红葡萄柚、橘子、山莓、蓝莓等……适量
镜面果胶、糖粉……适量

准备

■挞皮

- 做好挞皮备用（见P178）

■奶油蛋糊

- 做好奶油蛋糊备用（见P186）

制作方法

制作挞皮

1 制作挞皮（见P178）。
放入挞模烤制（见P180）。

制作奶油蛋糊

2 制作奶油蛋糊（见P186）。用打蛋器打发奶油蛋糊，直到成柔软的奶油状。

3 将蛋糊放入裱花袋，用口径1cm的裱花嘴将蛋糊挤到挞皮里，挤的时候从中心向外画圆。

※因为之后还要在上面加水果，所以蛋糊放到八分满就可以了。

切水果

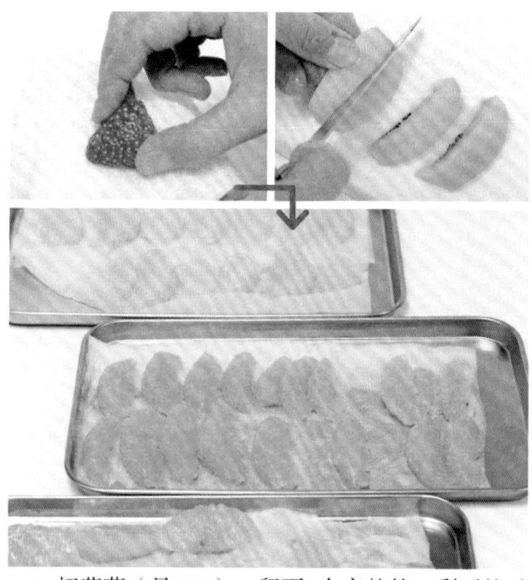

4 切草莓（见P76），留下3个完整的，剩下的对半切。猕猴桃切块（见P77）。柑橘类水果剥皮（见P78），然后用吸水纸使其干燥。

装饰

5 下面开始搭配水果，首先把大的水果摆上去。

※尽量不要把水果摆得太齐。

※最中间摆得高些，内圈摆放较大的水果，外圈摆放较小的水果。

6 放上猕猴桃，注意颜色要协调。

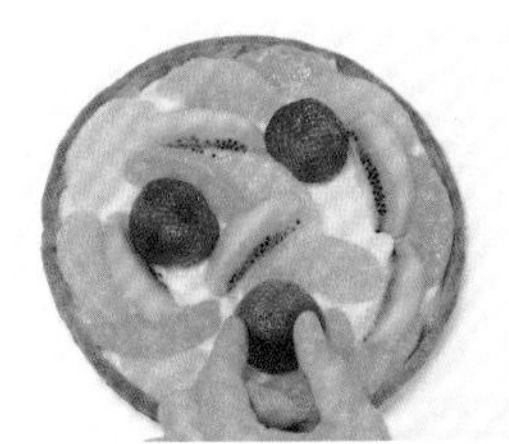

7 将完整的草莓放在水果挞的内侧，然后把对半切开的草莓插在空隙里。

※在放切开的草莓时，要注意白色的内侧和红色的外侧在色调上的平衡。

8 放入山莓。

※在切水果挞时，要保证切下的每块上面各种水果都有。

9 最后放上蓝莓。

※蓝莓色泽比较深，起到主要的点缀作用，因此要最后放。

10 涂镜面果胶。

※镜面果胶主要涂在容易干燥的草莓和猕猴桃切面以及有光泽的柑橘类上面。

11 撒上1圈糖粉，水果挞完成。

红色小水果挞

材料（直径7cm的挞模8个）

■挞皮

黄油 …… 75g
糖粉 …… 50g
盐 …… 1g
鸡蛋 …… 25g（1/2个）
低筋面粉 …… 120g
杏仁粉 …… 20g

■杏仁奶油

黄油 …… 60g
糖粉 …… 60g
鸡蛋 …… 1个
杏仁粉 …… 60g
生奶油（乳脂肪含量35%）…… 25g

■山莓糖汁

山莓果酱 …… 30g
山莓果酒 …… 3mL

■装饰

草莓 …… 18个
山莓 …… 16个
蓝莓 …… 8个
镜面果胶 …… 适量

准备

■挞皮

- 做好挞皮备用（见P178）

■杏仁奶油

- 做好杏仁奶油备用（见P184）

■山莓汁

- 混合备用

制作方法

制作挞皮

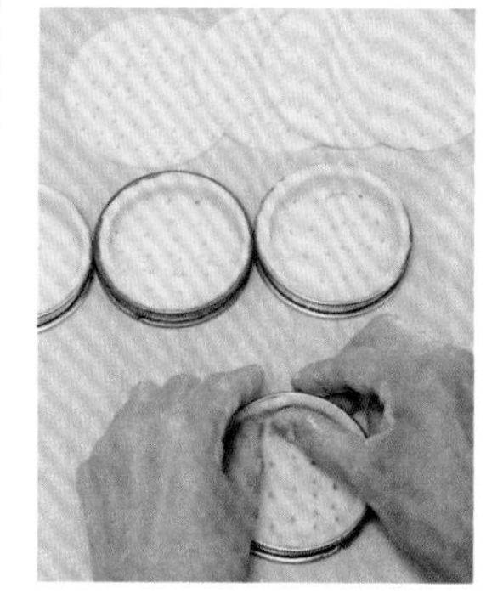

1 制作挞皮（见P178）。放入挞模烤制（见P181步骤1~6）。

制作杏仁奶油

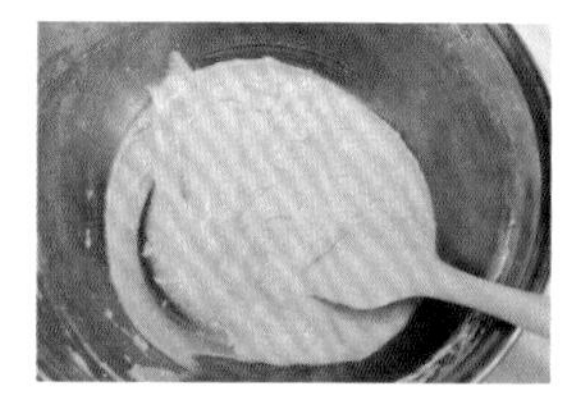

2 制作方法见P184，但在此不要加朗姆酒。然后加入生奶油混合。

3 把杏仁奶油放入裱花袋中，用口径1cm的圆形裱花嘴将其挤入步骤1的挞皮中，挤的时候要由中心向外画圆。

烤制挞并涂山莓汁

4 将挞放入烤箱，温度为170~180℃，烤制40~50分钟。

5 烤好之后取出，趁热将山莓汁涂在挞上面，然后从挞模中取出冷却。

※涂完1次后，山莓汁会渗入挞内，这时再反复涂2~3次，直到把调好的山莓汁全部用完为止。

准备水果

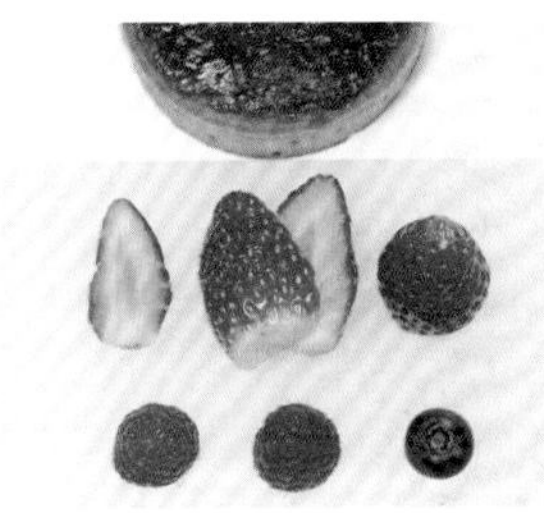

6 切草莓（见P76页），其中8个要对半切，2个切为4瓣。上图为1个水果挞所需要的水果。

装饰

7 先把完整的草莓放上去。

8 然后再把切好的草莓放上去。

9 放上山莓，再用蓝莓点缀。

10 在草莓的切口涂上镜面果胶。

11 把镜面果胶放在锥形袋里，前端剪开1mm，然后在山莓尖上滴上1滴，水果挞完成。

水果卷

色彩丰富的水果和可爱小甜饼组合，
很讨女孩子喜爱。

材料（长30cm的模具1个）

■小甜饼和蛋糕皮

蛋黄……3个

白砂糖……45g

■蛋白霜

蛋白……3个

白砂糖……45g

┌低筋面粉……90g

└糖粉……适量

■水果夹心

草莓……3个

猕猴桃……1个

橘子……1个

■打发奶油

生奶油（乳脂肪含量47%）……300g

白砂糖……24g

■装饰

草莓、猕猴桃、橘子……适量

准备

小甜饼和蛋糕皮

- 和面（见P174）
- 在模具上铺1张长30cm的纸

制作方法

制作小甜饼和蛋糕皮

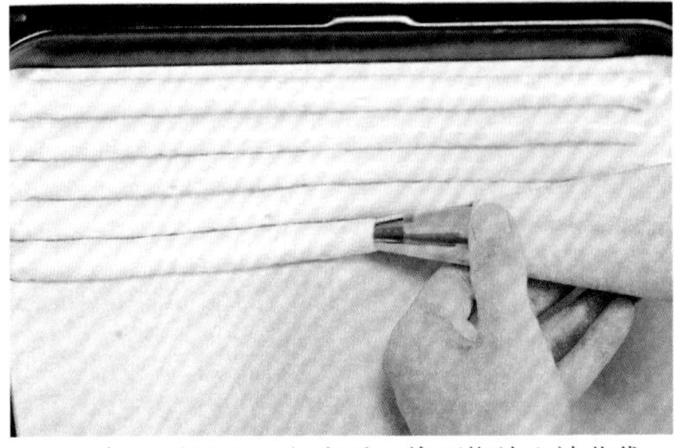

1 和好面（见P174）之后，将面糊放入裱花袋，前面装上口径1cm的裱花嘴，然后将其并列挤在模具里，每个面棒之间的间距为1~2mm。

※面棒之间要有一定间距，这是因为烤制的时候面会发生膨胀。

※挤面棒的时候容易挤歪变成曲线形，一定要时刻注意。

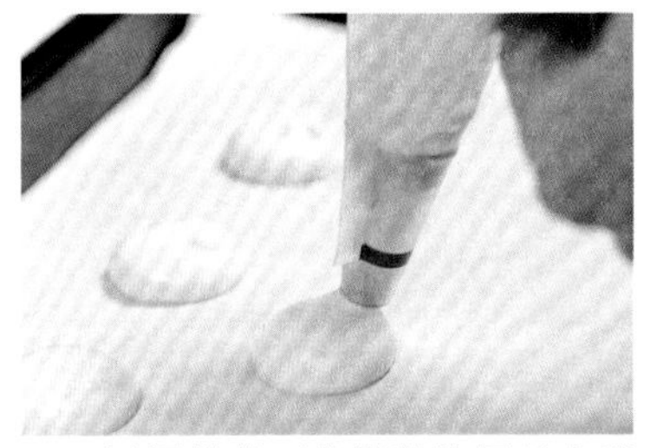

2 用同样的面糊做装饰用的小甜饼，甜饼直径2~2.5cm，挤出甜饼形状的方法见P37。

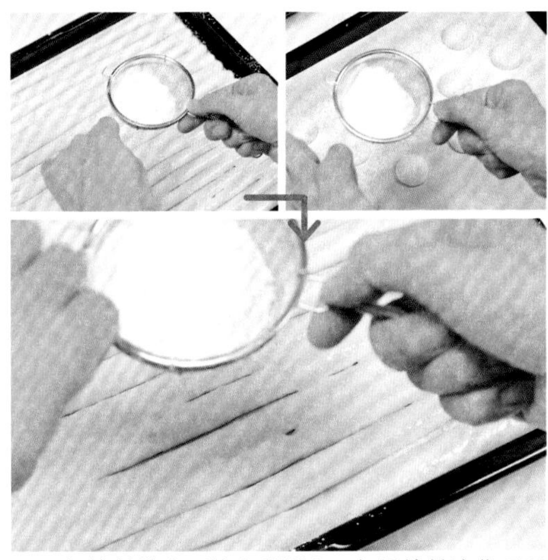

3 把糖粉撒在面棒和甜饼上，如果糖粉溶化可以再撒一遍，然后把蛋糕皮和小甜饼放入烤箱，温度调至190~200℃，烤制10~15分钟。

4 烤好之后立刻从模具中取出，放在冷却架或木板上冷却，步骤2的小甜饼也是一样处理。

※如果在模具中放置时间过长，蛋糕会干燥变硬，没法卷起来。

※等蛋糕冷却后，可以贴上保鲜膜或将其放在塑料袋里，以防止其水分蒸发而变硬。

切水果

5 草莓切4瓣，猕猴桃切成船形，橘子去皮（见P76~78），然后把猕猴桃和橘子放在吸水纸上，吸掉外面的水分。

卷蛋糕

6 打发奶油。生奶油加入白砂糖，打至七八分发（见P182）。

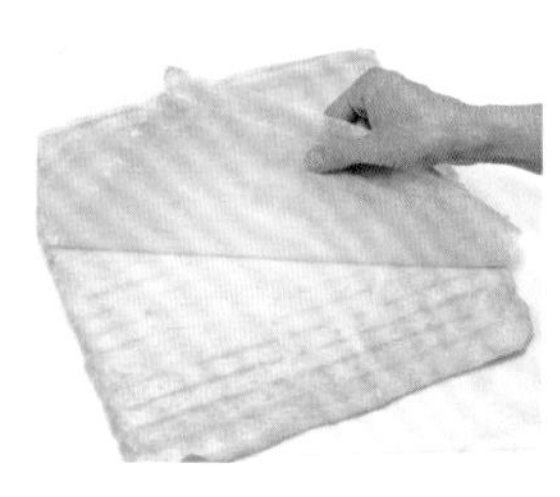

7 在烤好的步骤4（面棒）上面蒙一层比较大的纸，然后将其翻过来，把底层贴的纸去掉。

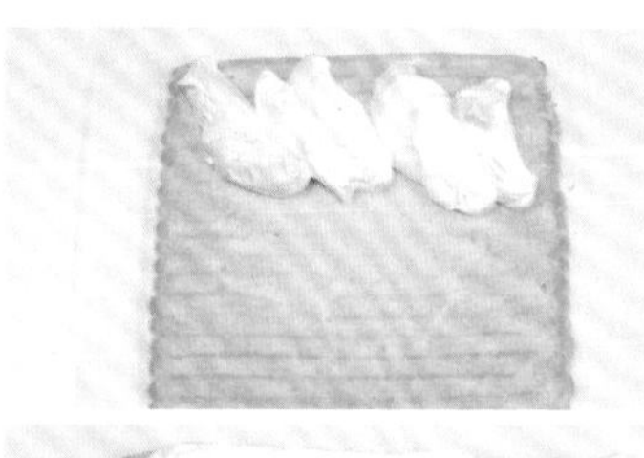

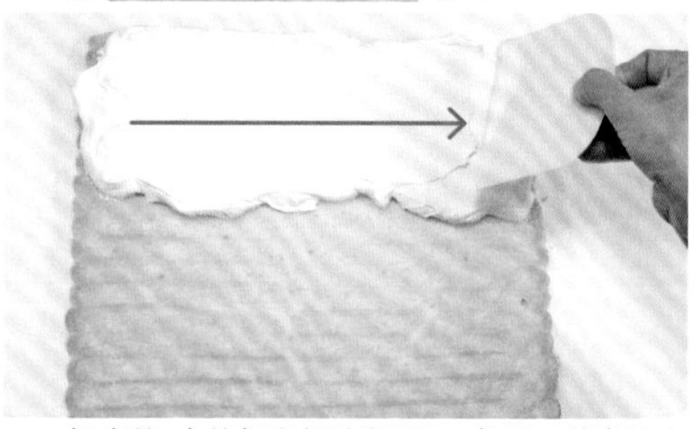

8 把步骤6中的打发奶油留下50g备用，其余放在蛋糕后1/3上，然后用刮板向右摊开。

※注意，厚度要均匀。

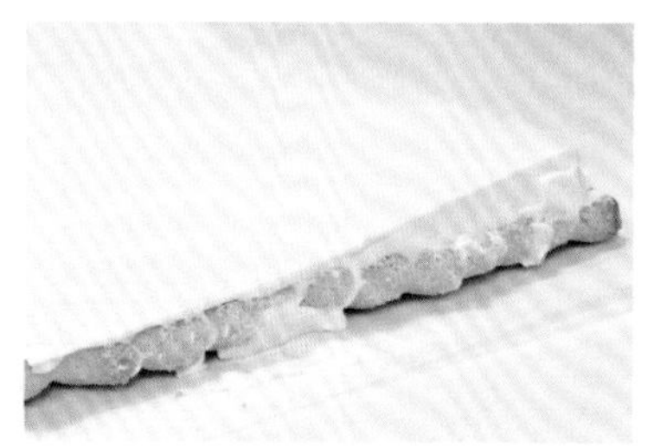

9 然后用刮板向自己方向抹平奶油，注意靠近自己一侧的奶油应该比另一侧的薄。

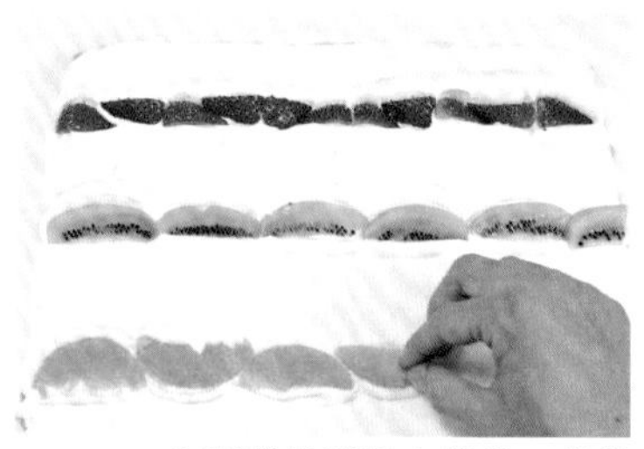

10 在蛋糕外侧嵌入草莓，草莓放在距离边缘两指的地方，然后保持一定间距地放上猕猴桃和橘子，内侧的1/3不要放水果。

※内侧不放水果是为了卷的时候方便。

※放草莓时注意草莓尖要相互交错。

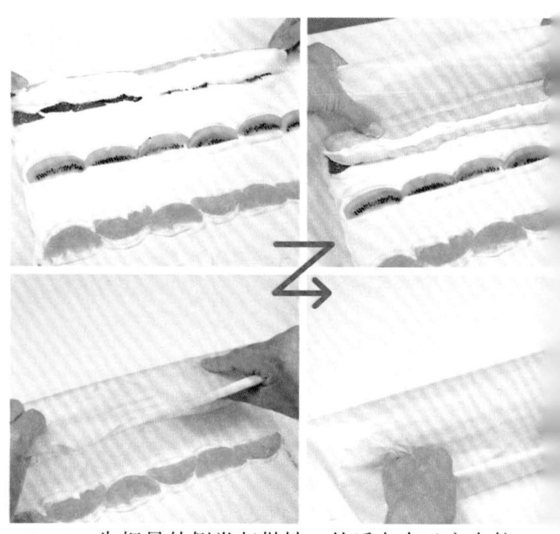

11 先把最外侧卷起做轴，然后向自己方向拉动纸张，开始卷蛋糕。

12 卷好之后用一只手压住下面的纸，然后把直尺放在蛋糕的下面拉紧。

13 连同纸张一起用胶带固定后放入冰箱中冷藏。

装饰

14 把两端切掉。

15 切片，厚度3.5cm。

16 把剩下的奶油打至八分发。

17 将奶油放入裱花袋，用星形裱花嘴在每片蛋糕上做1个圆形裱花（见P38）。

18 装饰上水果和小甜饼，蛋糕完成。

镜面蛋糕

黑加仑镜面蛋糕是一款透着成熟气息的蛋糕，不拘一格的水果布局使其美观大方。

材料（直径18cm的慕斯圈1个）

■可可蛋糕坯

鸡蛋……3个
白砂糖……90g
低筋面粉……75g
可可粉……15g
黄油……20g

■黑加仑糖汁

糖汁（见P4）……30mL
黑加仑酒……15mL

■白葡萄酒慕斯

白葡萄酒……100g
蛋黄……2个
白砂糖……50g
吉利丁……3g
生奶油(乳脂肪含量35%)……140g
白砂糖……25g

■黑加仑慕斯

意大利蛋白霜
※刚做好的蛋白霜取60g备用
蛋白……60g
白砂糖……10g
糖汁 水……35g
糖汁 白砂糖……110g
生奶油（乳脂肪含量35%）……30mL
黑加仑酒……30mL
吉利丁……4g
黑加仑果酱……130g

■黑加仑镜面

镜面果胶……100g
黑加仑果酱……20g

■装饰

柠檬片、山莓、蓝莓、糖粉……适量

准备

■可可蛋糕坯

- 鸡蛋打发（见P172）
- 将低筋面粉和可可粉混合，分2次撒入面糊中拌匀

■黑加仑糖汁

- 混合备用

制作方法

烤制可可蛋糕坯

1 按照P172、173步骤1~6打发鸡蛋，然后按照P173步骤7~11加入低筋面粉和可可粉。但步骤3中只将黄油放入汤锅熔化，然后在步骤8中将其放在面糊里。

※由于可可粉中含有的油脂会消去泡沫，因此这次打发鸡蛋要比平时更加充分。

切片组装

2 从步骤1的蛋糕坯中切下2片厚1cm的蛋糕片。其中1片切成宽3cm的蛋糕条（用于侧面），另1片先切成长17cm的正方形，然后用圆盘辅助切成圆形。

※切圆形时可以用圆盘等辅助。

3 将慕斯圈圈放在垫板上，沿着模具圆圈的四周放置蛋糕条。

※蛋糕条不够时可以继续从步骤1的蛋糕坯上切。

4 蛋糕条相接的地方留下1cm的重合，其余用剪刀剪掉。

※由于海绵蛋糕具有伸缩性，因此留出1cm也不要紧。

5 整理蛋糕条，使其恰好完全嵌在模具里。然后把圆形的蛋糕片放进去。

6 在蛋糕片上均匀涂上黑加仑糖汁。

调制白葡萄酒慕斯

7 在锅中放入白葡萄酒煮沸。蛋黄放在碗里用打蛋器打匀，然后放入白砂糖。

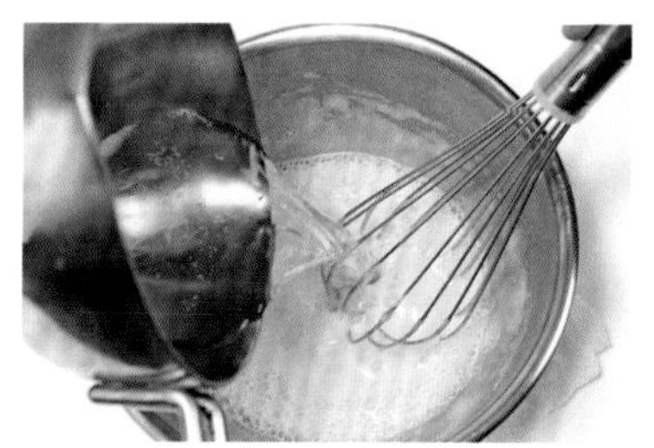

8 把1/3的白葡萄酒倒入鸡蛋里，全部混合均匀后再把剩下的也倒进去混合。

9 把步骤8中的材料倒回锅中，一边用橡胶刮刀搅拌，一边用小火加热至80~82℃。

※加热必须用小火，不然还没热好鸡蛋却先熟了。

※温度超过80℃后鸡蛋容易凝固分离，一定要注意。

10 从炉子上取下之后，加入准备好的吉利丁，溶化混合。

11 用滤勺过滤，并倒入碗中，然后放在冰水里搅拌并使其冷却。完全冷却后从冰水中拿出。

※由于碗底的部分最容易凝固，所以要用橡胶刮刀不停地从碗底搅拌。

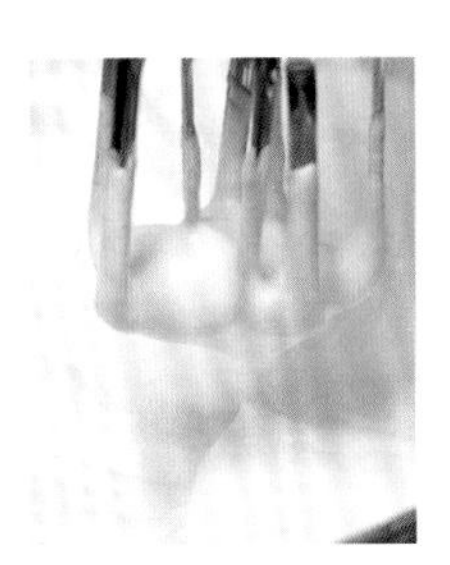

12 在生奶油中加入白砂糖，打至六七分发（见P182）。

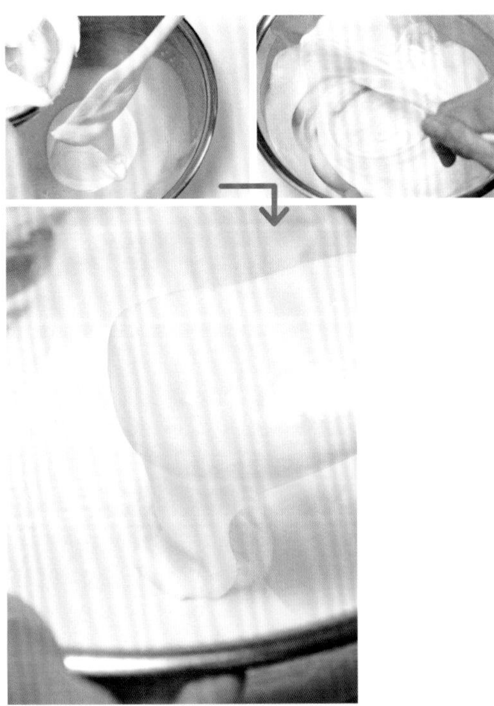

13 将步骤12（生奶油）的1/3放入步骤11中，用橡胶刮刀从碗底开始搅拌，拌匀后加入剩下的生奶油，用同样的方式继续搅拌。

14 将步骤13中的材料倒入步骤6的蛋糕上，顶面与侧面的蛋糕高度相等，然后放入冰箱冷藏。

调制黑加仑慕斯

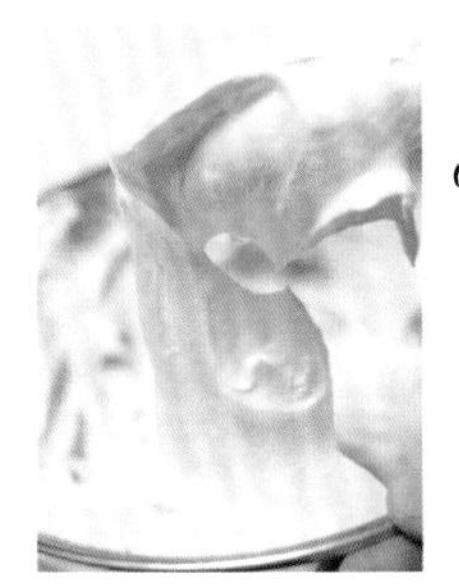

15 制作意大利蛋白霜（见P183）。取出60g放入冰箱冷藏。

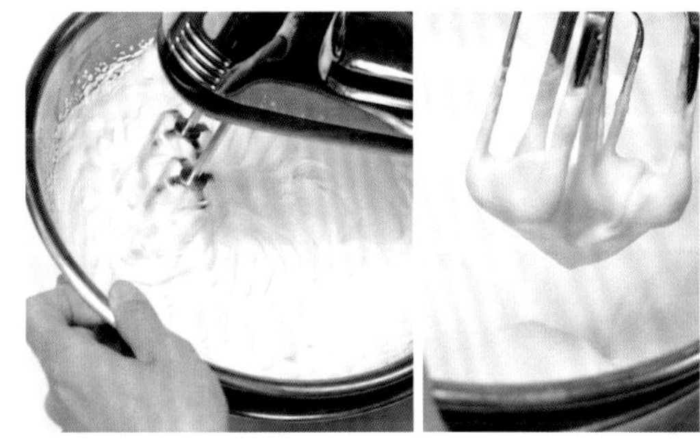

16 生奶油打发至七分（见P182）。

※能用打蛋器带起即可。

17 在黑加仑酒中加入吉利丁，浸入热水中隔水加热并搅拌，等温度升高到45℃左右时拿开。

18 将步骤17中的材料倒入黑加仑果酱中混合。

19 将步骤15中冷却的蛋白霜加在步骤16的生奶油中，用打蛋器搅拌。

20 将步骤18中材料的1/3加入步骤19的材料里搅拌混合，拌匀后把步骤18剩下的材料加进去继续搅拌。然后用橡胶刮刀从底部开始将其搅拌均匀。

21 待步骤14的材料凝固后，将步骤20的材料倒入模具里，顶部与模具高度相等。

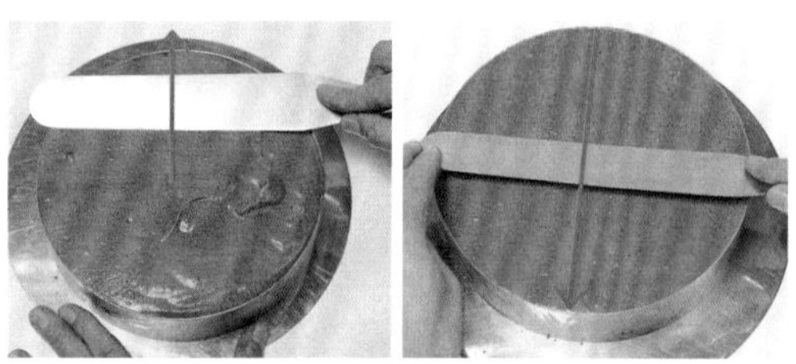

22 用抹刀铺开抹平，放入冰箱中冷藏半日以上。

调制黑加仑镜面

23 混合镜面果胶和黑加仑果酱。

装饰

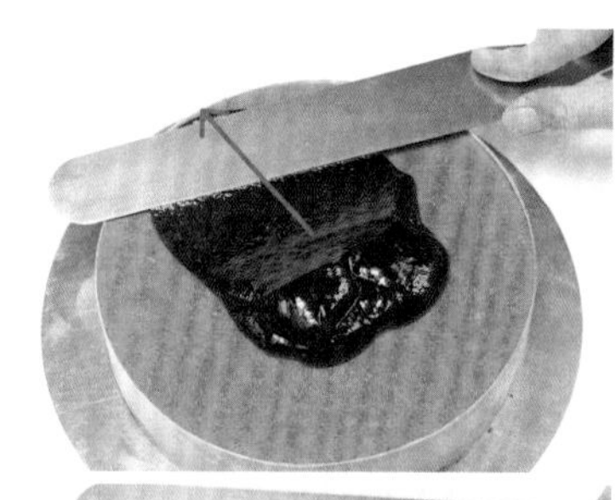

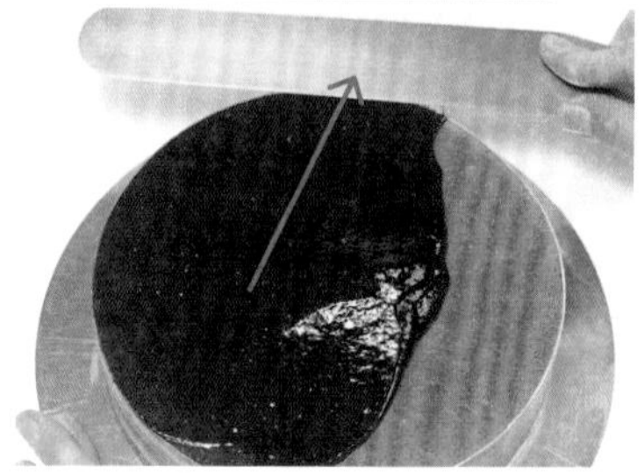

24 将步骤23的材料倒在冷却后的步骤22上面，用抹刀由中心向后方铺开，然后旋转90° 再重复一遍，反复这一过程，直到整个顶面都涂好为止。

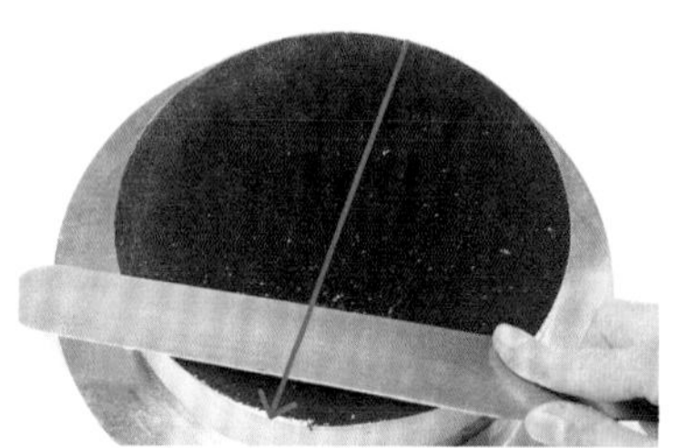

25 最后用抹刀由外向内抹平镜面果胶，然后放入冰箱中冷藏10分钟左右。

26 用热毛巾绕蛋糕模一圈，熔化侧面。

※湿毛巾可以用微波炉加热。

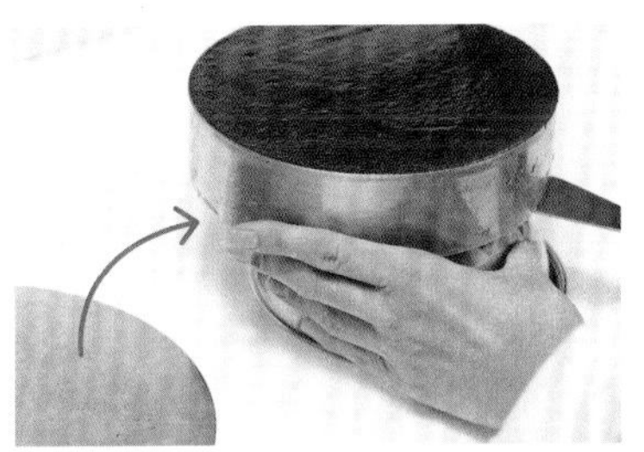

27 将蛋糕连同模具一起拿起，下面垫上一张硬纸，然后放在直径小于模具的碗底上面，将抹刀插入蛋糕与模具之间划一圈。

※硬纸的直径要比模具大一圈。

※没有碗的话，瓶子、罐子等也可以。

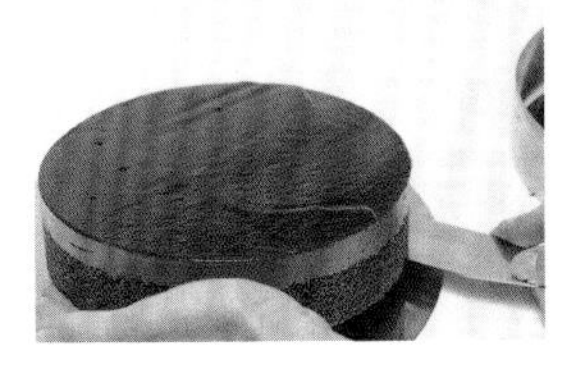

28 慢慢取下模具，将蛋糕连同底部的厚纸一同放回原处。

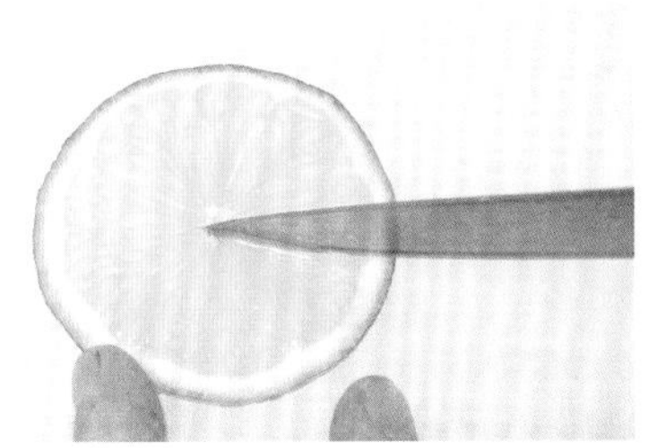

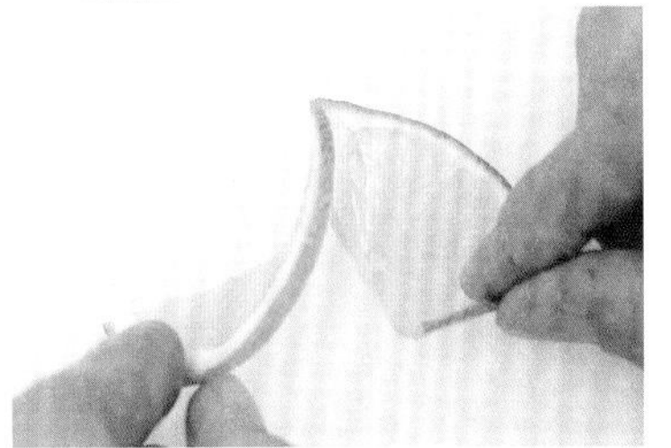

29 将柠檬片从中间剪开一道，然后前后拉开。

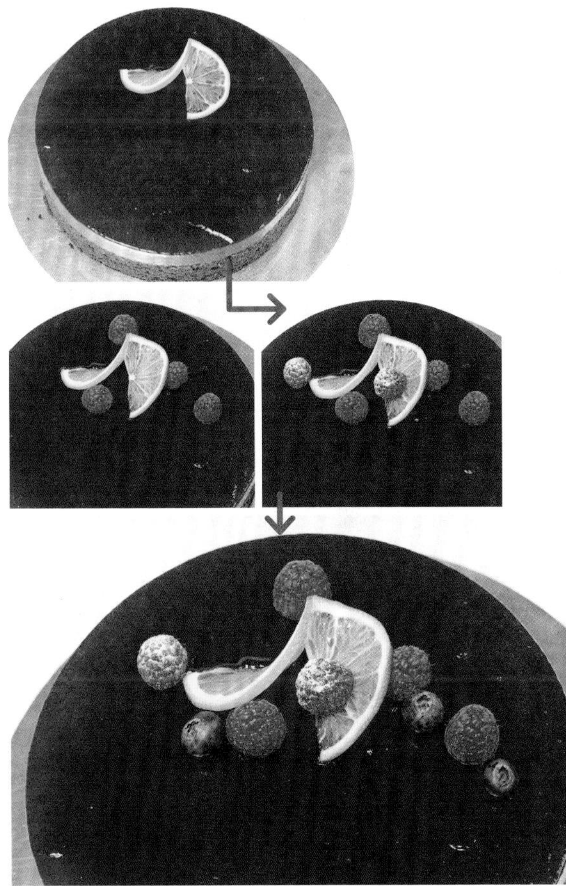

30 在蛋糕上依次放上柠檬、山莓和蓝莓，蛋糕完成。

橘子慕斯蛋糕

放上3种柑橘类水果，色彩鲜艳得像花一样。
用水分饱满的新鲜水果装饰出美丽的蛋糕。

材料（直径15cm的慕斯圈1个）

■面糊

蛋白……75g
白砂糖……30g
低筋面粉……10g
杏仁粉……45g
糖粉……45g
开心果……2g
糖粉（表面用）……适量

■橘子慕斯

意大利蛋白霜
※用刚做好的，取60g
蛋白……30g
白砂糖……5g
糖汁
- 水……20g
- 白砂糖……55g

橘子汁（煮熟）……200g
橘子汁……30g
格兰玛尼……10mL
吉利丁……8g
生奶油（乳脂肪含量35%）……180g

■水果夹心

橘子、葡萄柚、粉红葡萄柚（果肉）…100g
橘皮果酱……20g

■装饰

橘子、葡萄柚、粉红葡萄柚、镜面果胶…适量

准备

■面糊

- 和面备用（见P177）
- 找2张纸，在上面分别画上直径为14cm和12cm的圆
- 开心果切碎备用

注

格兰玛尼：一种橘子酒。

制作方法

烤制甜饼

1 按照P128步骤8~9烤制甜饼，但甜饼的直径分别为14cm和12cm，在表面撒上开心果和糖粉。

调制橘子慕斯

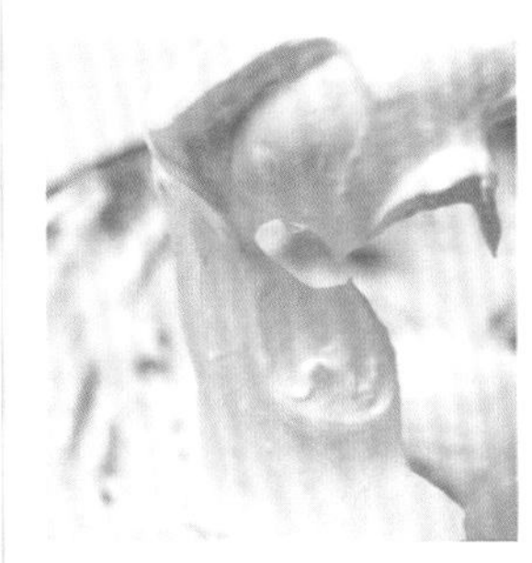

2 制作意大利蛋白霜（见P183），取出60g，放入冰箱中冷藏备用。

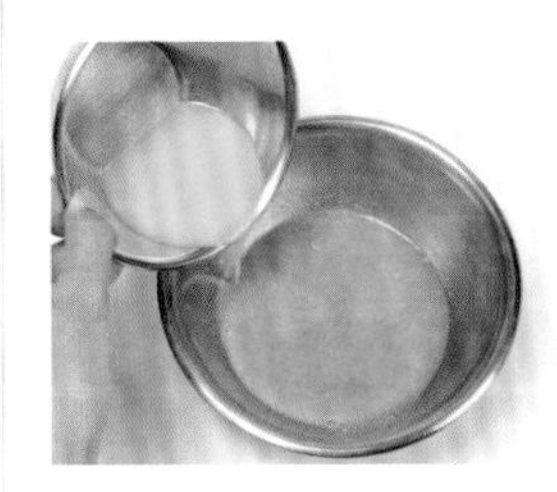

3 把要煮的橘子汁放入锅中，一直煮到还剩下100g左右为止，然后把剩下的30g生橘子汁倒入。

4 把吉利丁放入格兰玛尼中，然后浸在热水中隔水熔化并加热到45℃。

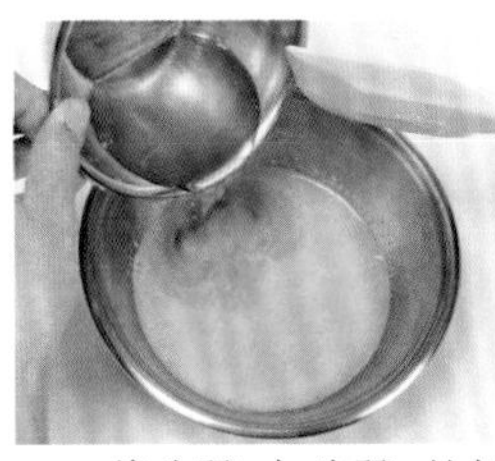

5 将步骤3与步骤4的材料混合，浸在冰水中隔水冷却成胶状。

6 生奶油打至七成发（见P182），然后加入步骤2冷藏的蛋白霜混合。

7 将步骤5中材料的1/3与步骤6的材料混合，然后把步骤5剩下的材料也加进去，用橡胶刮刀由底面向上搅拌混合。

水果去水分

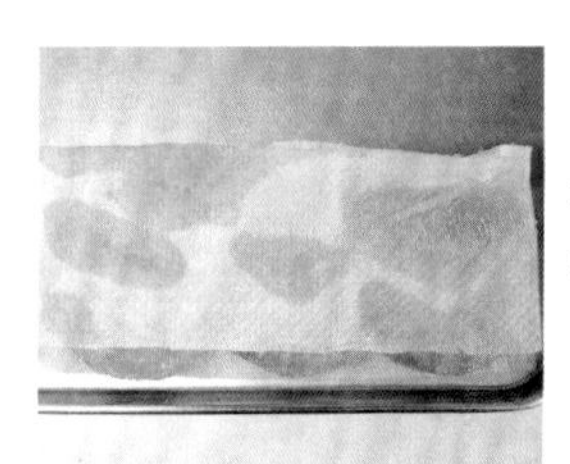

8 把夹心用的橘子、葡萄柚和粉红葡萄柚放在吸水纸上，吸去表面的水分。

组装

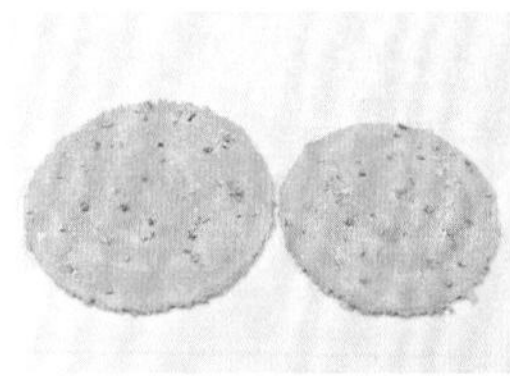

9 把甜饼分别切成直径为14cm（底用）和12cm（中用）的圆形，然后把直径14cm的甜饼放在搁板上，外面套上慕斯圈。

※甜饼的切法请参照P129步骤11。

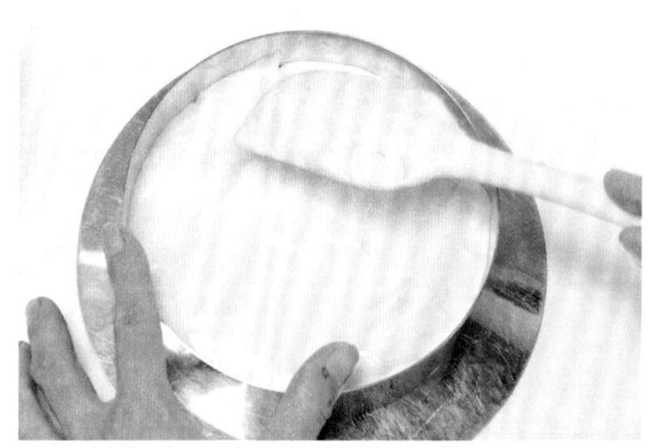

10 把步骤7中的材料倒在慕斯圈里，至其一半的高度，用橡胶刮刀铺开。

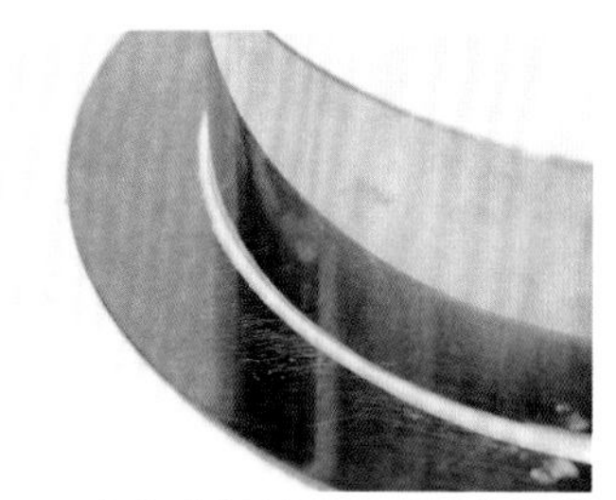

11 为防止倾斜，一只手按住慕斯圈顶部和垫板，然后拍打底面，使慕斯均匀流到所有地方。

※直到慕斯稍稍溢出（如图所示）。

12 将慕斯剩下的一半放入慕斯圈，用勺子将其撇到慕斯圈四周。

※这是为了防止夹心的水果从侧面露出来。

13 把夹心用的水果对半切开，放上橘皮果酱。

※橘皮果酱是为了防止水果的水分渗出。

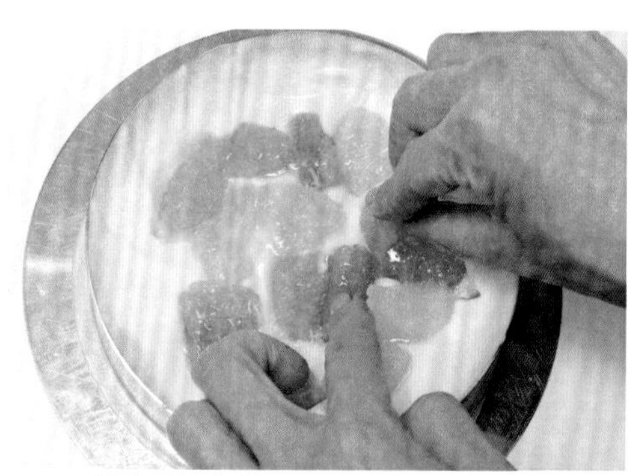

14 将水果均匀铺在步骤12的蛋糕上。

15 放入直径12cm的甜饼，轻轻压紧。

16 把剩下的橘子慕斯倒入，全面铺开。

※最后还要用抹刀刮平，这时可以多放一些。

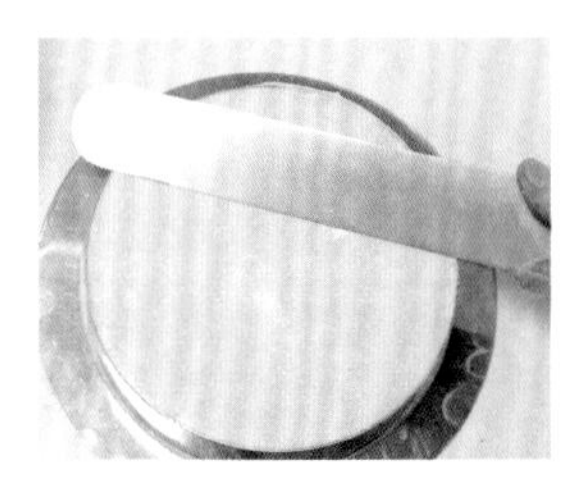

17 用抹刀抹平，放入冰箱中冷藏半日以上。

※抹刀的使用方法见P58步骤24~25。

装饰

18 用热毛巾融化钢圈四周，取下慕斯圈，然后用抹刀刮掉下面溢出的慕斯。

※钢圈四周的熔化方法见P59步骤26。

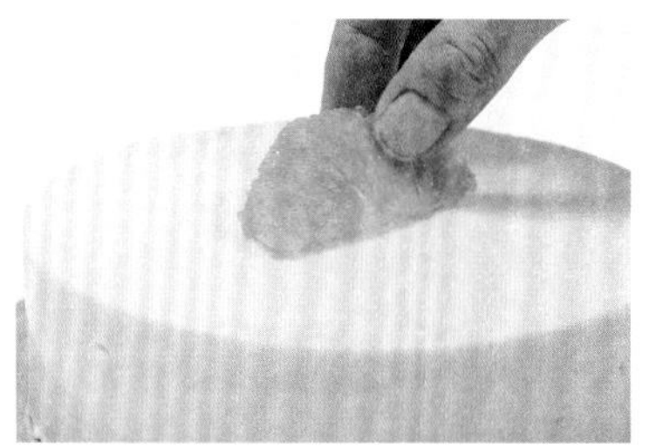

19 先把又肥又大的水果放在中央。

※这是为了把水果摆成宝塔状。

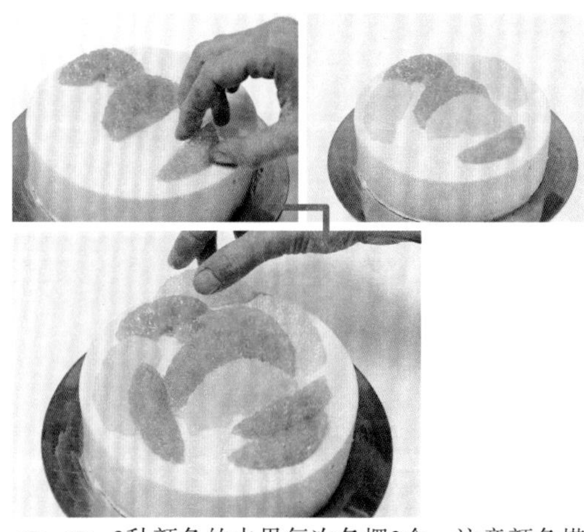

20 3种颜色的水果每次各摆3个，注意颜色搭配的平衡。

※水果不要都朝着一个方向。

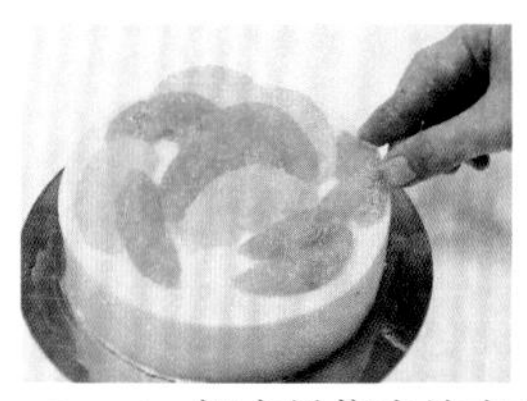

21 把水果依次放在空隙里，注意颜色和形状的搭配，找不到合适位置时，可以用抹刀辅助制作空隙。

※最后应该是中间高四周低，所以中间放大水果，四周放小水果。

22 涂上镜面果胶，蛋糕完成。

露喜龙水果蛋糕

强大的水果阵容组成了极具分量感的豪华蛋糕，
加上洋酒独特的香气，给人以特别的味觉享受。

材料（直径18cm的蛋糕模具1个）

■橘子海绵蛋糕坯

鸡蛋……3个
白砂糖……90g
橘子皮（研碎）……半个橘子
低筋面粉……90g
黄油……30g

■夹心用水果

橘子……1个
葡萄柚……1个
格兰玛尼……20mL
樱桃酒……20mL
草莓……4个

■橘子糖汁

橘子汁……40mL
白砂糖……5g

■卡仕达鲜奶油

牛奶……250g
香草荚……1/4个
蛋黄……3个
白砂糖……75g
低筋面粉……15g
玉米淀粉……10g
格兰玛尼……10mL
生奶油（乳脂肪含量47%）……65g

■意大利蛋白霜

蛋白……60g
白砂糖……10g
糖汁
┌水……35g
└白砂糖……110g

■装饰

草莓、橘子、葡萄柚、山莓、苹果、蓝莓、猕猴桃等……适量
镜面果胶……适量

准备

■橘子海绵蛋糕坯

・和面（见P172）

■卡仕达鲜奶油

・调制好备用（见P186）

■装饰

・水果切成自己喜欢的形状（见P76~78）

注

樱桃酒：以樱桃为原料的白兰地。

制作方法

制作橘子海绵蛋糕坯

1 按照P172、173步骤1~6和面，要加上研碎的橘子皮。然后按照P173步骤7~11烤制，但步骤3中只把黄油熔化加入步骤8中即可。

准备用来夹心的水果

2 橘子和葡萄柚剥皮，然后在格兰玛尼和樱桃酒中浸泡1小时左右。

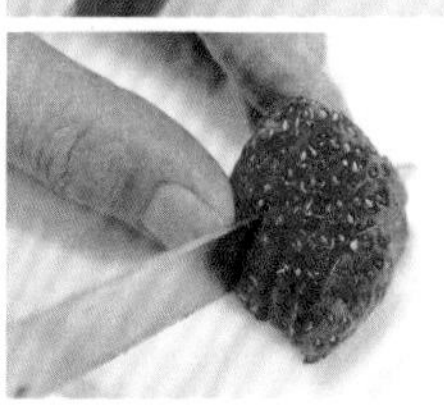

3 橘子纵向切为2瓣，葡萄柚切3瓣，然后放在吸水纸上干燥。草莓切成厚度为5mm的薄片。

※格兰玛尼和樱桃酒留下备用。

制作橘子糖汁

4 在橘子汁中加入白砂糖、格兰玛尼、樱桃酒拌匀。

制作卡仕达鲜奶油

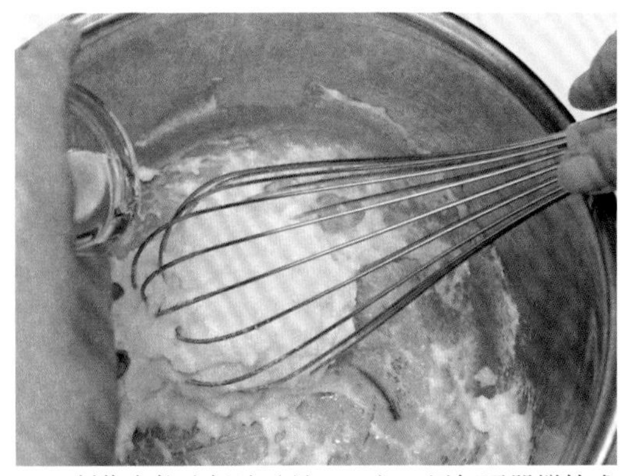

5 制作卡仕达奶油（见P186）。用打蛋器搅拌成糊状，然后加入格兰玛尼。

6 生奶油打至九分发。

※因为要求生奶油硬度和卡仕达奶油一致，所以要硬一些。

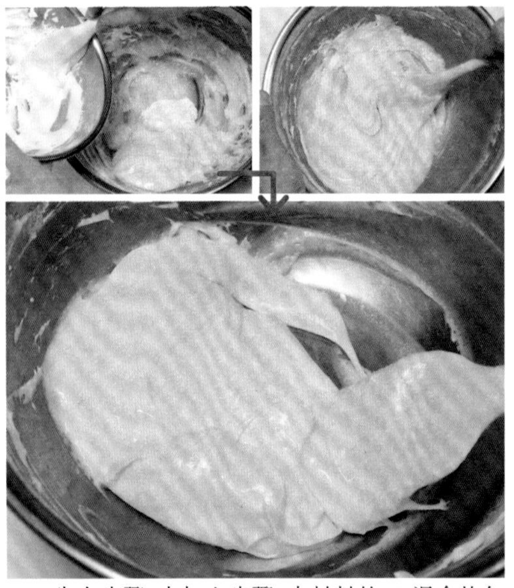

7 先在步骤5中加入步骤6中材料的1/3混合均匀后，再将剩余的加入，用橡胶刮刀从底部向上搅拌。然后放入裱花袋中，使用口径7mm的圆形裱花嘴。

组装蛋糕

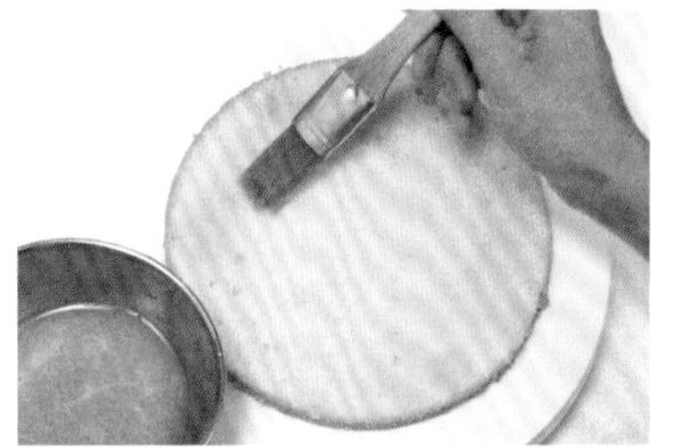

8 从步骤1的蛋糕坯上切3片厚度为1cm的蛋糕片，将其中1片放在旋转台的中心位置，上面涂上橘子糖汁。

9 用步骤7的卡仕达鲜奶油从中心向四周画圆。

10 把步骤3做的水果摆上去。

11 按照与步骤9同样的方式画圆，覆盖水果。

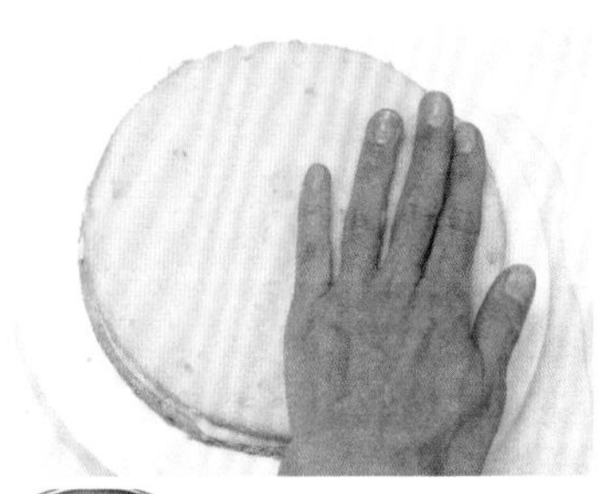

12 把第2片蛋糕放上去，轻轻压紧，涂上橘子糖汁，然后重复步骤9~11，再放上第3片蛋糕。

装饰

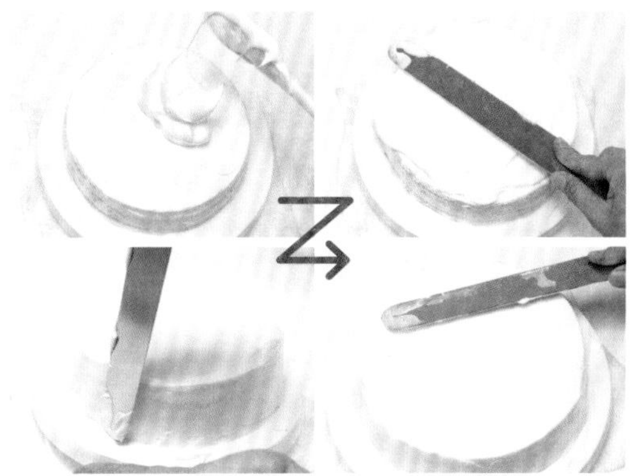

13 制作意大利蛋白霜（见P183）。涂奶油（见P34）。

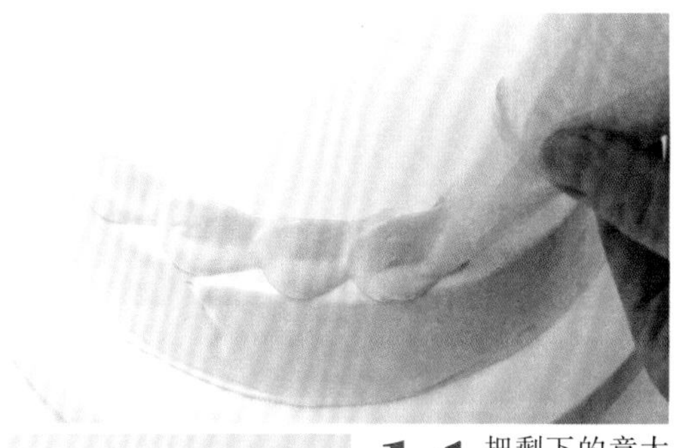

14 把剩下的意大利蛋白霜放入裱花袋，用圣安娜裱花嘴环绕蛋糕一周裱花，每个裱花方向都是由外向内（见P39）。

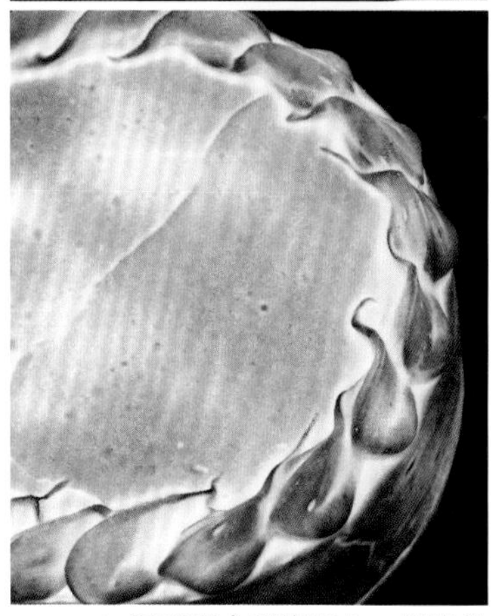

15 把蛋糕拿到烤板上，用烤枪在距离10~15cm的地方，按照侧面、中心的顺序上一层烤焦的颜色，然后摆上装饰用的水果，涂上镜面果胶，蛋糕完成。

※烤枪太近的话就烧糊了，一定要注意啊！

※用烤枪烘烤也是为了防止水果粘在蛋糕上。

※水果的摆放方法和涂镜面果胶的方法见P47步骤5~10。

博若莱洋梨慕斯

洋梨用红酒煮过之后变成了紫色，透出些许成熟和稳重。而顽皮的小装饰又带着一股孩子气。

制作方法见P70~73

苹果派

放射状的苹果有一种韵律美，焦黄色
和镜面的光泽展现着厚重感。
制作方法见P74~75

博若莱洋梨慕斯

材料（直径15cm的慕斯圈1个）

■甜饼

鸡蛋黄……2个
白砂糖……30g

■蛋白霜

蛋白……2个
白砂糖……30g
低筋面粉……60g
糖粉……适量

■红酒煮洋梨

※下面的材料用于洋梨慕斯、夹心和装饰。
洋梨……3个
博若莱红酒……375mL
水……125mL
白砂糖……200g
香草荚……1/2个
肉桂……1/2个
柠檬片……2片

■洋梨慕斯

意大利蛋白霜
※做好后取60g备用。
蛋白……30g
白砂糖……5g
糖汁 水……35g
糖汁 白砂糖……110g
红酒煮洋梨酱……130g
食用色素（红色）……适量
吉利丁……5g
生奶油（乳脂肪含量35%）……130g

■夹心水果

红酒煮洋梨……1/2个

■装饰

红酒煮洋梨……1个
镜面果胶、巧克力棒……适量

准备

■和面

- 和面备用（见P174）
- 找2张纸，在上面分别画上1个10cm×27cm的方形（侧面用）和1个直径为14cm的圆（底面用）

制作方法

红酒煮洋梨

1 把红酒和调味料放入锅中煮至沸腾，然后关火。

2 洋梨对半切去芯，放入步骤1中，再度煮至沸腾，盖上纸盖，改用文火煮10分钟。

※注意调节火候保持沸腾即可。

3 洋梨翻个，盖上纸再煮10分钟。

4 洋梨煮到能用竹扦轻松穿透即可，保持原状放置一晚。

※这是为了让梨更入味，如能提前两三天做更好。

制作甜饼

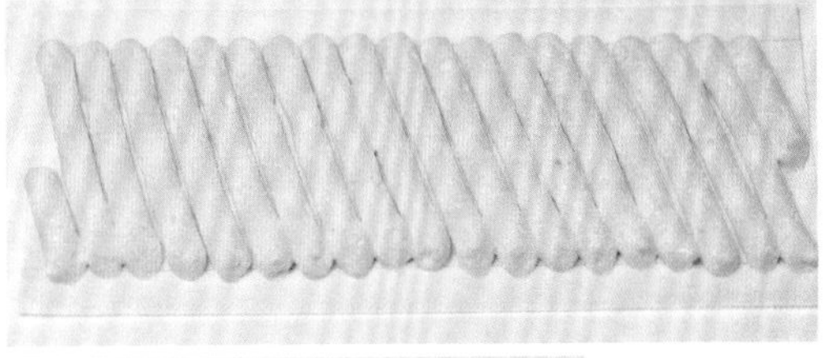

5 和面（见P174）。将和好的面放入裱花袋，使用口径1cm的圆形裱花嘴。首先制作侧面方形甜饼，将侧面用的纸翻过来，沿着画好的线上下对齐斜着挤面棒，然后撒上糖粉，糖粉溶化的话就再撒1遍。

※由于面棒在烤制过程中会膨胀，两根面棒之间要有1~2mm的间距。

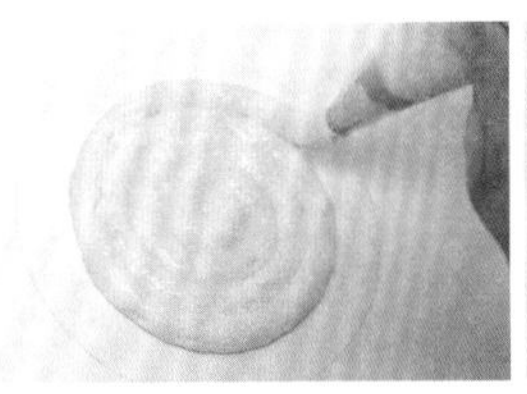

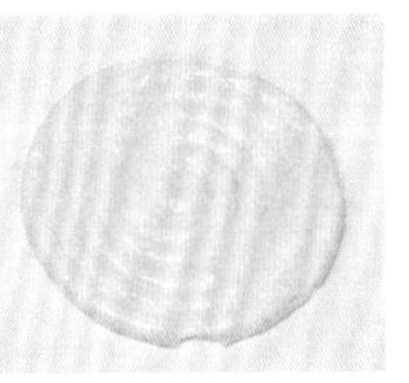

6 然后做底面甜饼。把纸张没有画线的一面朝上，用裱花嘴由中心向四周画1个直径14cm的圆。

※圆形不用留间距。

※因为底面看不到，所以不用撒糖粉。

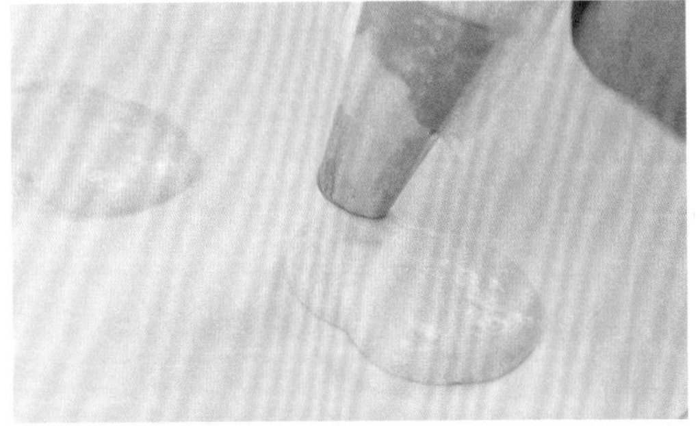

7 制作洋梨形状的小饼干。先挤出1个上面的小圆，然后裱花嘴向下挤出大圆，向上切断，最后撒上糖粉。和步骤5、6制作的物品一起放到烤箱里，温度调到190~200℃，烤制10~13分钟，然后冷却（见P51步骤4）。

放入模具

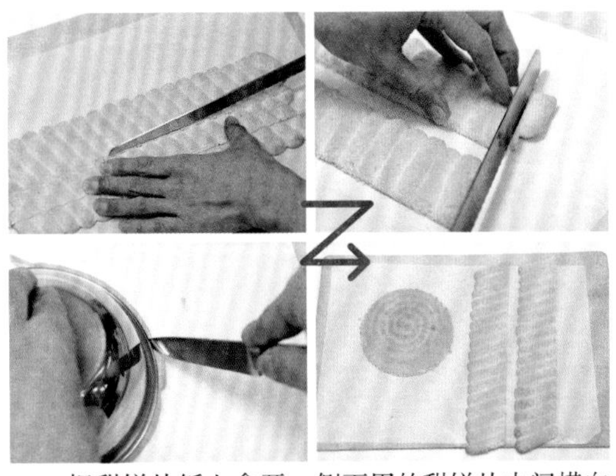

8 把甜饼从纸上拿开，侧面用的甜饼从中间横向切开，然后斜切两边，使其能围成1圈。底面的甜饼切成直径14cm的圆形。

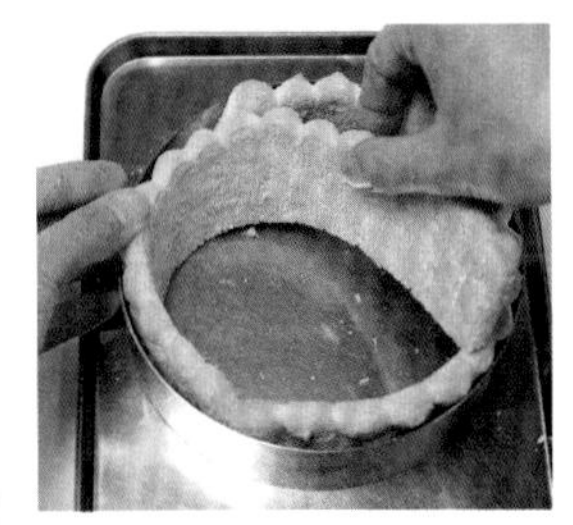

9 把慕斯圈放在托盘里，把侧面用的甜饼放进去，注意内外侧不要放反了。

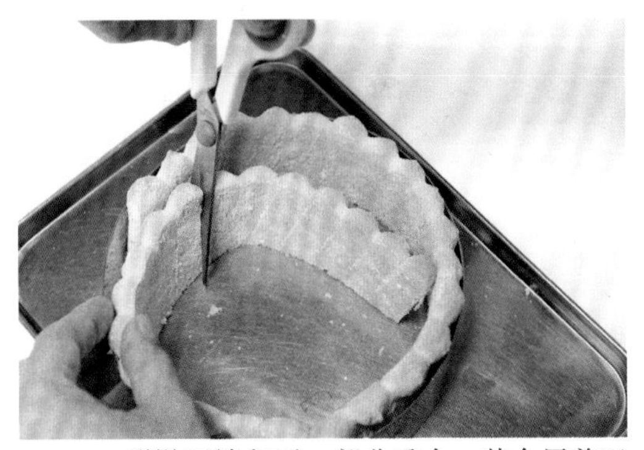

10 甜饼两端留下一部分重合，其余用剪刀减掉。

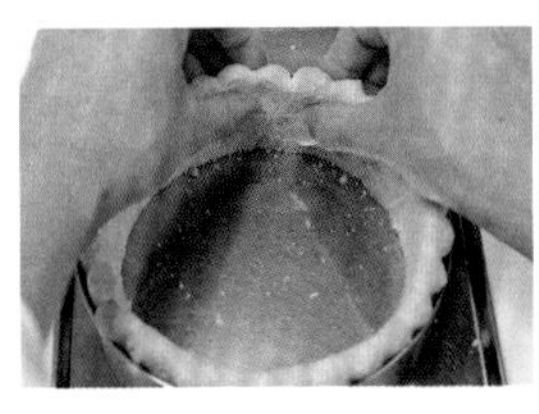

11 然后向两侧拉动甜饼接口，使其正好嵌在慕斯圈里。

12 把底面用的甜饼放进去，用手压实。

※底面和侧面都压实，以防慕斯漏出。

制作洋梨慕斯

13 制作意大利蛋白霜（见P183）。取出60g，放入冰箱冷藏。

※刚刚做好的蛋白霜是热的，为防止其与打发奶油混合时将奶油熔化，要事先冷藏。

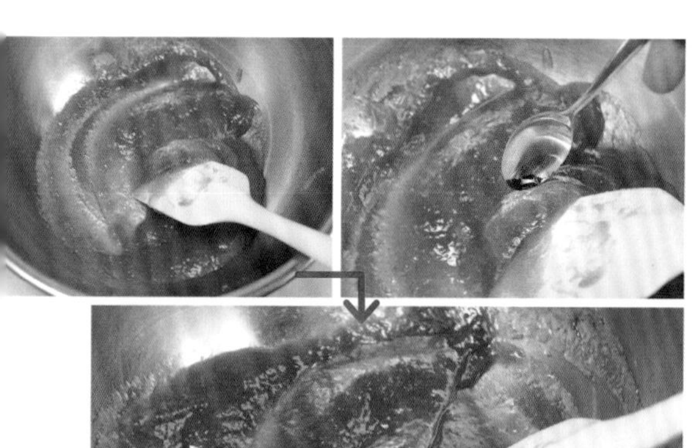

14 取出3块红酒煮洋梨，做成洋梨酱，然后放入碗中，加入食用色素。

※放色素是为了好看，不放也行。

15 把步骤14中洋梨酱的1/4盛至其他碗里，加入吉利丁，浸入热水里隔水搅拌使其熔化并加热到45℃。

※只溶化吉利丁的话容易产生颗粒，所以混合果酱一起。

16 把步骤15中的材料放回原先的果酱里搅拌均匀。

17 生奶油打至七分发（见P182），加入步骤13中，与冷却好的蛋白霜拌匀。

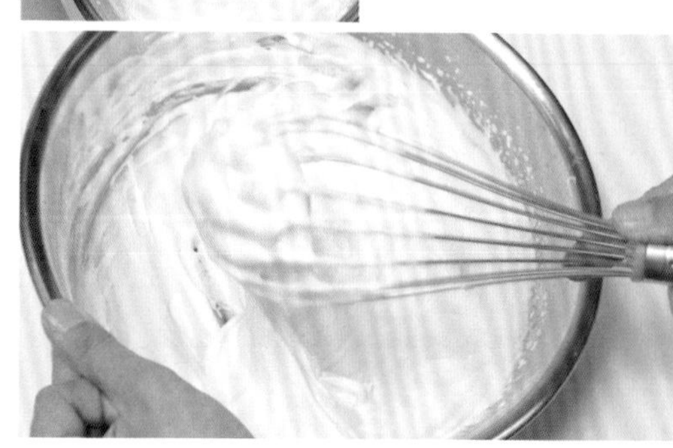

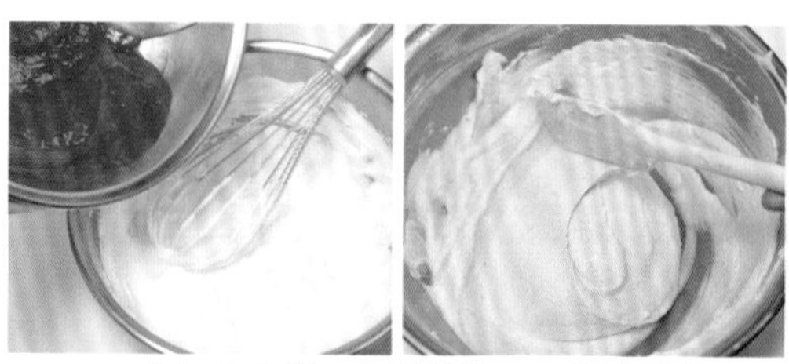

18 先加入步骤16中材料的1/3，混合均匀后再将剩下的加入，改用橡胶刮刀从底部向上搅拌。

组装

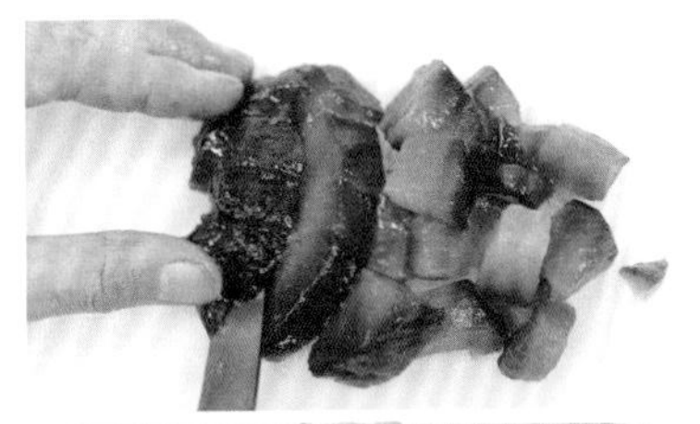

19 取出2块红酒煮洋梨，切成1cm的小块，倒在步骤12的甜饼里。

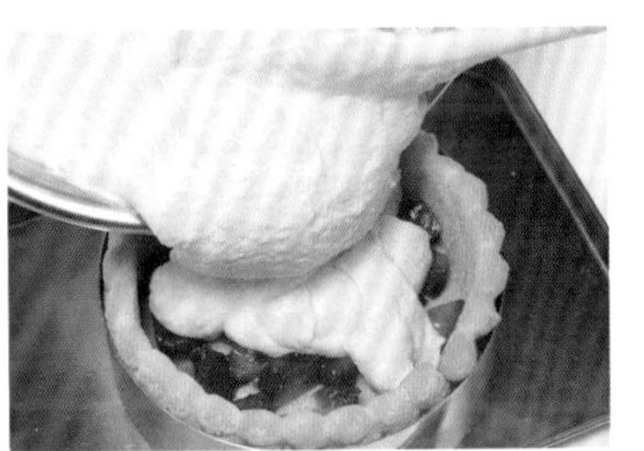

20 倒入步骤18中的材料至九分满，用橡胶刮刀抹平后放入冰箱中冷藏半日以上，凝固后拿出，并去掉蛋糕慕斯圈。

装饰

21 取出2块红酒煮洋梨，横向切成厚3mm的薄片。

※把带梗的一侧朝向一边，横向切比较容易统一厚度。

22 用抹刀把1块切好的洋梨慢慢放在慕斯上。

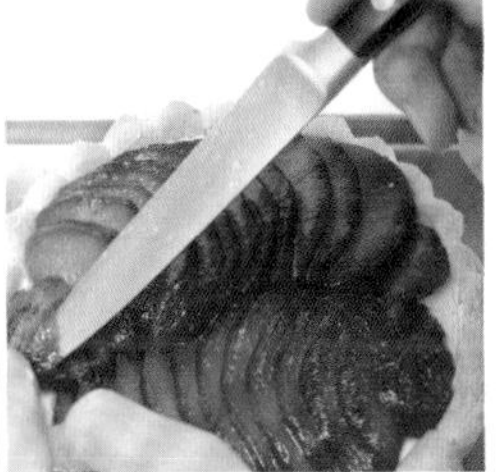

23 将蛋糕180° 旋转，然后把另1块切好的洋梨放上，用水果刀调整其位置。

※洋梨从后面放会比较容易，所以要旋转蛋糕。

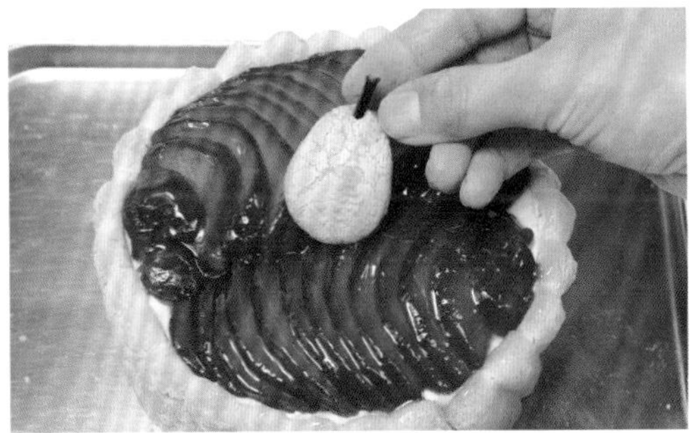

24 刷上镜面果胶，装饰上步骤7中的洋梨形小甜饼，插上巧克力棒，蛋糕完成。

苹果派

材料（直径18cm的挞模1个）

■饼底

低筋面粉……150g
黄油……60g
蛋黄……1个
盐……1g
水……30g

■杏仁奶油

黄油……60g
糖粉……60g
鸡蛋……60g
杏仁粉……60g
朗姆酒……5mL

■装饰

苹果（红玉）……1.5个
黄油……15g
白砂糖……适量
杏子果酱……150g
水……30g

准备

■和面

- 和面备用（见P179）

■杏仁奶油

- 调制备用（见P184）

■装饰

- 熔化黄油
- 在杏子果酱中加水熬煮（见P109步骤16、17）

制作方法

制作饼底

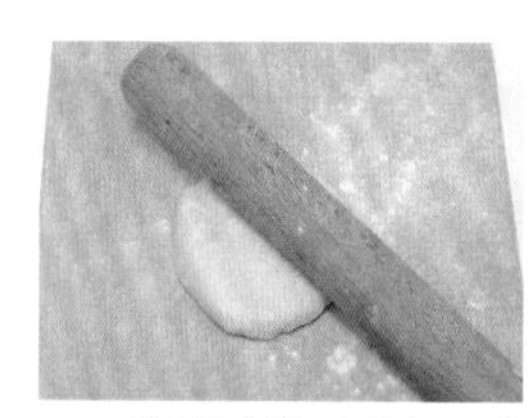
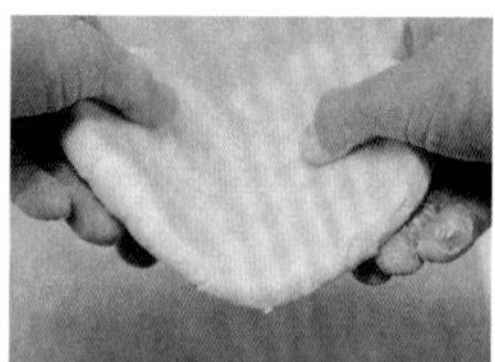

1 和面（见P179）。在案板上铺上面粉，放上面团，用擀面杖轻轻地将其打成硬到可以弯曲且厚为1cm的面饼。

※面团要有一定的硬度，黏黏的面团一烤就缩了。

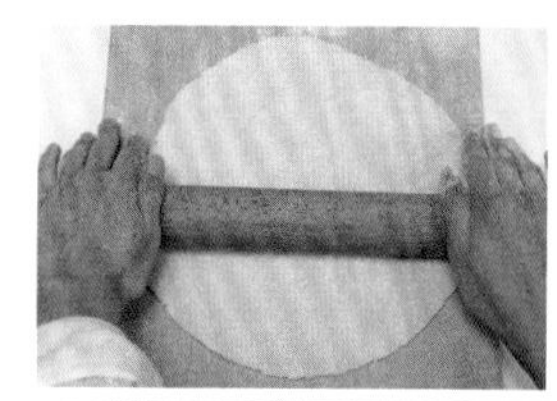
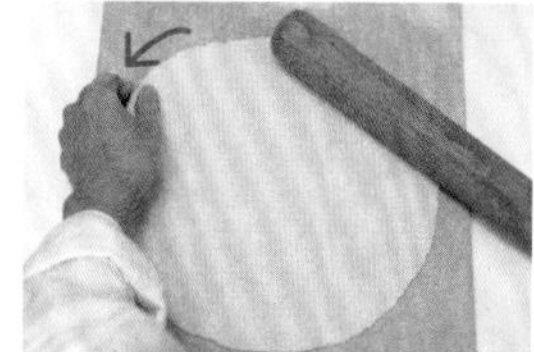

2 用擀面杖上下移动，同时不停地30°旋转面团，将其擀成厚2~3mm、比挞模大一些的圆饼（见P180步骤2）。

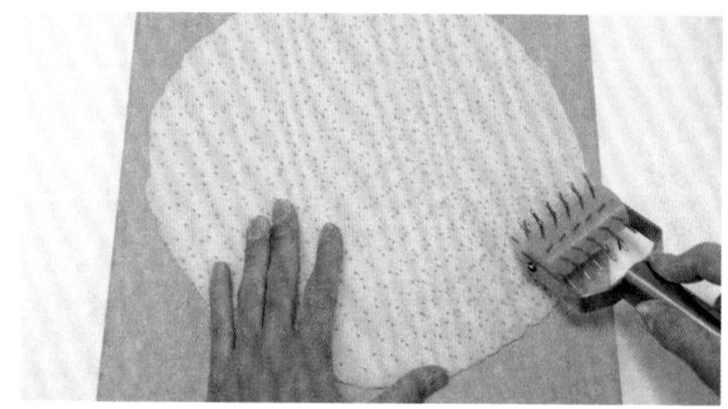

3 用干燥的刷子把多余的面粉刷掉，再用打孔器将其全部打上孔。

※要比饼干打出更多的孔。

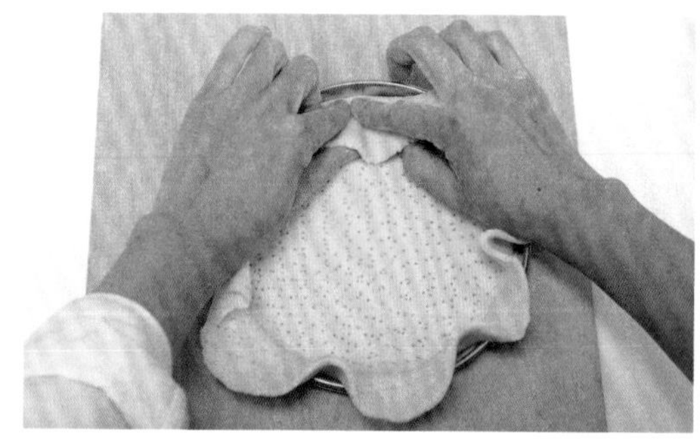

4 将其放入挞模中（见P180步骤4~9）。

※因为面饼容易收缩，所以应将四周压紧。

调制杏仁奶油

5 调制杏仁奶油（见P184）。

切苹果

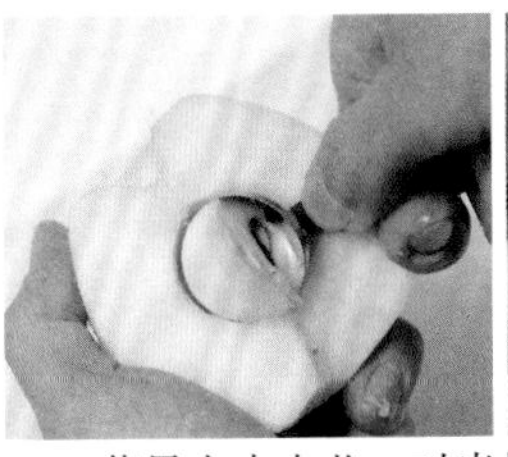

6 苹果去皮去芯，对半切开，然后将带梗的一端朝左，横向切成厚2mm的苹果片。

※横向切更容易统一形状。

装饰

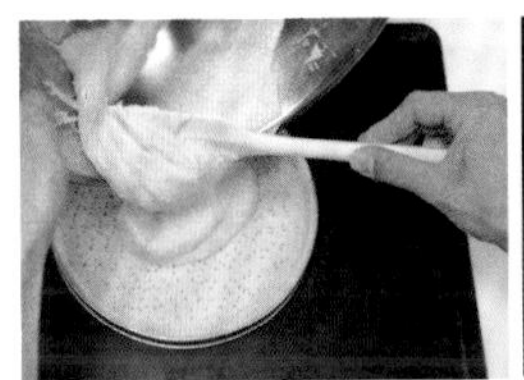
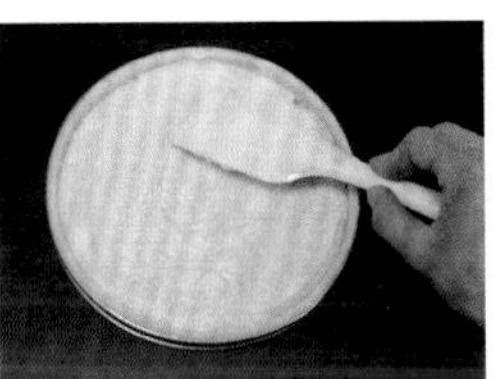

7 把步骤5的杏仁奶油倒入步骤4的饼底中，用橡胶刮刀抹平。

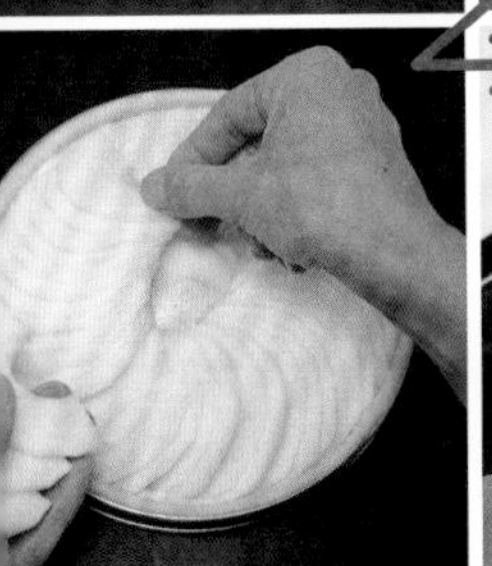
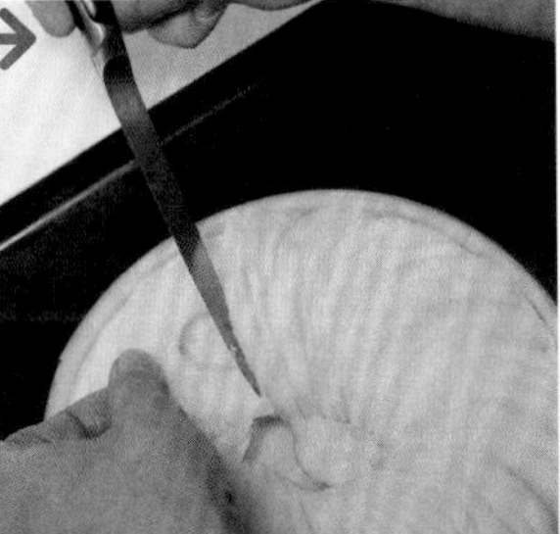

8 把形状不好的苹果片放在里面，把切整齐的苹果片间隔5mm排列一周，然后用水果刀架起开头的苹果片，把最后面的苹果片放在其下面。

※小的苹果片留下，稍后摆在中央。

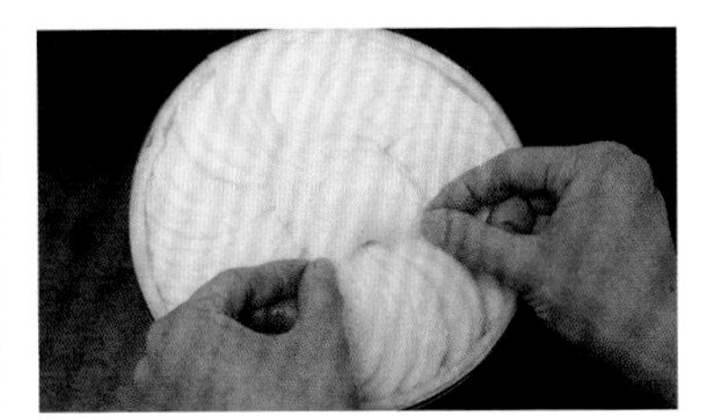

9 把小的苹果片摆在中央。

烤制

10 把熔化好的黄油均匀地涂在苹果上，然后撒上白砂糖。

11 把苹果派放入200℃的烤箱中烤制50~60分钟。烤好后从挞模中取出，放在冷却架上冷却。

※如果苹果派太热，涂果酱时果酱的颜色会变暗，所以要事先冷却。

12 用刷子蘸上足够的果酱，将其刷在苹果派上。

※一点点刷的话苹果派表面会凹凸不平，还会有刷子的刷痕。

水 果

色彩鲜艳的水果对于蛋糕的装饰是不可或缺的。

切水果的方法

草莓

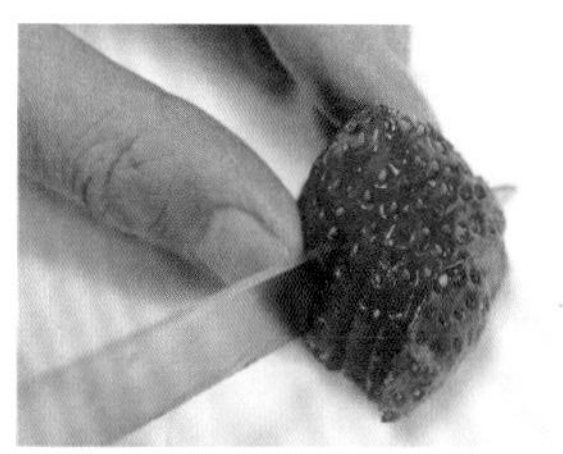

1 从前端开始切成相同厚度的薄片。

2 完成。

草莓的处理方法

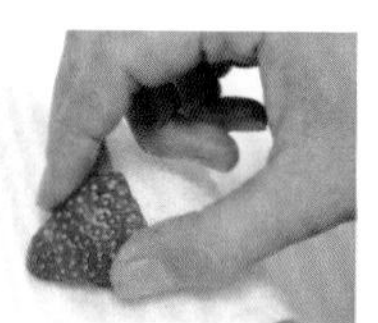

用水果刀去掉蒂，用水轻轻清洗，然后用干布擦干净。

苹果

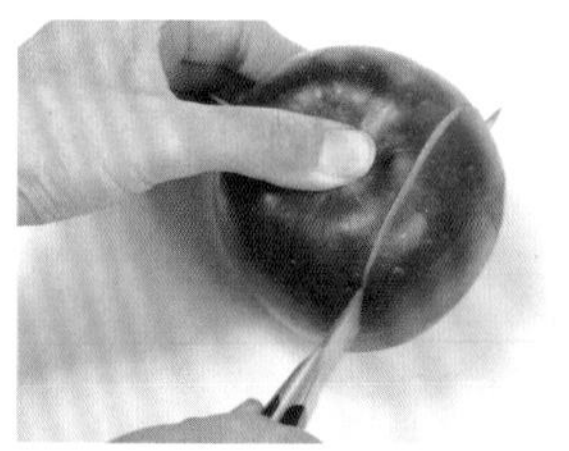

1 避开苹果芯，带着皮从旁边切掉1块。

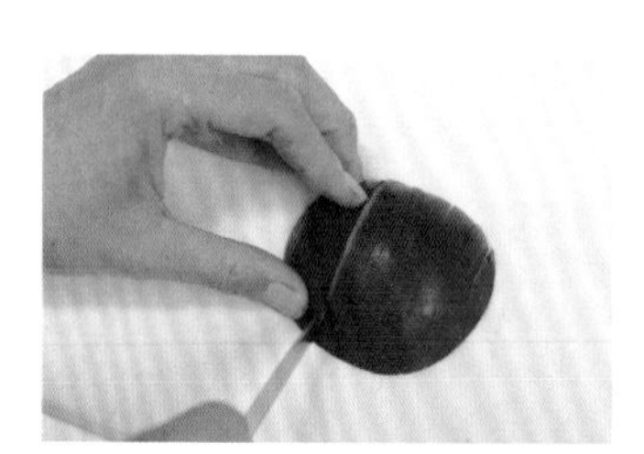

2 把切下的苹果断面向下，从一端开始切成薄片。

※刀尖抵住案板，向自己方向划一刀就切开了。

3 完成。

香蕉

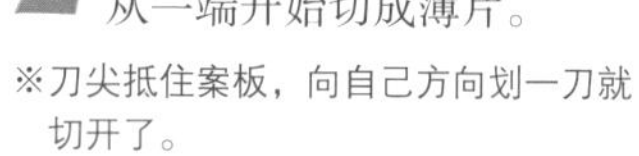

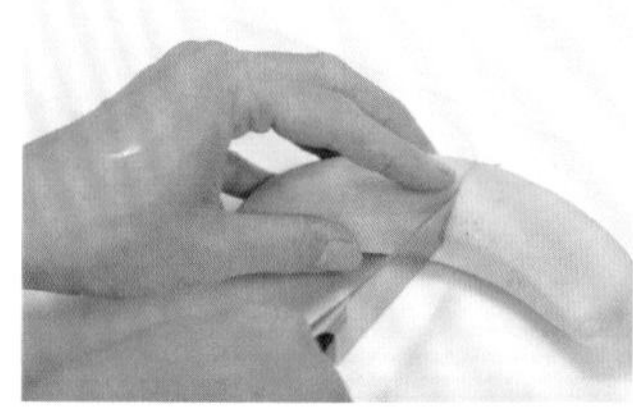

1 香蕉带皮一起切下来。

※香蕉容易变质，所以要带皮切，剩下的用保鲜膜包好断面，可以另作他用。

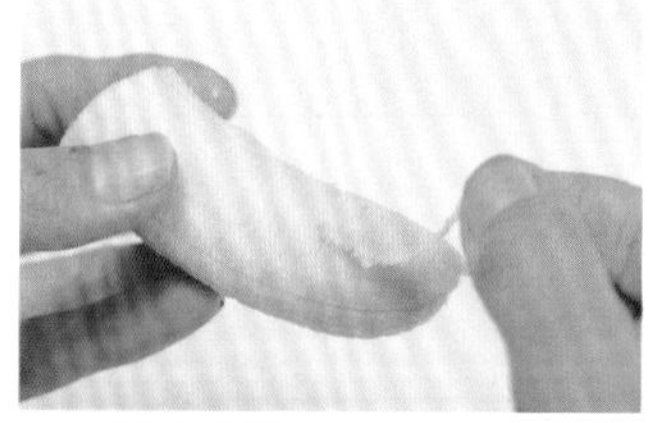

2 剥皮去筋。

3 然后根据用途切成不同的形状。

猕猴桃

切块

1 切掉两端，有蒂的一端因为里面有坚硬的水果芯，所以只在周围划开。

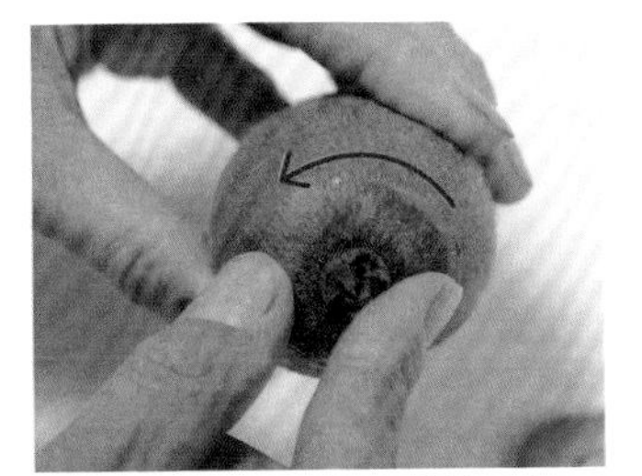

2 然后把划下来的蒂转1圈。

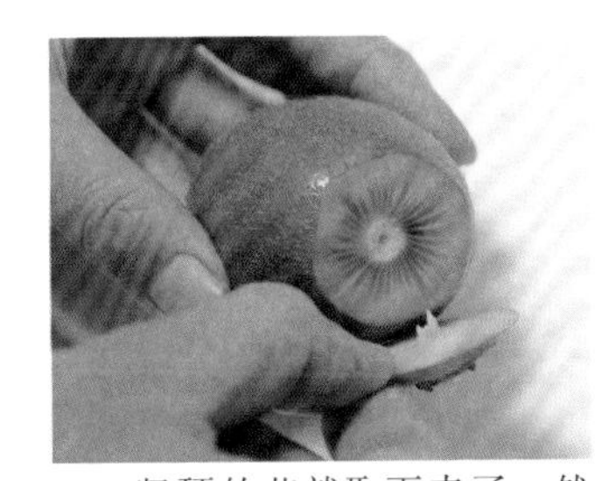

3 坚硬的芯就取下来了。然后去皮。

※如果没取下来的话就用水果刀挖掉。

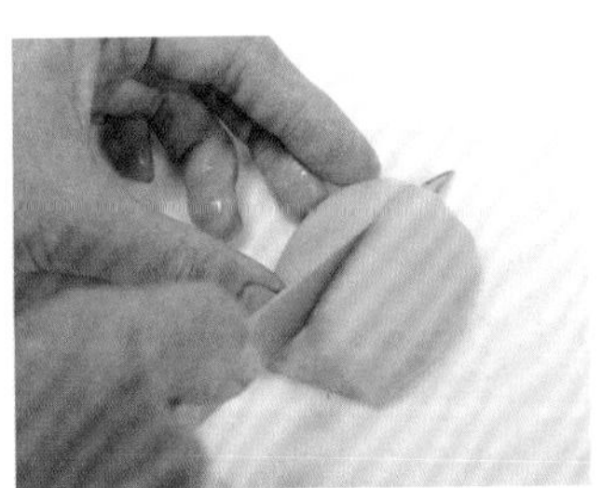

4 纵向对半切开，然后把断面朝下，再对半切开。

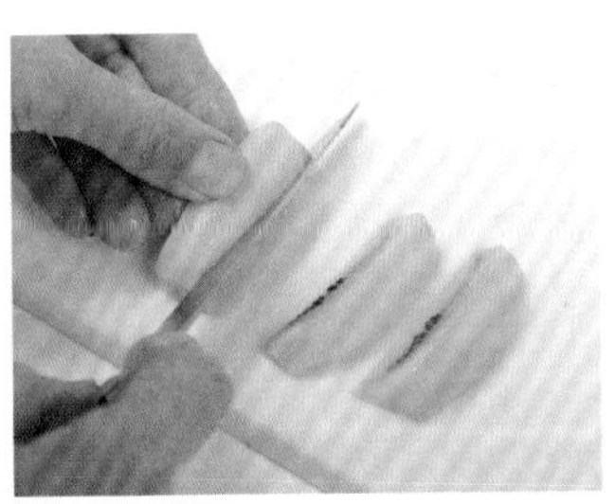

5 从侧面斜着用水果刀切开。

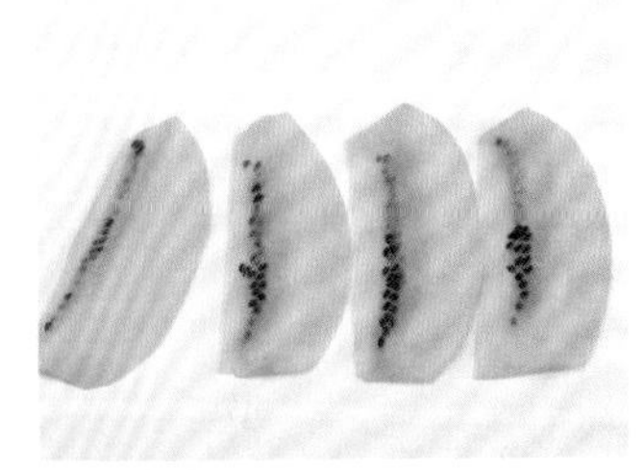

6 完成。

切片

1 去芯的过程参照上面的步骤1~3，然后连皮一起横向切成厚5mm的薄片。

2 水果刀插在果皮下面旋转1周去皮。

3 完成。

橘子、柑橘类

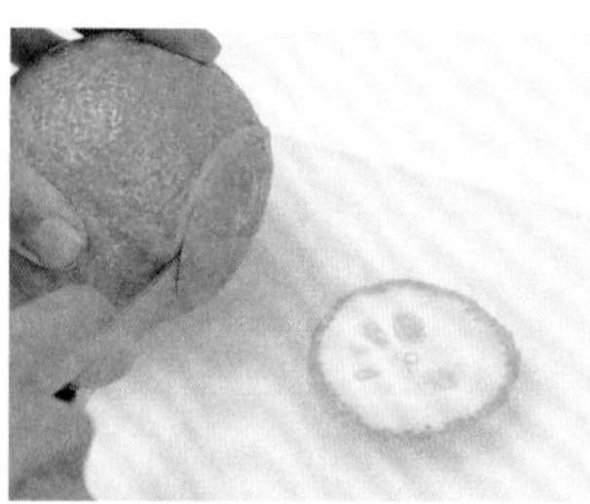

1 切掉两端。

2 去皮。

3 去掉外侧的白皮。

4 水果刀插入果肉和薄皮的中间。

5 沿着薄皮把果肉剥下来。

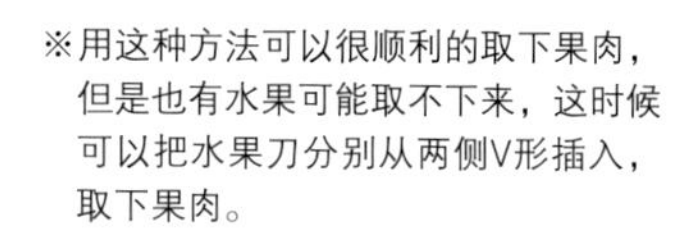

※用这种方法可以很顺利的取下果肉，但是也有水果可能取不下来，这时候可以把水果刀分别从两侧V形插入，取下果肉。

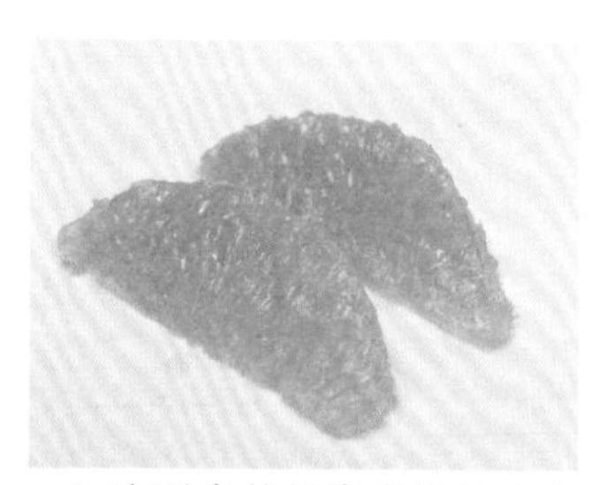

6 取下来的果肉应该是这个效果。

香瓜

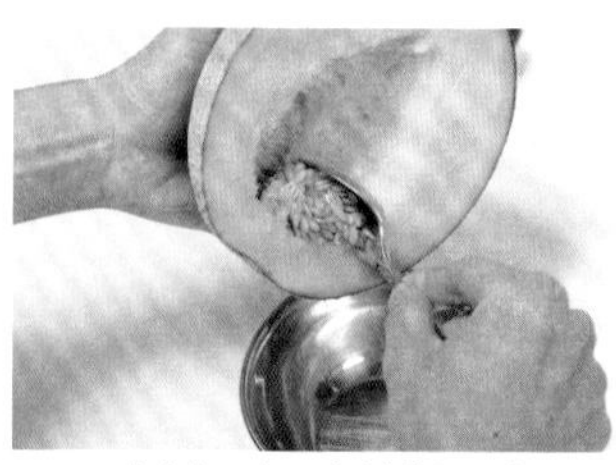

1 对半切开，去掉瓤和种子。

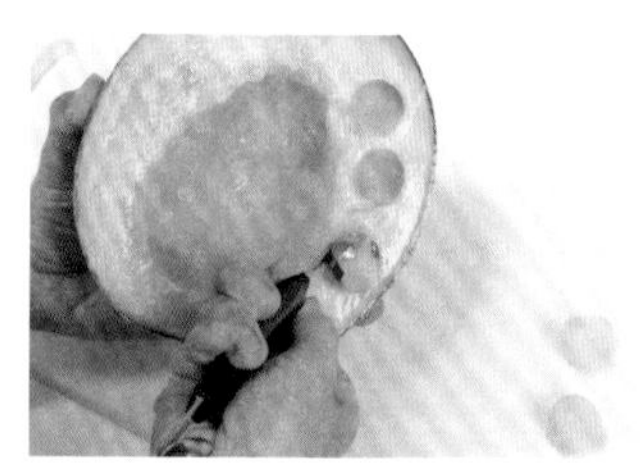

2 用挖勺挖出果肉。

3 完成。

※因为这样做不出完美的圆球形状，装饰时平的一面可以向下。

葡萄

1 把葡萄放在开水里，使葡萄皮自然脱落。

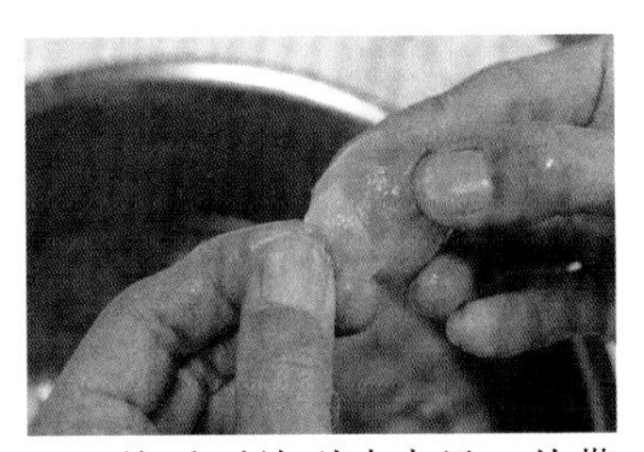

2 然后再放到冰水里，从带梗的一侧去皮。

3 剥皮后的葡萄。

芒果

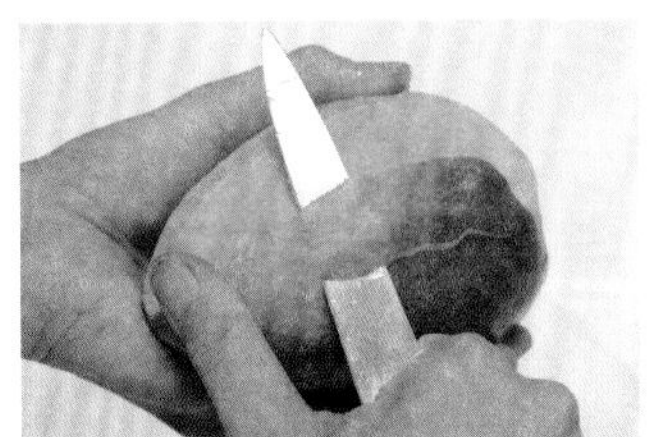

1 切掉两端，去皮。

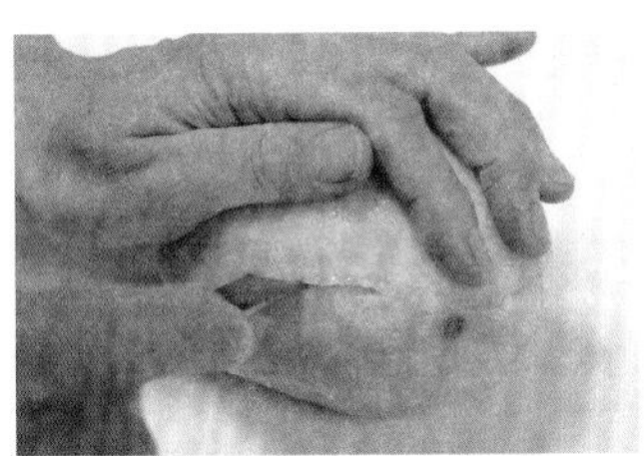

2 因为中间有细长的种子，所以要避开，切掉上半部分。

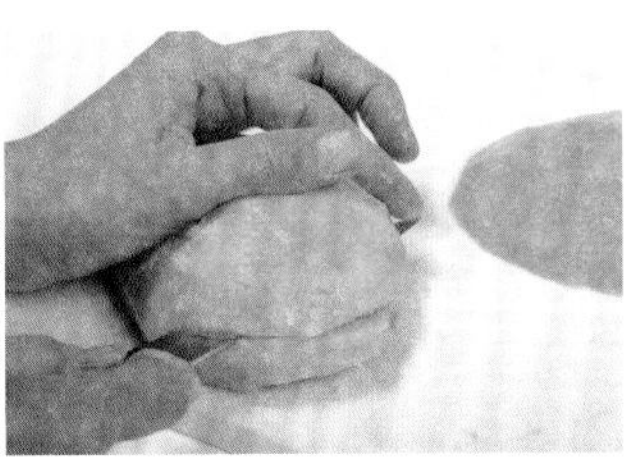

3 断面向下，按照步骤2再切另一边。

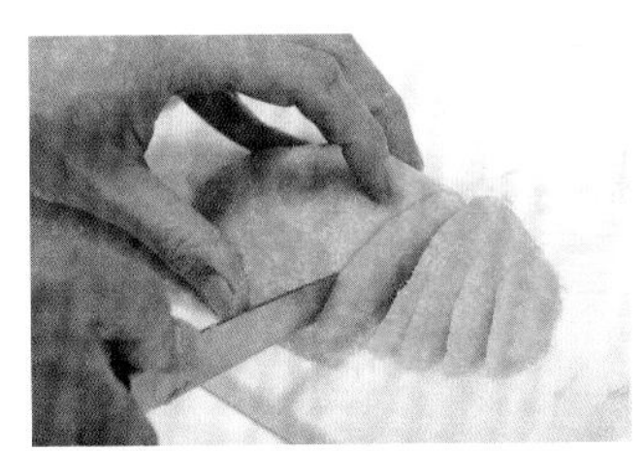

4 从一端开始切成厚度相同的果片。

5 完成。

只使用外面的果肉时

用水果刀把外侧的果肉割下，用来制作果酱等。

水果的装饰方法　水果装饰的要点

从浅颜色水果开始摆

一开始先放颜色浅的水果，这样容易协调好颜色。

装饰时注意显眼的位置

中间等地方是大家比较容易注意到的位置，一定要摆好这些地方。

相同颜色不要重复

颜色很多的时候（使用各种水果），尤其要注意。

水果不要都朝着一个方向

随机摆放时注意变换水果的朝向。但是，苹果派等需要将水果规则摆放的糕点例外。

时刻注意摆放效果

摆放到一半时可以稍微离远一些，观察一下整体效果。

注意摆放位置的平衡

切糕点时一定要让切下来的每块糕点上都有所有种类的水果。特别是水果种类很多而容易摆乱的时候尤其要注意。

摆成宝塔形状

不要摆成平的，宝塔形状更好看。

大的水果放在中间

这样也会有宝塔形的效果。

深颜色水果最后放

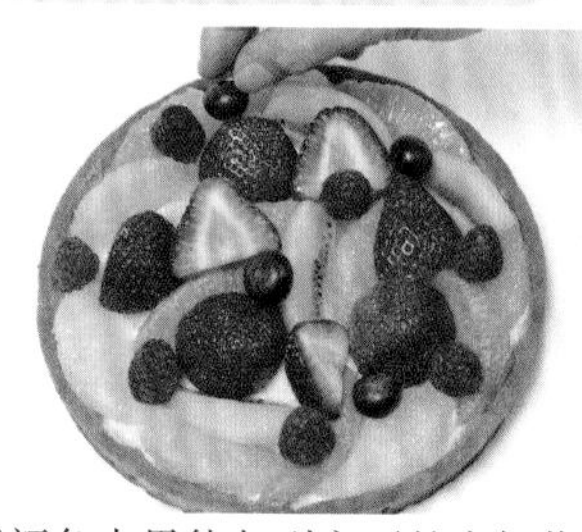

深颜色水果能起到主要的点缀作用，所以要最后放。

镜面果胶

镜面果胶运用得当的话会让水果看上去更加新鲜。

镜面果胶的用途

镜面果胶主要起到以下作用：
①防止水果干燥。
②使蛋糕带有光泽。
③防止香蕉等水果变色。
④防止山莓等水果脱水。
但是，涂镜面果胶也会给人以不太真实的感觉。所以草莓等不易干燥的外皮上就不用涂了，只将切面涂上就可以了。

使用方法

用抹刀涂在表面

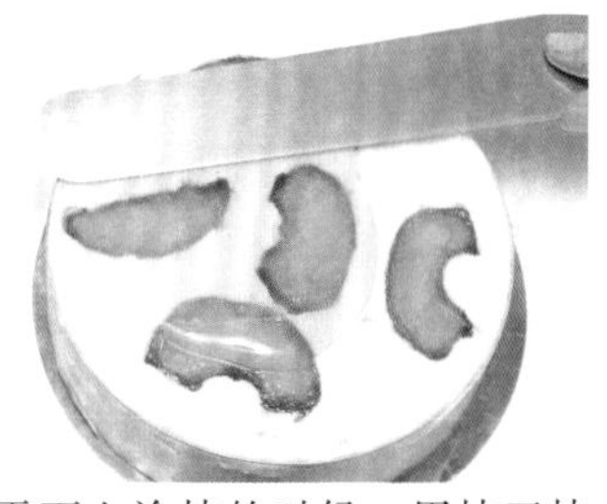

平面上涂抹的时候，用抹刀抹平。

用刷子刷上去

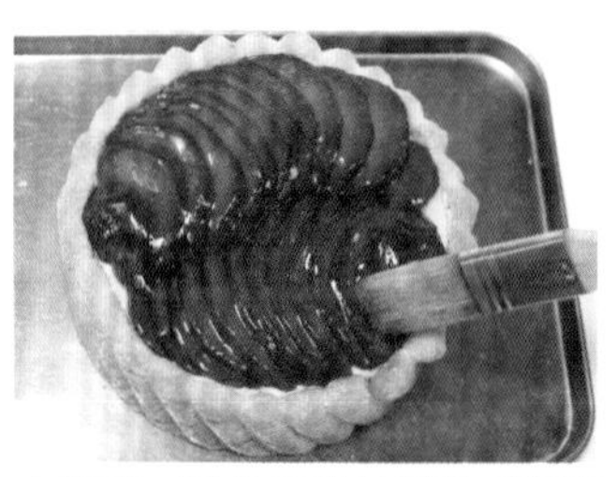

水果表面凹凸不平的时候可以用刷子刷。

用锥形袋点

把镜面果胶放入锥形袋裱花也是装饰的一大技巧。

加颜色的方法

1 在镜面果胶中加入果酱。

2 充分混合。

颜色果胶的使用方法

带有颜色的镜面果胶不仅仅是在色彩上，在味道上也应该和蛋糕整体相搭配。例如，可以在果胶里加入咖啡，然后涂在咖啡慕斯上，或者加入炼乳，涂在炼乳慕斯上。

专栏

放置水果夹心的技巧

要想做出漂亮的蛋糕，夹心水果的摆放方法也是很重要的。

切片时厚度要一致

水果片厚度不一样的话，蛋糕的高度会不统一，所以切水果时一定要注意厚度一致。

摆放方向要错开

摆放草莓时头尾相互错开，使每片之间的空隙尽量小，而其他水果要注意摆得尽量紧凑些。

中间空出

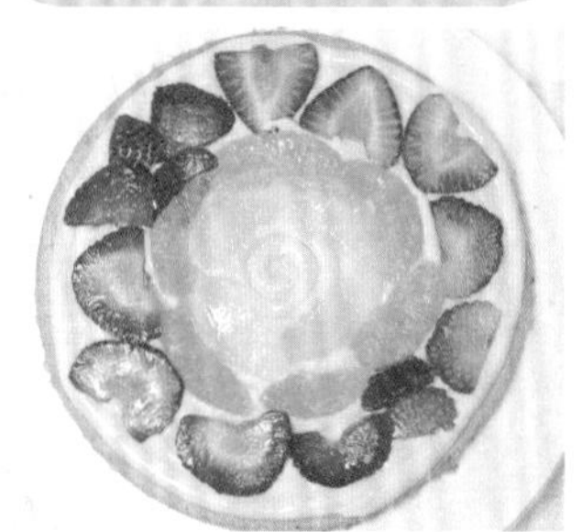

圆形蛋糕的中间如果有水果，切的时候会很费事，所以中间要空出直径约3cm的一小块地方。

摆放位置要均衡

摆放时不要都挤在一个地方。

四周空出5mm

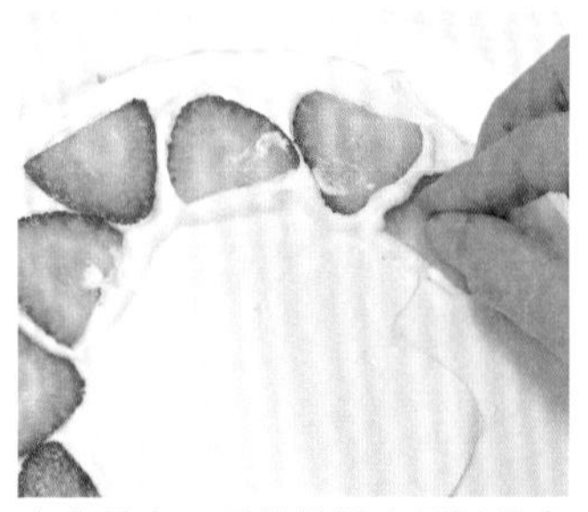

在水果夹心蛋糕的最底层摆放水果时，要尽量往里摆放，四周空出约5mm。因为上面的蛋糕较重时，会把夹心的水果挤出来。

小的水果片摆在中间

摆放草莓时，从两端切下来的小草莓片可以摆在中间以填补空隙。

第3章 巧克力装饰

夏洛特巧克力蛋糕

精致的巧克力卷上撒上糖粉，使整个蛋糕都充满了愉悦的动感。

制作方法见P86、87

雪花慕斯蛋糕

拥有淡淡的粉红和洁净的白色，用白巧克力精心制作的“雪花”名副其实。

制作方法见P88~91

夏洛特巧克力蛋糕

材料（直径15cm的慕斯圈1个）

■甜饼

蛋黄……2个
白砂糖……30g
蛋白霜
- 蛋白……2个
- 白砂糖……30g

低筋面粉……60g
糖粉……适量

■巧克力慕斯

甜巧克力……70g
牛奶……80g
蛋黄……2个
白砂糖……40g
吉利丁……3g
生奶油（乳脂肪含量35%）……160g

■装饰

巧克力卷（见P119）、糖粉……适量

准备

■和面

- 和面备用（见P174）
- 找3张纸，在上面分别画上1个10cm×27cm的方形（侧面用）和2个直径为14cm、12cm的圆（底面和中间用）

■巧克力慕斯

- 生奶油放入冰箱冷藏

制作方法

烤制甜饼并放入慕斯圈中

1 在纸上制作侧面、底面和中间用的甜饼（见P71步骤5~6）。放入190~200℃的烤箱中烤制10~13分钟，然后冷却，剪切，放入慕斯圈里（见P71、72步骤8~12），下面垫上托盘。

调制巧克力慕斯

2 巧克力放在碗里溶化（见P185步骤2）。在锅里放入牛奶，用小火加热到稍微沸腾。

3 在蛋黄中加入白砂糖，用打蛋器打开。

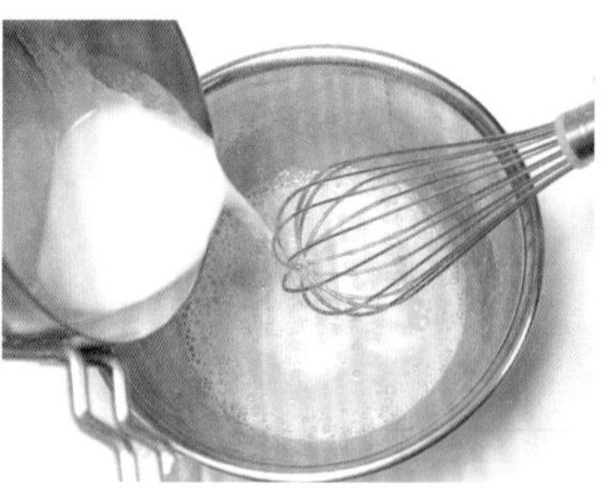

4 把步骤2中牛奶的1/3倒入步骤3中的鸡蛋里，混合后加入剩下的2/3牛奶，拌匀后倒入锅中。

5 搅拌同时用小火加热至80~82℃。

※加热必须用小火，不然温度不够，但鸡蛋却先熟了。

※温度超过80℃后鸡蛋容易凝固分离，一定要注意。

6 把锅从炉子上拿下来，放入吉利丁搅拌，使其溶化。

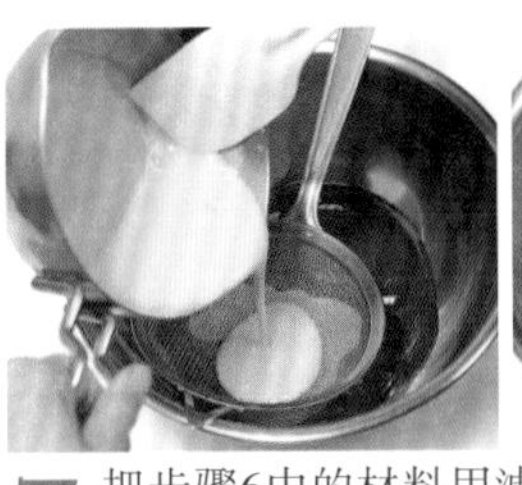

7 把步骤6中的材料用滤勺滤一遍，然后加到溶化好的巧克力里，搅拌至其泛出光泽。

8 将锅浸入冰水中隔水冷却，并用橡胶刮刀从碗底开始不断搅拌，防止其凝固。

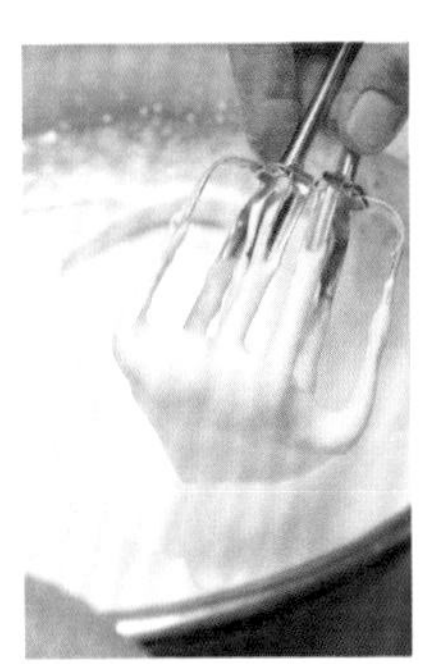

9 把生奶油打至六七分发，打的时候不要放在冰水里（见P182）。

※不用冰水的原因参照P16步骤3。

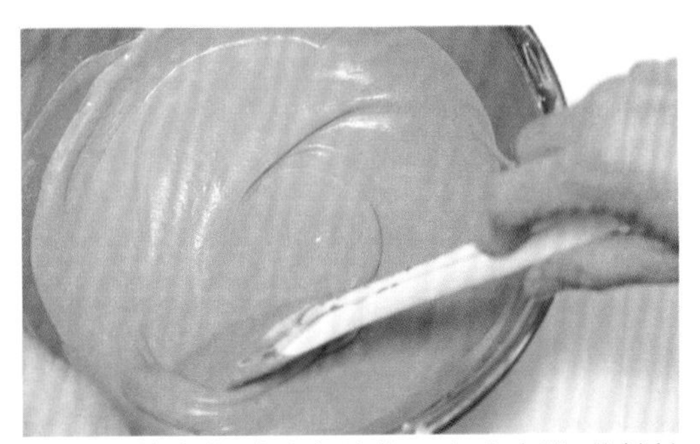

10 将步骤9中生奶油的1/3加入步骤8的材料里，用橡胶刮刀从底部开始搅拌，拌匀后加入步骤9剩下的材料，再次搅拌。

※搅拌至质地柔软并泛出光泽就可以了。

组装

11 把巧克力慕斯倒入步骤1中，至中间位置即可。

12 加入中间用的甜饼，轻轻压紧，放入冰箱中冷藏5~10分钟。

※不冷藏的话，接下来再倒入巧克力慕斯时中间的甜饼会浮上来。

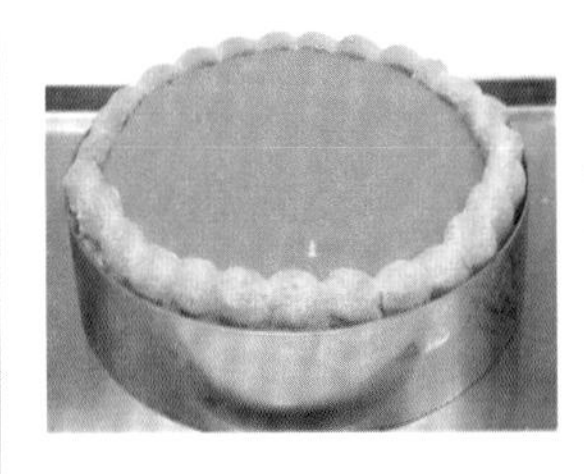

13 待其凝固后倒入剩下的慕斯，放入冰箱冷藏半日以上。

※因为最后还要放巧克力卷，所以慕斯倒至九分满即可。

装饰

14 去掉慕斯圈，用勺子把巧克力卷放在蛋糕上，边缘撒上糖粉。蛋糕完成。

※用勺子是为了防止巧克力卷溶化。

雪花慕斯蛋糕

材料（直径18cm 的慕斯圈1个）

■可可海绵蛋糕坯

鸡蛋……3个
白砂糖……90g
低筋面粉……75g
可可粉……15g
黄油……20g

■山莓果胶

山莓（冷冻、去核）……100g
白砂糖……25g
柠檬汁……10mL
吉利丁……3g

■白巧克力慕斯

生奶油（乳脂肪含量47%）……100g
巧克力（白色）……100g
生奶油（乳脂肪含量47%）……250g

■樱桃酒糖汁

糖汁（见P4）……30mL
樱桃酒……15mL

■白巧克力镜面

巧克力（白色）……75g
糖汁……50mL
吉利丁……1g

■装饰

食用色素……适量
巧克力带（见P116）……适量
山莓……适量

准备

■可可蛋糕坯

- 鸡蛋打发（见P172）
- 将低筋面粉和可可粉混合，分2次撒入面糊中拌匀

■白巧克力慕斯

- 巧克力切碎，放入碗中
- 将250g的生奶油放入冰箱中冷藏

■樱桃酒糖汁

- 混合备用

制作方法

烤制可可蛋糕坯

1 烤制可可蛋糕坯（见P55步骤1）。

2 从步骤1中切下两片蛋糕片，分别厚2cm（底面用）和1cm（中间用）。底面用的蛋糕片直径为17cm，中间用的直径为15cm。

※切圆形时可以用圆盘等辅助。

调制山莓果胶

3 取出35g山莓放入锅中，其余放入冰箱冷藏。

※这35g山莓是用来煮的，所以可以挑那些形状破碎的。

4 在锅中放入白砂糖、柠檬汁，用小火加热至沸腾，同时用橡胶刮刀碾碎山莓。

5 加入吉利丁搅拌，使其溶化混合。

6 放入冰箱中取出的山莓，搅拌好后倒入碗里，然后放入冰箱冷藏。

调制白巧克力慕斯

7 取100g生奶油放入锅中加热至50℃。巧克力浸入热水中隔水熔化，并加热到约40℃。

8 把熔化的巧克力放入生奶油中，用橡胶刮刀从中间开始慢慢搅拌，全部拌匀后冷却至室温。

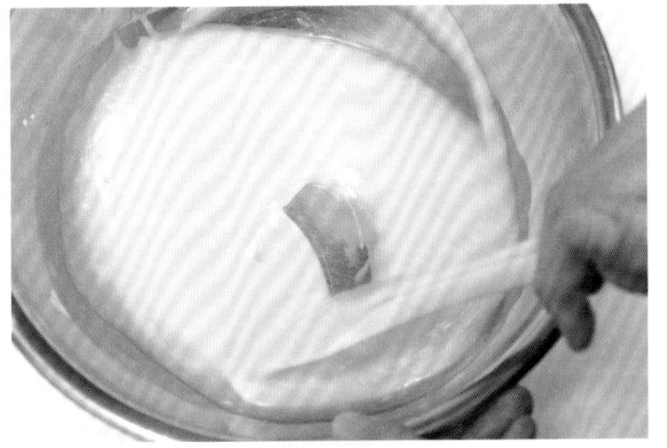

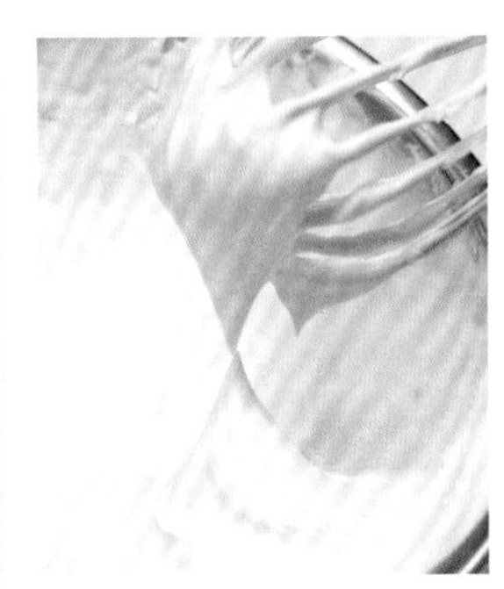

9 取出生奶油250g打至六七分发，打发过程中不需要用冰水。

※不用冰水的原因参照P16步骤3。

10 将步骤9中生奶油的1/3放入步骤8中，用橡胶刮刀从碗底开始搅拌，拌匀后加入剩下的生奶油，并用同样的方式继续搅拌。

组装

11 将底面用的蛋糕片放在慕斯圈垫板上，然后涂上樱桃酒糖汁。将蛋糕片和慕斯圈的中心对齐，在外面套上慕斯圈。

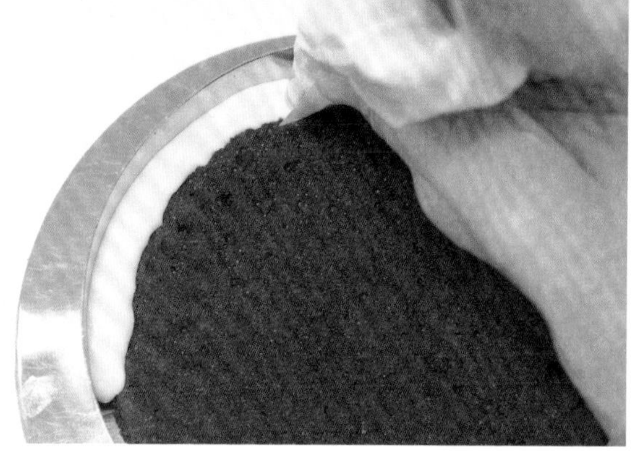

12 将步骤10中慕斯的一半放入裱花袋，用口径1cm的裱花嘴填充蛋糕片与慕斯圈之间的空隙。

13 用手按住慕斯圈上部和垫板，同时敲击垫板底面，直到慕斯稍微从慕斯圈下溢出（如图所示）。

14 把裱花袋里剩下的慕斯全部挤到蛋糕片上，用勺子将其撇到四周立起。

15 将步骤6的山莓果胶在距离慕斯圈2cm处围成一圈。

16 用慕斯将中间的空缺填实，高度与周围山莓一致，然后用橡胶刮刀抹平。

17 在中间用的蛋糕片上涂上樱桃酒糖汁，然后将涂有糖汁的一面朝下，放到步骤16里，用手轻轻压实。

18 在蛋糕片上层涂上樱桃酒糖汁。

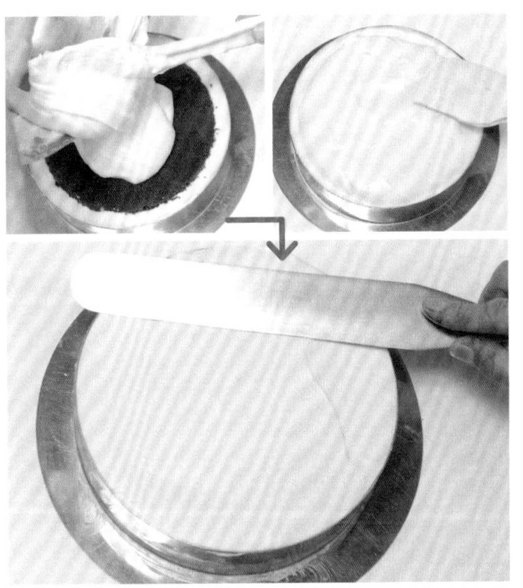

19 倒入剩下的慕斯，用抹刀抹平，放入冰箱冷藏半日以上。

※抹平方法见P58步骤24~25。

制作白巧克力镜面

20 将巧克力隔热水熔化，并加热至40℃。

21 糖汁加热到50℃，放入吉利丁混合，然后倒进步骤20里拌匀。

装饰

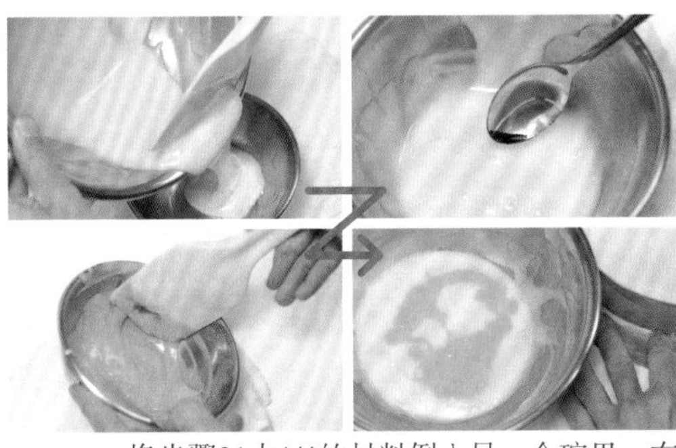

22 将步骤21中1/4的材料倒入另一个碗里，在里面加入食用色素，混合好后再倒回步骤21的材料中。

※倒回去后不用搅拌。

23 将步骤22的材料倒在冷却凝固了的步骤19上，用抹刀抹平。

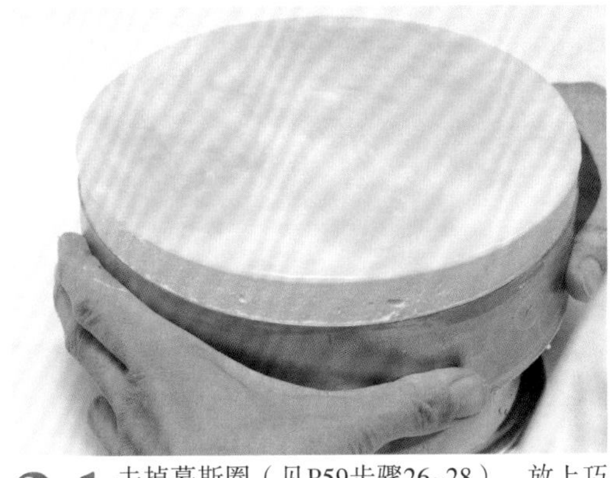

24 去掉慕斯圈（见P59步骤26~28）。放上巧克力带和山莓，蛋糕完成。

栗子香草蛋糕

巧克力做出的木纹和树叶搭配上可口的栗子，
一款秋天般装饰效果的蛋糕就做成了。

材料（直径15cm的慕斯圈1个）

■可可海绵蛋糕坯

鸡蛋……2个
白砂糖……60g
低筋面粉……50g
可可粉……10g
黄油……25g

■香草蛋底

※用于香草慕斯、栗子慕斯。

香草荚……1/4个
牛奶……150g
蛋黄……2个
白砂糖……40g
吉利丁……5g

■香草慕斯

生奶油（乳脂肪含量35%~38%）……80g
香草蛋底……80g
糖渍栗子……40g

■栗子慕斯

香草底……120g
栗子奶油……70g
朗姆酒……5mL
生奶油（乳脂肪含量35%~38%）……150g

■朗姆酒糖汁

糖汁（见P4）……10mL
朗姆酒……3mL

■装饰

甘纳许（见P185）……适量
镜面果胶……适量
巧克力叶（见P117）……适量
糖渍栗子（洗去砂糖，擦干）……适量

准备

■可可蛋糕坯

- 鸡蛋打发（见P172）
- 将低筋面粉和可可粉混合，分2次撒入面糊中拌匀

■香草蛋底

- 洗去糖渍栗子上的糖，擦干后切成5mm的小块
- 准备慕斯圈

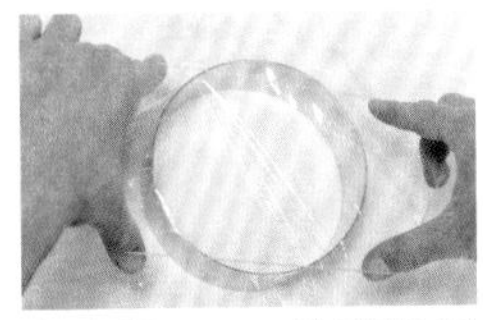

在直径12cm的慕斯圈上盖上保鲜膜，用橡皮筋绑好。

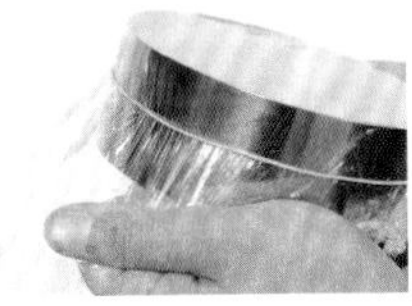

将保鲜膜拉紧。

■朗姆酒糖汁

- 混合备用

制作方法

烤制可可海绵蛋糕坯

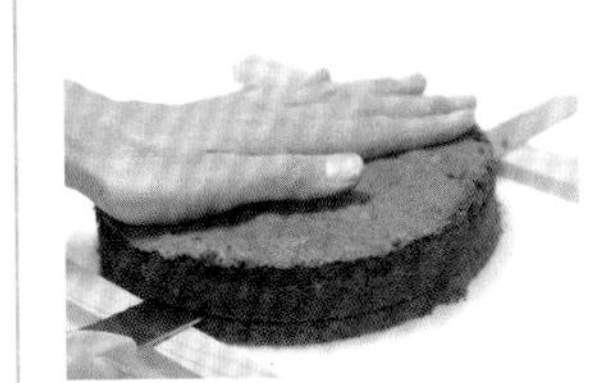

1 烤制可可海绵蛋糕坯，切下1片厚1cm，直径14cm的蛋糕片。

制作香草蛋底

2 香草荚取出种子。在锅里放上牛奶和香草种子，加热至沸腾。

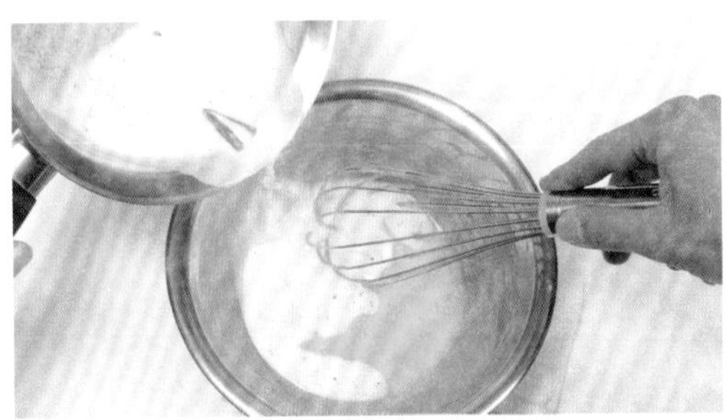

3 在碗里加入蛋黄，用打蛋器打开，放入白砂糖，搅拌至发白。然后将步骤2中的材料慢慢倒进去，搅拌使其混合。

4 把步骤3的材料倒回锅中，从锅底开始慢慢搅拌，用小火加热至82℃。然后从炉子上拿开，放入吉利丁溶化混合。

5 用滤网过滤后浸入冰水中搅拌，使其冷却。

制作香草慕斯

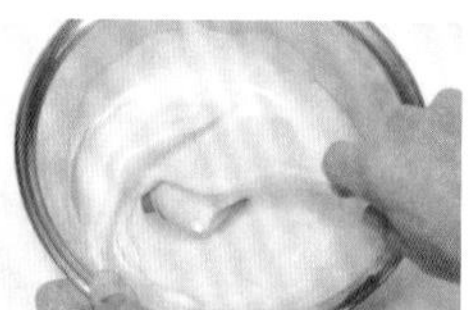

6 将生奶油打至七八分发（见P182）。取出步骤5中80g的材料放入碗中，将1/3的打发奶油放入，用橡胶刮刀从碗底开始搅拌，拌匀后加入剩下的奶油，用同样的方式继续搅拌。

※步骤5中剩下的材料盖上保鲜膜，在室温中保存。

7 把准备好的慕斯圈盖有保鲜膜的一面朝下，放在垫板上，然后把糖渍栗子撒在里面。

8 倒入步骤6中的材料，放入冰箱中冷藏。

用甜巧克力做木纹

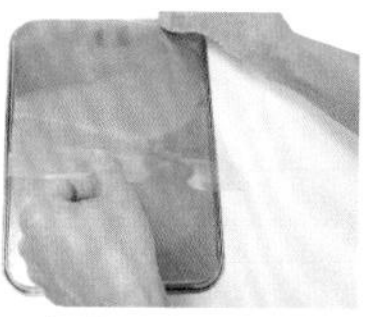

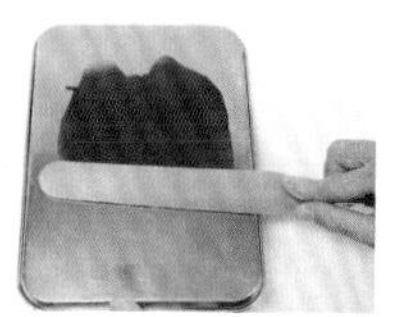

9 找1个宽15cm以上的托盘，底面朝上放置。用湿毛巾擦过后贴上玻璃纸胶膜，然后薄薄地涂上1层甜巧克力。

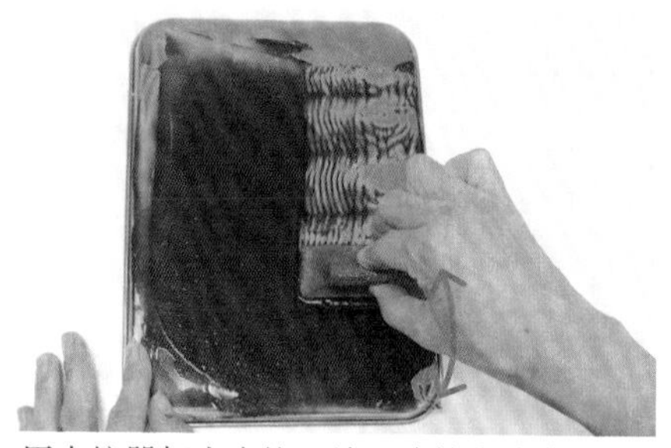

10 用木纹器打出木纹，放入冰箱中冷藏。

※每做出1道木纹后，都要把粘在木纹器上的巧克力擦掉。

制作栗子慕斯

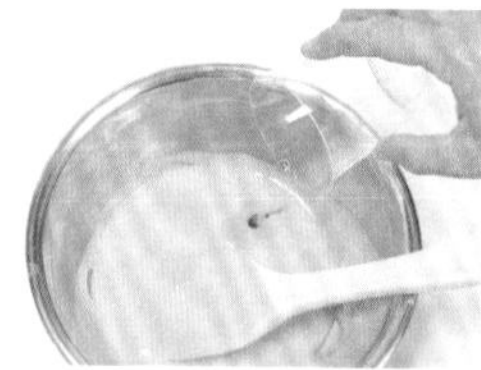

11 取出步骤5中120g的香草蛋底放入碗中，加入栗子奶油轻轻搅拌，然后加入朗姆酒混合。

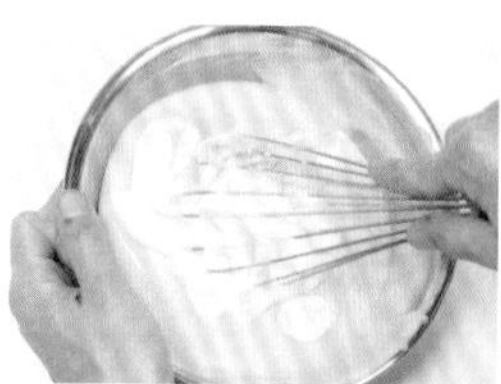

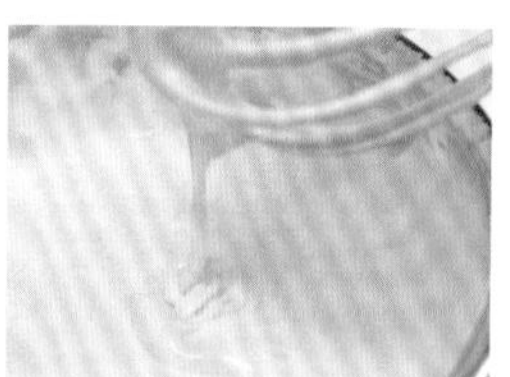

12 生奶油打至六七分发（见P182），放入步骤11中1/3的材料，用橡胶刮刀从碗底开始搅拌，拌匀后加入剩下的2/3，用同样的方式继续搅拌。

组装

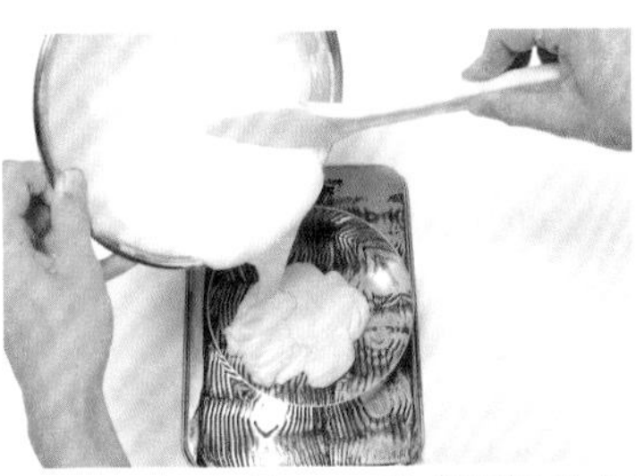

13 把直径15cm的慕斯圈放在步骤10上面，然后倒入步骤12中的材料，高度1cm，放入冰箱中冷藏。

14 将步骤8香草慕斯的慕斯圈取下，然后把可以看见糖渍栗子的一面朝下，放在步骤13上面。

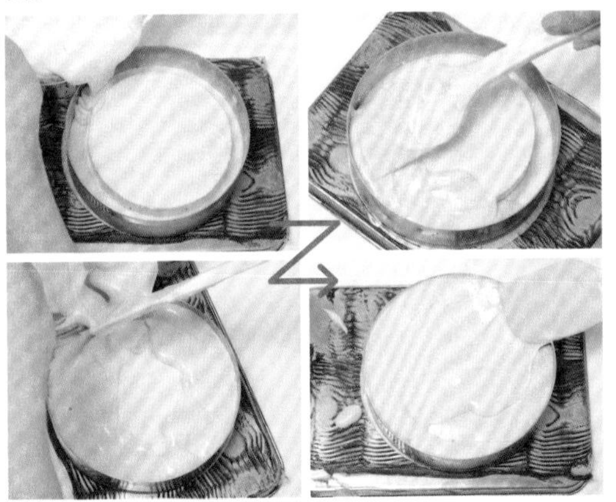

15 然后倒入步骤12的材料。先填平四周的空隙，然后再覆盖整体，用橡胶刮刀将其撇在四周的慕斯圈上。

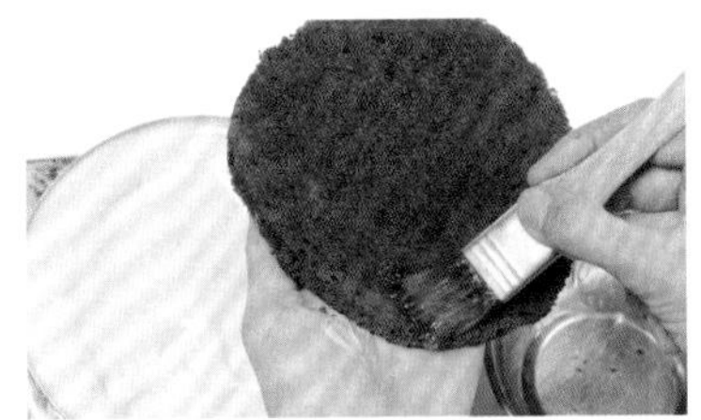

16 在步骤1的蛋糕坯上面涂上糖汁，然后将此面朝下放在步骤15上面。

17 用手轻压蛋糕片，把慕斯挤出一些，用抹刀抹平，然后放入冰箱中冷藏。

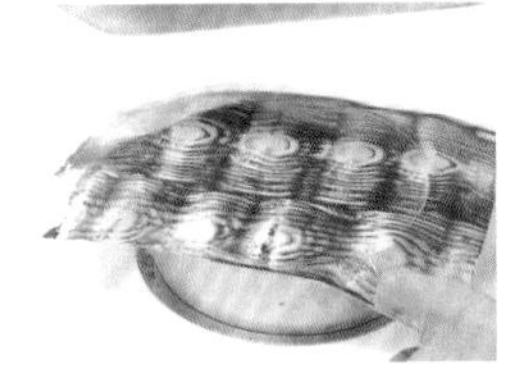

18 凝固后在上面放上慕斯圈托板，上下颠倒后，拿掉托盘，揭掉胶膜。

※从冰箱里拿出后应立即揭膜，不然一旦巧克力熔化，花纹就粘不上去了。

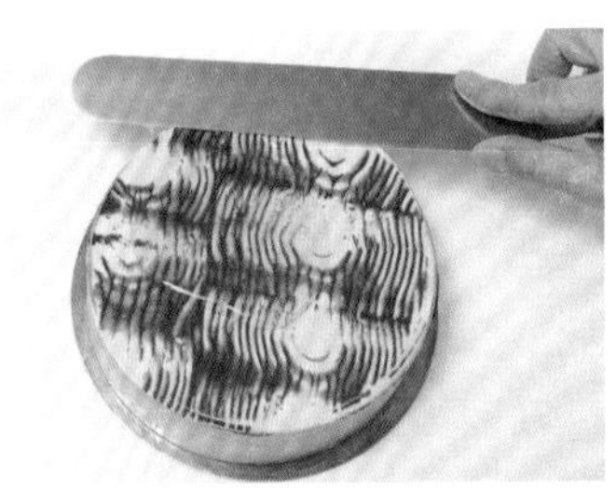

19 在上面涂上镜面果胶，用抹刀抹匀。

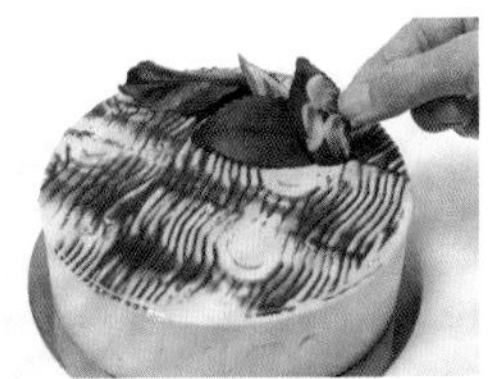

20 去掉慕斯圈（见P59步骤26~28）。装饰上巧克力叶子和糖渍栗子，蛋糕完成。

歌剧院蛋糕

简单的巧克力平面上潇洒的写着“Opera”，
一款古典、简约的经典蛋糕诞生。

材料（20cm×20cm的方形蛋糕模1个）

■方形蛋糕坯

鸡蛋……135g
杏仁粉……97g
糖粉……97g
低筋面粉……22g
蛋白……97g
白砂糖……22g
黄油……15g

■甘纳许

巧克力（甜）……50g
生奶油（乳脂肪含量35%~38%）……50g

■咖啡黄油奶油

黄油……100g
意大利蛋白霜
　蛋白……30g
　白砂糖……5g
　糖汁　水……15g
　　　　白砂糖……45g
速溶咖啡……3g
开水……3g

■咖啡糖汁

咖啡（滴漏式咖啡）……300mL
白砂糖……30g

■装饰

巧克力（Pate glacé）……200g
甘纳许（见P185）
金箔……适量

准备

■方形蛋糕坯

- 和面备用（见P176）
- 制作厚3mm、内框边长24cm的方形木框

■咖啡糖汁

- 在热咖啡中加入白砂糖，然后盖上保鲜膜，防止香味挥发

※咖啡要用滴漏式咖啡。

注

巧克力（Pate glacé）：没有经过回火的巧克力。

制作方法

烤制方形蛋糕坯

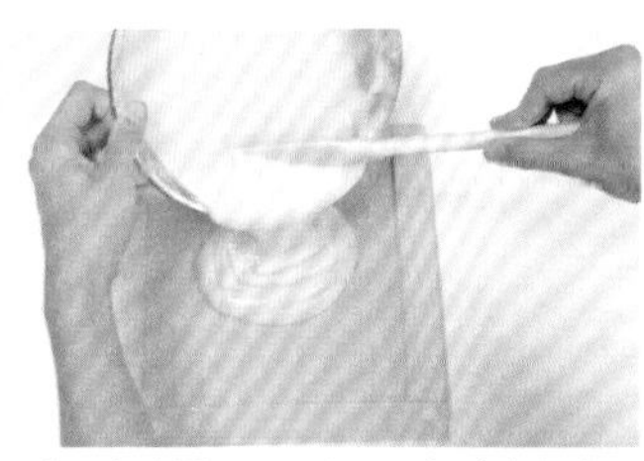

1 和面（见P176）。在木框下面垫上烧烤纸，把面糊倒在木框里面。

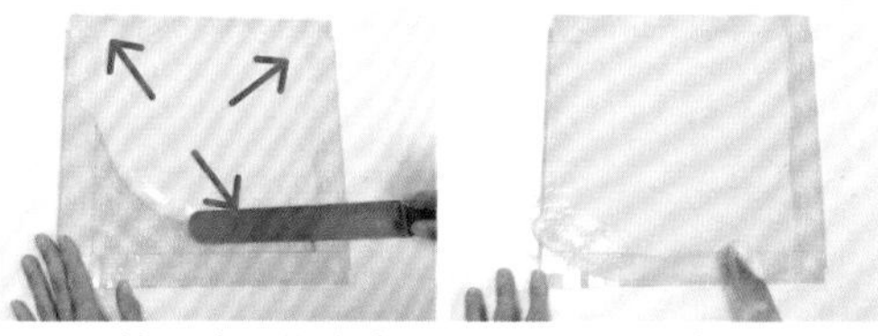

2 用抹刀将面糊由中心向四周扩展，高度与木框厚度相同，将多余的面糊刮掉。

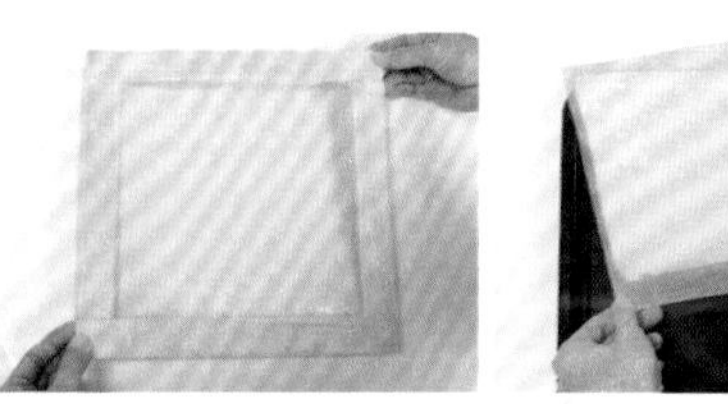

3 去掉木框，用手拉住烧烤纸，将面拉到烤板上。

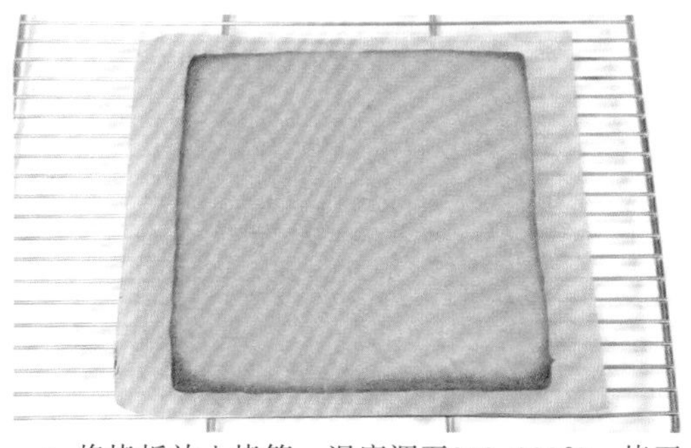

4 将烤板放入烤箱，温度调至210~220℃，烤至蛋糕呈黄色（大约10分钟）。烤好后立刻从烤板上拿下来，放在冷却架上冷却。一共要烤3块方形蛋糕。

※基本上使用高温直接烤，在家里也可以放2块烤板，或者是在烤板与烧烤纸之间垫上厚纸。

制作甘纳许

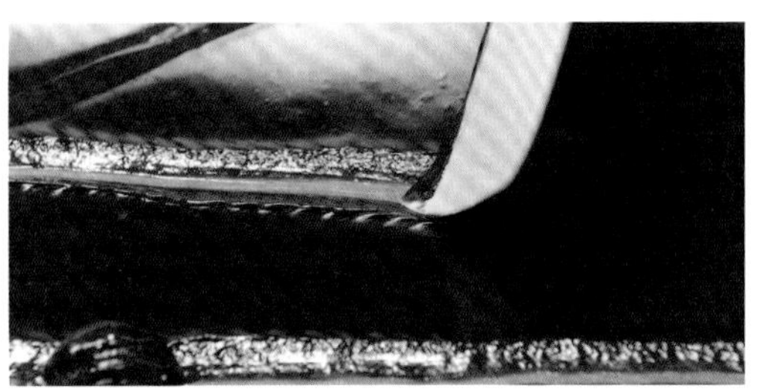

5 调制甘纳许（见P185，但不要加黄油）。将甘纳许倒在托盘里冷却。

制作咖啡黄油奶油

6 调制咖啡黄油奶油（见P21步骤3~4）。

组装

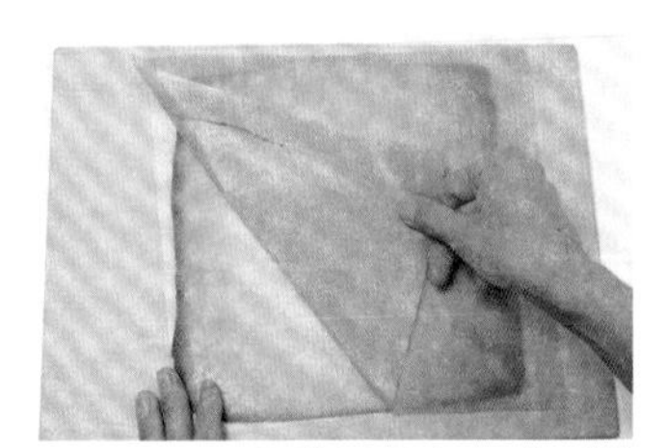

7 把1张新的烧烤纸盖在方形蛋糕上，然后翻过来，揭掉下面的烧烤纸。

8 将巧克力隔水熔化，并加热至45~50℃，然后倒在步骤7上面，用抹刀抹平后，放在冰箱里冷藏使其凝固。

9 把凝固了的蛋糕翻过来，然后将1/3（100mL）的咖啡糖汁涂在上面，由于蛋糕边缘已经烤硬，所以要多涂一些。

※糖汁要涂到用手压会渗出来。涂完3个方形蛋糕后糖汁应该正好用光。

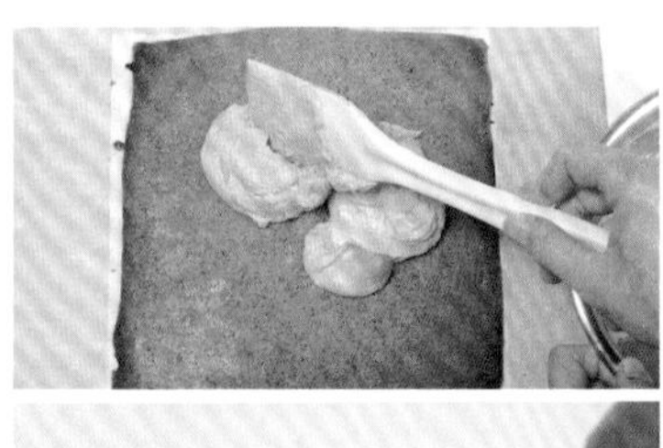

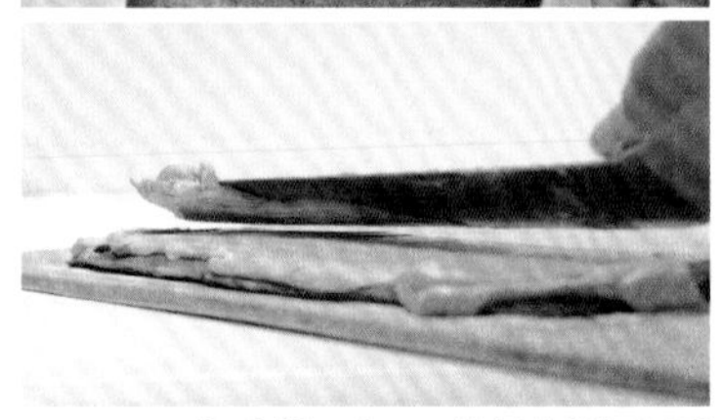

10 将步骤6中1/2的材料涂在蛋糕上，用抹刀抹平。

※最后将抹刀拿开时，如果垂直向上拿开会把奶油带下来，所以要倾斜着拿开。

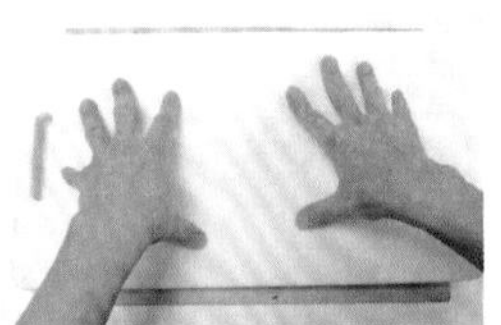

11 将第2块方形蛋糕的烧烤纸揭掉，将蛋糕放在第1块蛋糕上面，然后再放上平板轻轻压平。

※放第2块方形蛋糕时，烧烤面要向下。

12 用步骤9的方法涂上糖汁，然后把步骤5中冷却了的甘纳许涂在上面，再用步骤11的方法放上第3块方形蛋糕。

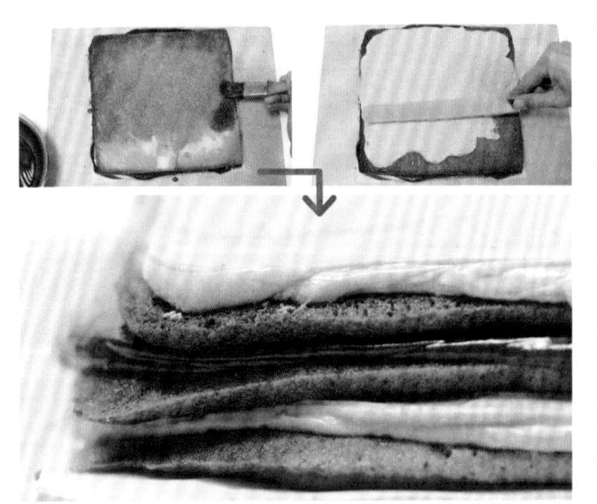

13 按照步骤9的方法涂糖汁，然后按照步骤10涂上奶油后放入冰箱冷藏。

※这时要把所有的糖汁都用掉。

装饰

14 取出蛋糕，下面依次垫上烧烤纸、冷却架、烧烤板，把巧克力隔水熔化，并加热至45~50℃，然后全部倒在步骤13上。

※黄油奶油要充分冷冻，以防止其熔化。

※巧克力的温度如果不够，很可能一倒上去就凝固了。

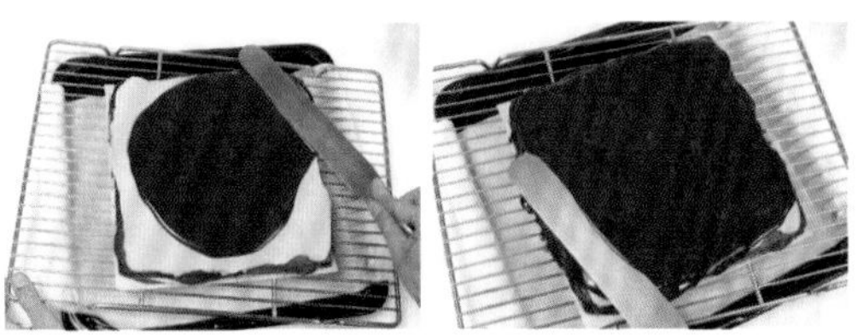

15 先用抹刀将巧克力扩展到4个角，然后左右移动抹刀，把巧克力涂到整个蛋糕上。

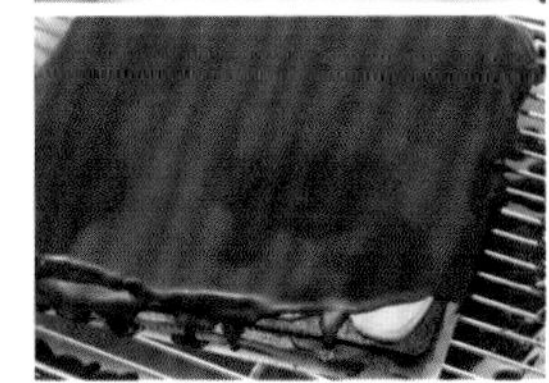

16 拿起冷却架，轻轻敲击，使蛋糕上的巧克力变得更平整。等巧克力凝固之后再把冷却架放回烤板上。

※巧克力凝固之后表面便不再有光泽，这需要自己凭视觉判断。

17 用水果刀把流到冷却架上和烤板里的巧克力除去。

※如果不将冷却架上粘的巧克力切掉，拿起蛋糕的时候表面容易出现裂缝。

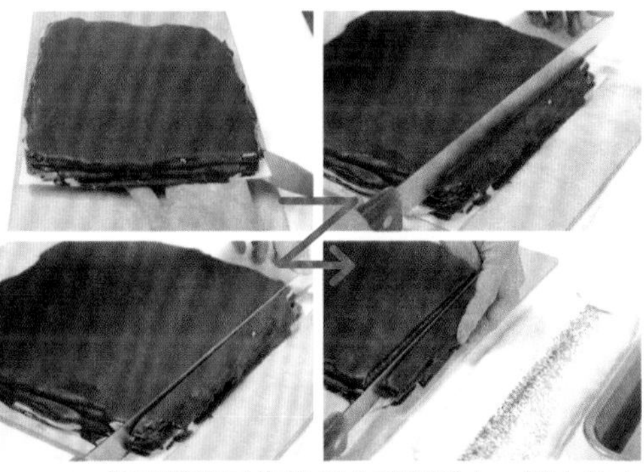

18 将蛋糕连同烧烤纸拿到案板上，用在热水里浸过的切刀将蛋糕切成四方形。先用刀将最上面的巧克力熔化，再切开中间，最后切断最下面的巧克力，切好后将刀向自己方向拉出来。

※每切完1刀之后都要将刀擦干净。

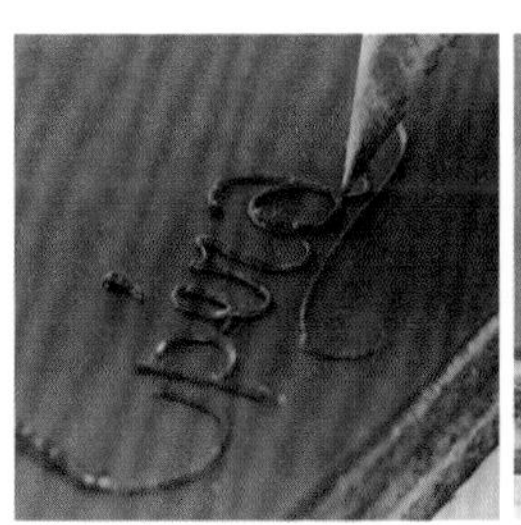

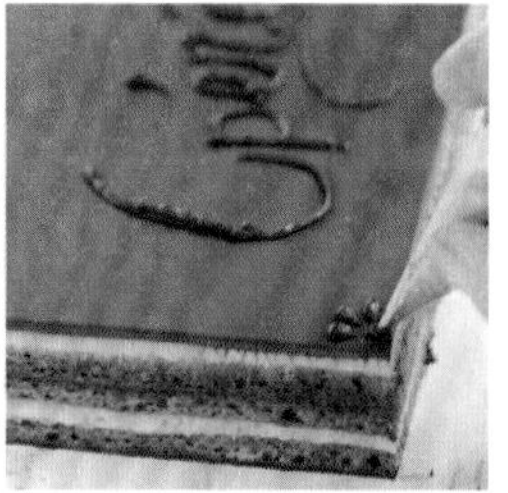

19 将甘纳许放在锥形袋中，前面切开2~3mm，然后写上文字，在四角裱出花纹，最后放上金箔，蛋糕完成。

山莓巧克力树干蛋糕

光滑的巧克力涂层像镜子一样泛着光泽，螺旋形的巧克力饰带充满现代感，加上红色的山莓，成熟中透出灵动。

材料（长21cm的半月形模具）

■可可海绵蛋糕坯

鸡蛋……2个
白砂糖……60g
低筋面粉……50g
可可粉……10g
黄油……15g

■山莓果胶

山莓（冷冻、去核）……75g
白砂糖……20g
柠檬汁……5mL
吉利丁……2g

■巧克力慕斯

甜巧克力……100g
水……30g
白砂糖……50g
蛋黄……2个
鸡蛋……1个
生奶油（乳脂肪含量35%）……250g

■樱桃酒糖汁

糖汁（见P4）……20mL
樱桃酒……10mL
山莓果酒（见P48）……10mL

■巧克力镜面

水……100g
生奶油（乳脂肪含量35%）……80g
白砂糖……120g
可可粉……50g
水饴……15g
吉利丁……4g

■装饰

山莓、螺旋巧克力饰带（见P118）、金箔……适量

准备

■可可海绵蛋糕坯

- 鸡蛋打发（见P172）
- 将低筋面粉和可可粉混合，分2次撒入面糊中拌匀

■巧克力慕斯

- 生奶油放入冰箱中备用

■山莓糖汁

- 混合备用

■准备模具

在模具中贴上16cm×21cm的玻璃纸胶膜

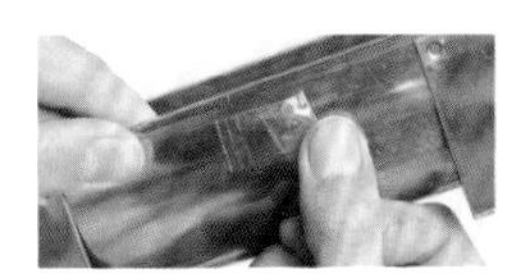

多出的部分向外翻折，用胶带贴好

制作方法

烤制可可海绵蛋糕坯

1 烤制可可海绵蛋糕坯（见P55步骤1）。从蛋糕上切下2片厚1cm的蛋糕片。1片切成6cm×2cm的蛋糕条（用于底面），另1片切成5cm×20cm的蛋糕条（用于中间）。

调制山莓果胶

2 调制山莓果胶（见P88、89步骤3~6）。

调制巧克力慕斯

3 将放有巧克力的盆浸入热水里溶化（见P185步骤2）。在锅中放入水和白砂糖煮至沸腾，制成糖汁。

4 在碗中放入鸡蛋，用打蛋器打开，然后用打蛋器搅拌，同时加入步骤3中的热糖汁混合。

5 将步骤4的材料放回锅中，一边搅拌一边用小火加热至80℃。

※这时会变成糊状。

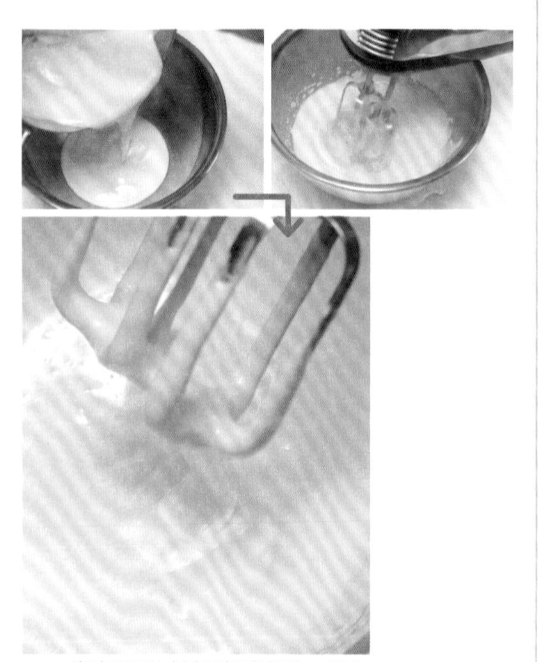

6 将步骤5的材料移到碗里，用电动打蛋器打发，并使其冷却。

※这时会变得黏黏的。

※通常只用蛋黄制作，加入蛋白会变得更加轻柔。

7 将冷却后的生奶油打至六七分发，打发过程中不用浸入冰水里（见P182）。

※不用浸入冰水里的原因请参照P16步骤3。

8 在熔化了的巧克力中加入步骤7中1/3的材料，搅拌均匀至泛出光泽。

※先加入步骤6的材料会不容易拌开，所以要先加生奶油。

9 把步骤6的材料全部放进去，搅拌均匀。

10 将步骤7剩下的材料加入其中，从碗底开始完全搅拌均匀。

调制巧克力慕斯

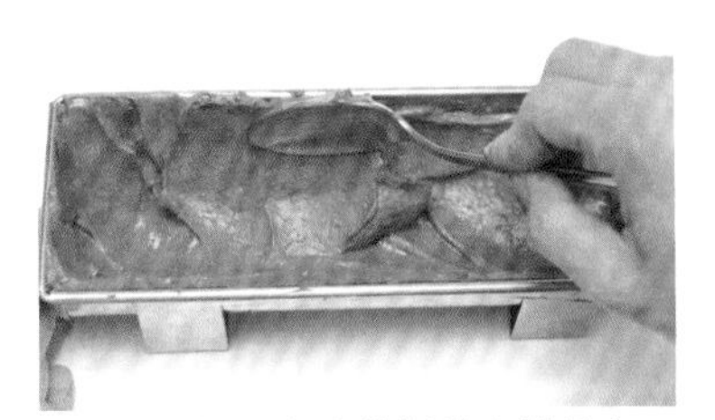

11 把巧克力慕斯放入模具中，高度为模具的一半，用勺背将慕斯撇到四周模壁上立起。

※这是为了防止稍后放进去的山莓果胶露出来。

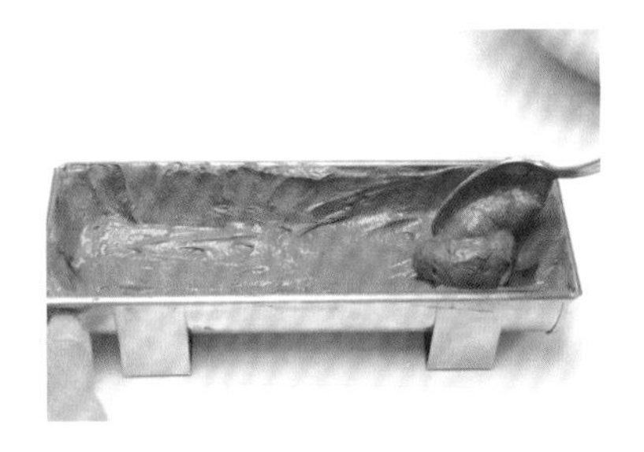

12 慕斯底面的高度应该到模具的一半，不够的话可以往里继续添加慕斯，并重复步骤11。

※侧面的部分也许会变低，这时注意补足。

13 将中间用的海绵蛋糕放进去，轻轻压平。

14 涂上山莓风味糖汁。

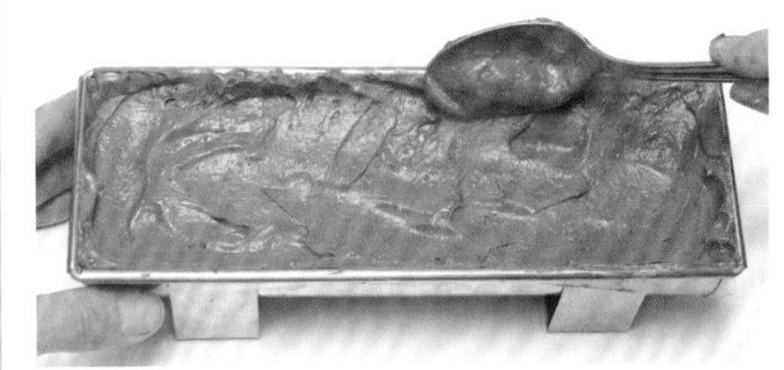

15 加入慕斯，用勺背撇到侧面。

※加进去的慕斯要正好能盖住蛋糕，涂完之后，模具应该有七分满。

16 将步骤2的山莓果胶放在模具中间呈带状。

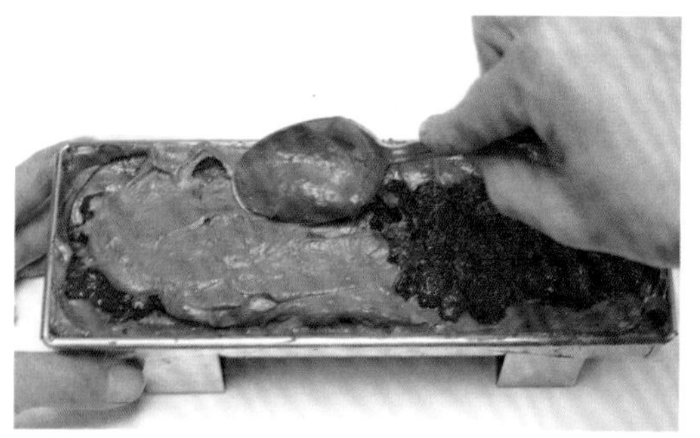

17 放入剩下的慕斯，用勺子铺展开，盖住山莓果胶。

18 把底面用的蛋糕片涂上山莓糖汁，然后涂糖汁的一面朝下放在蛋糕上，用手轻轻压平。

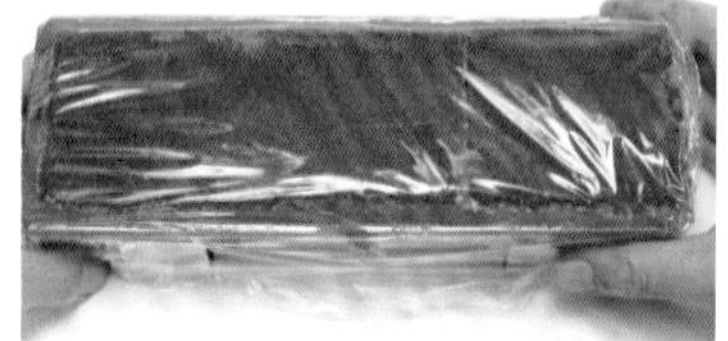

19 把溢出模具的慕斯用刮刀刮掉，贴上保鲜膜，放入冰箱中冷藏2~3小时。

※冷藏是为了使其凝固。

制作巧克力镜面

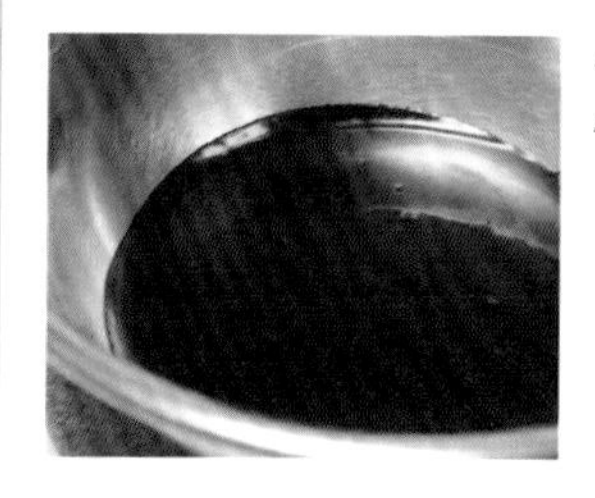

20 制作巧克力镜面（见P123）。

装饰

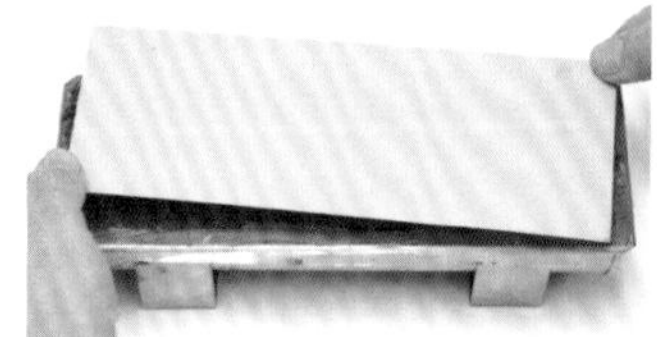

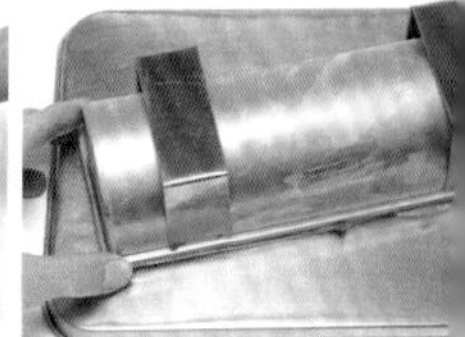

21 在蛋糕上盖上与模具同样大小的硬纸壳。然后把托盘底面朝上盖在模具上，然后一起倒过来。

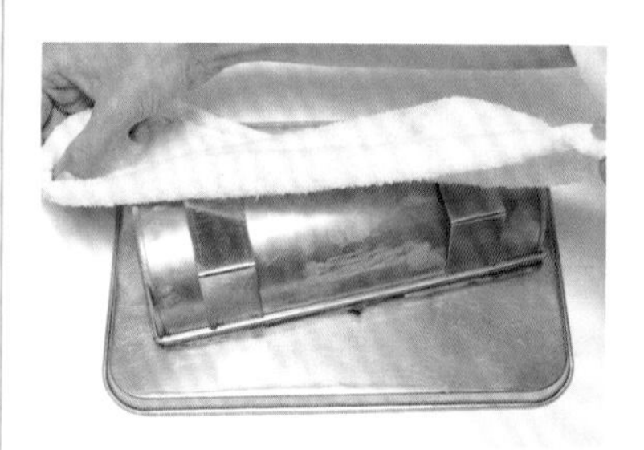

22 用热毛巾熔化蛋糕表面的慕斯，将模具取下，然后把蛋糕和托盘一起放入冰箱继续冷却加固。

※注意这时不要取下胶膜，否则慕斯有可能粘在胶膜上，使蛋糕凹凸不平。

组装

23 蛋糕完全凝固变硬后取下胶膜。

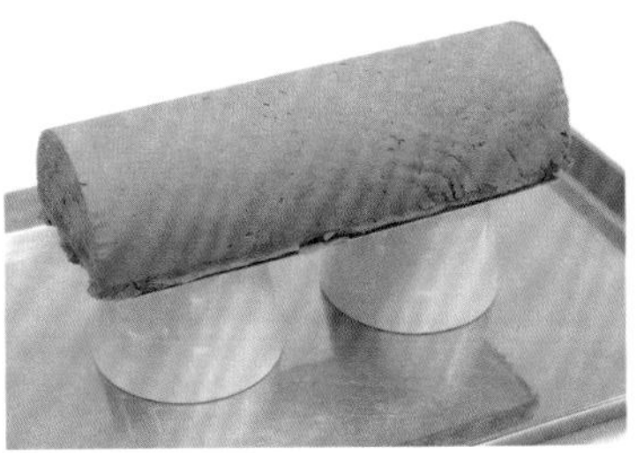

24 另找1个托盘，在里面放上2个杯口朝下的茶杯，在步骤23的蛋糕底下插入抹刀，取下蛋糕放在茶杯上。

※没有茶杯的话，瓶子、罐子也行。

25 将步骤20的材料从头到尾倒在蛋糕上。

26 用抹刀刮起掉在托盘上的巧克力，并涂在蛋糕上巧克力没有覆盖到的地方。

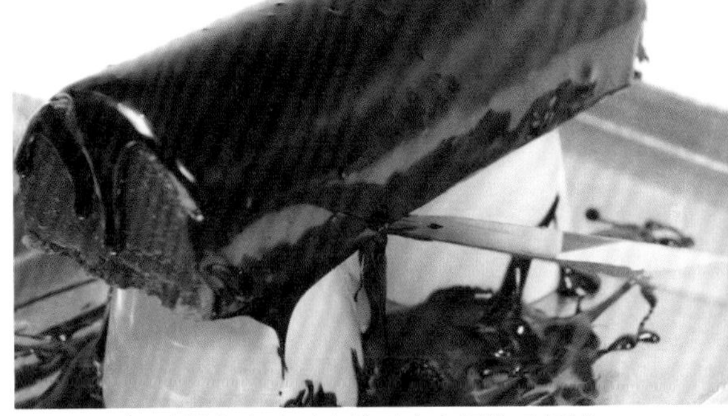

27 把蛋糕底边垂下来的巧克力用抹刀切掉。

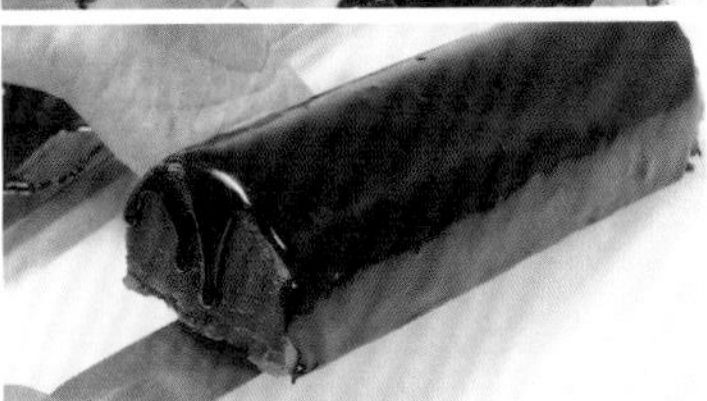

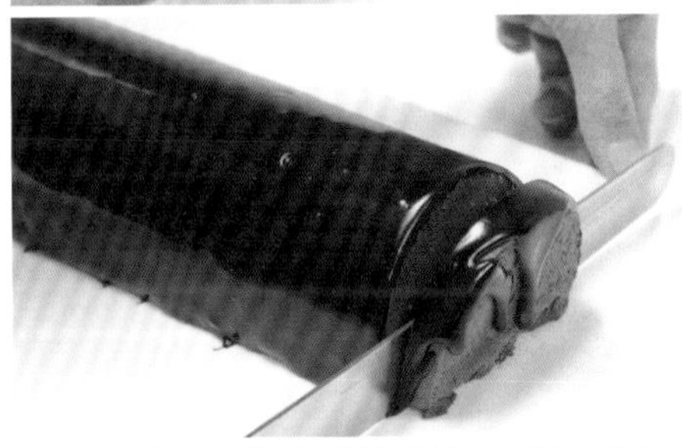

28 将抹刀插入蛋糕和杯子中间，取下蛋糕放在案板上，然后切掉蛋糕的两端。

29 在蛋糕上放上螺旋巧克力饰带、山莓和金箔，蛋糕完成。

※拿起巧克力饰带时，可以将双手食指放在饰带中间，以防止其断裂。

沙哈蛋糕

奥地利传统巧克力蛋糕，具有柔和的
光泽和独特的口感，试着做做看吧！

材料（直径15cm的慕斯圈1个）

■沙哈蛋糕坯

巧克力（甜）……70g
黄油……60g
白砂糖……35g
蛋黄……3个
蛋白霜
- 蛋白……3个
- 食盐……1小捏
- 白砂糖……65g

低筋面粉……60g

■装饰用杏仁果酱

杏仁果酱……200g
水……30g
柠檬汁……10g

■沙哈巧克力镜面（覆盖巧克力）

水……75g
巧克力（甜）……150g
白砂糖……180g

准备

■沙哈蛋糕坯

- 将黄油放在室温中软化到可以用打蛋器搅拌的程度
- 将鸡蛋放在室温中分好
- 撒上低筋面粉
- 准备好模具（见P172）

■沙哈巧克力镜面

- 将巧克力切碎

制作方法

制作沙哈蛋糕坯

1 将放有巧克力的盆浸入热水中隔水熔化，并加热至35~37℃，熔化后将巧克力从锅中取出。

※在热水中先放一会儿，等巧克力开始熔化后再用橡胶刮刀搅拌。

※如果巧克力温度过高，后面混合黄油时会将黄油熔化，所以这时一定要将巧克力从锅中拿出来。

2 将黄油放入碗中，用电动打蛋器搅拌，然后放入砂糖，搅拌至变成白色为止。

※注意要让黄油中充满空气，这样做出来的蛋糕才会蓬松轻软。

3 把步骤2的材料放入步骤1中，用电动打蛋器混合。

4 将蛋黄逐一放入，每次都要先充分混合后再放另一个，最后再用橡胶刮刀搅拌。

※混合完毕后放入冰箱中冷藏。

制作沙哈蛋白霜

5 在蛋白中加入盐，用电动打蛋器低速搅拌均匀，将蛋白打散后再高速打发。

6 将打蛋器慢慢拿起，如果蛋白能跟着立起，就说明打发好了。

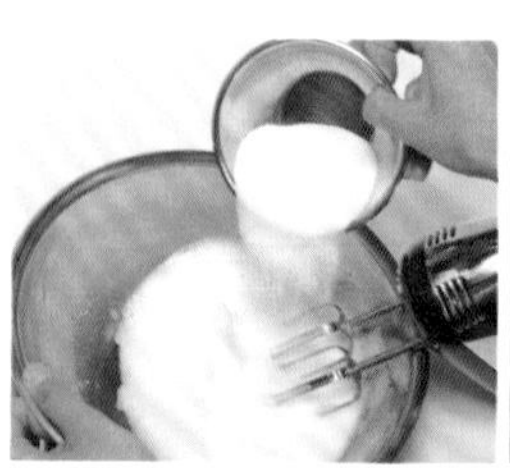
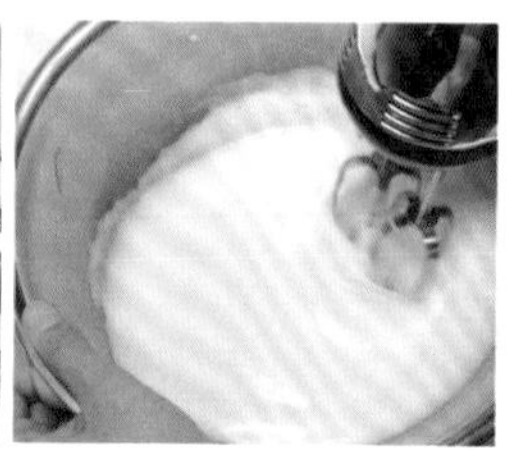

7 按照P174步骤3~5的方式继续打发，但白砂糖要分4次放入。

8 如果蛋白能立起成柔和的锥形角就说明打发完成了，这时取下电动打蛋器的扇叶，手动混合，使泡沫大小一致。

※这里使用的蛋白霜要比制作甜饼用的蛋白霜（见P174）更软一些，伸展性更好一些。

烤制沙哈蛋糕坯

9 将1/4的蛋白霜放入步骤4中，用橡胶刮刀搅拌。当搅拌成大理石花纹模样时，再加入1/2的低筋面粉，并从碗底开始搅拌。

10 将剩下的蛋白霜再度打发。

※蛋白霜的泡沫会在放置过程中逐渐消失，所以使用前要再一次打发。

11 将步骤10的蛋白霜全部加进去，用橡胶刮刀搅拌成大理石花纹状，然后再加入剩下的低筋面粉，全部混合均匀。

12 将慕斯圈放在烤板上，然后放入步骤11的材料，用橡胶刮刀将其撇在侧面，使中间凹下去。

13 放入180~190℃的烤箱中烤制40~50分钟，然后放在冷却架（或木板）上冷却。

※烤干后蛋糕会裂开，用手压实，如果有弹性就说明烤好了。

准备装饰蛋糕

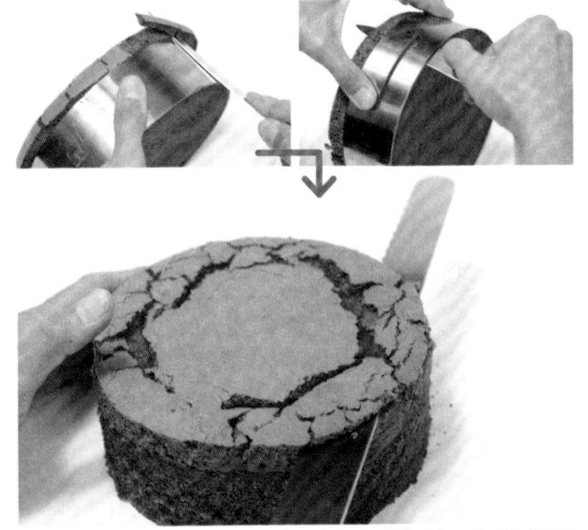

14 将底面的纸揭掉，然后用水果刀把从慕斯圈中凸出来的蛋糕削掉，在蛋糕与慕斯圈中插入水果刀，沿着慕斯圈旋转1圈，取下慕斯圈，然后用波状刀切平蛋糕。

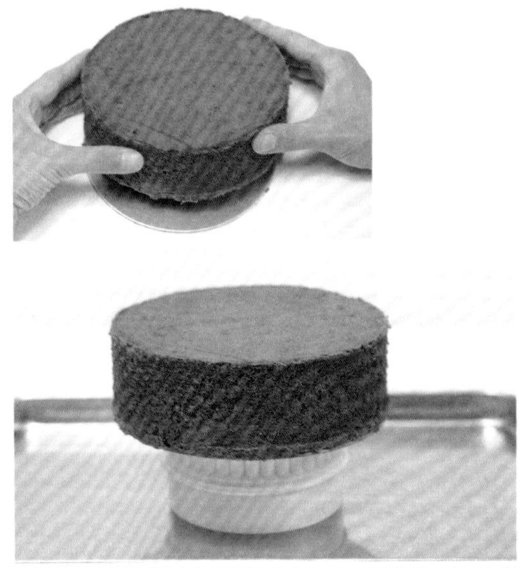

15 在蛋糕上面放上直径15cm的厚纸，然后在托盘上放1个直径小于蛋糕的台子，把蛋糕连同厚纸片放在上面。

调制装饰用的杏仁果酱

16 在锅中放入杏仁果酱、水和柠檬汁混合并煮沸，煮沸后继续蒸发浓缩。

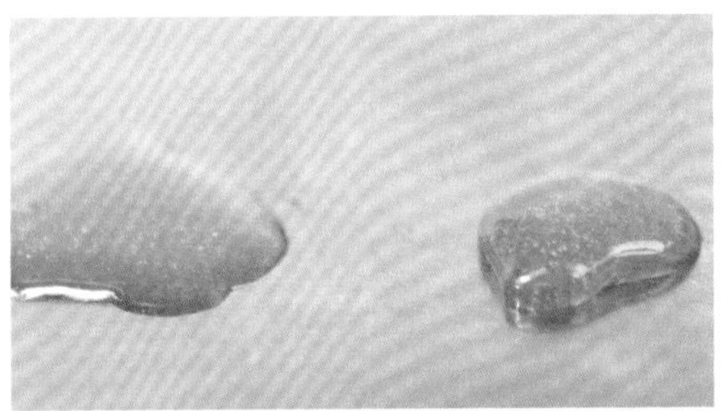

17 将步骤16的材料滴1滴在托盘上确认浓度，如果水滴能像上图右侧一样立起就说明可以了，如果像左侧一样向四周散开就说明煮得还不够。

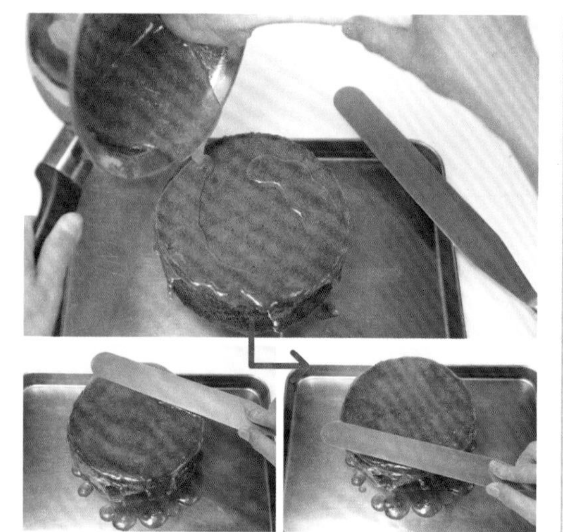

18 果酱达到适合的浓度之后，立刻倒在步骤15蛋糕上，然后用抹刀将其涂在包括侧面在内的整个蛋糕上。

19 用抹刀将滴落下来的果酱刮起，然后涂在蛋糕没有覆盖到的地方。全部涂好后放在室温中冷却至果酱不黏手为止。

※由于果酱凝固得很快，所以涂抹时速度一定要快。

※涂果酱是为了后面往蛋糕上浇巧克力时能浇得更美观。

制作沙哈巧克力镜面

20 在锅中加入定量的水，沸腾后关火，在水中放入巧克力，用木勺搅拌。

21 巧克力熔化后再次点着火，用木勺搅拌至巧克力沸腾。

※为了防止巧克力烧糊，要控制好火候。

22 巧克力稍微沸腾之后，分5次加入白砂糖搅拌混合。

※一次全部加入时温度会下降很多，最好能一直保持沸腾状态。

23 插入温度计，巧克力要一直煮到107~108℃为止。

※因为巧克力很容易烧焦，所以要不停地搅拌。

24 把锅从火上拿下来，放至其停止沸腾。

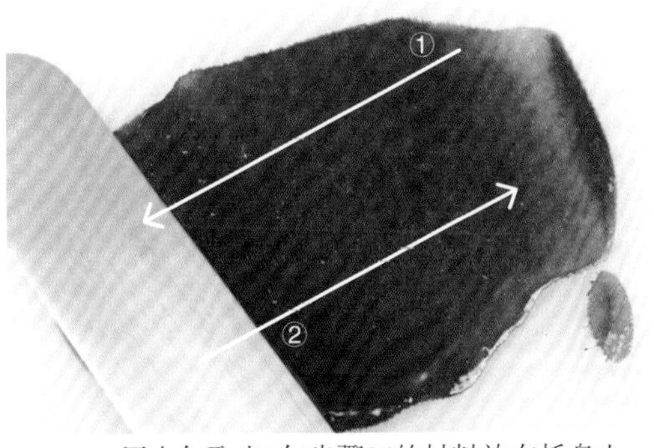

25 用木勺取出1勺步骤24的材料放在托盘上，然后用抹刀来回涂抹，抹刀移动1次记为1，如此移动5次。

26 将托盘上的巧克力刮起，重新放回锅中，如此重复2~3次。

27 这样锅中的巧克力就会带有黏性，当放入木勺时巧克力上有薄膜出现就可以了，然后再次搅拌。

28 将步骤27的材料一次性倒在冷却了的步骤19上并环绕一周，然后用抹刀抹平，使巧克力完全覆盖蛋糕的表面和侧面。

※随时确认涂抹的状况，使其均匀。

※表面不要抹次数太多，最多不要超过2次。

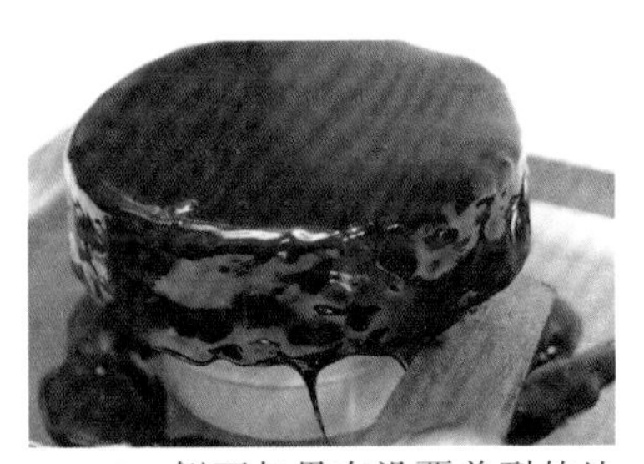

29 侧面如果有没覆盖到的地方，就用抹刀刮起滴落下来的巧克力补上。

30 慢慢切断垂下来的巧克力镜面，然后在室温中冷却至巧克力凝固（10~15分钟），蛋糕完成。

※凝固之前不要移动巧克力，不然会出现波纹，无法修补。

Decoration technic

巧克力

使用巧克力做蛋糕时，温度的把握至关重要，
只要掌握了这一点，很多装饰技巧也就变得简单了。

关于巧克力

巧克力在室温中是固状的，但是一旦放入口中，瞬间就会熔化，这也是其特点之一。巧克力中含有的油脂和可可脂根据温度不同会形成不同的结晶，为了制造出口感较好的巧克力，有必要调节巧克力结晶的形状。但是，巧克力一旦熔化就会变形，所以调整巧克力温度并使其凝固成其他形状时回火作业是非常必要的。否则巧克力会出现表面发白、熔化难度加大、没有光泽、凝固不结实等问题。

巧克力的回火方法

注意

不要加水

整个过程一滴水也不能混入，一旦有水滴进去，要马上用勺子取出来。

严格掌握温度

温度控制不好时，回火过程中会出现问题，最好能用温度计慎重地调节温度。

1 准备好不锈钢的碗（直径24cm左右）、锅（平底锅）、温度计、橡胶刮刀等工具。

2 颗粒状巧克力可以不用处理，板状巧克力需要先切碎。

※在家中制作时每次300g比较合适，要使用甜巧克力。

3 在锅中放入60~70℃的水，然后把步骤2中的碗放在锅中，熔化碗中的巧克力。

4 用橡胶刮刀搅拌使其溶化，巧克力温度达到50℃时将碗拿下。

※牛奶巧克力是45℃，白巧克力是42℃。

5 将碗底部分的巧克力抹平，然后放入冰箱中，5分钟后查看，待边缘的巧克力凝固后从冰箱中取出，然后刮取凝固了的巧克力，将其重新混入整体中搅拌熔化。

※由于侧面的巧克力会首先凝固，所以中途要取出搅拌，使整体温度保持一致。

6 然后再放入冰箱，重复步骤5，直到温度降至25~26℃。

※判断温度之前一定要先搅拌均匀，不要只量一个部分的温度。

※牛奶巧克力是25℃，白巧克力是24℃。

7 在锅中放入40~50℃的热水，将步骤6中的碗放在锅上面，使巧克力温度上升到31~32℃。

※不停地将碗放上去拿下来，使温度慢慢上升。

※牛奶巧克力是30~31℃，白巧克力是29~30℃。

8 温度上升到指定温度后将碗从锅上拿开，回火完成。

9 确认回火完成情况。在汤勺背面沾上巧克力后放入冰箱中冷藏凝固。

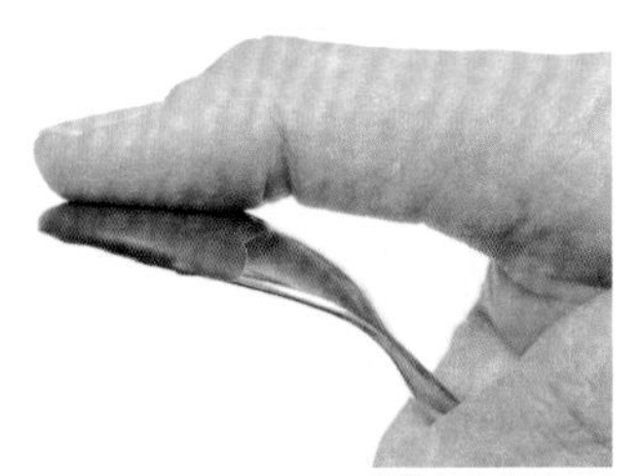

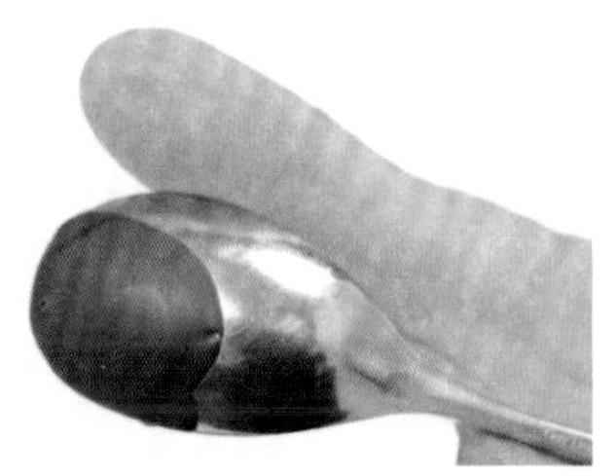

10 将勺子从冰箱中取出，用手抚摸巧克力，如果巧克力不粘手就说明成功了。

※如果巧克力溶化并粘在手上就说明失败了，要从步骤4开始重新做。

回火后巧克力的处理方法

1 将凝固成块的巧克力用刮板或橡胶刮刀取出。

※凝固后的巧克力适合保存，不易熔化。

2 将取出的巧克力放在纸上。

3 然后放在室温中凝固，凝固后装入塑料袋中，放在凉爽遮光处保存。

※可以切碎后用于制作甘纳许或慕斯。

※如果再度回火，要加新的巧克力。

巧克力装饰的制作方法

巧克力板

1 将托盘底面朝上放置，用湿毛巾擦一遍，然后贴上胶膜。

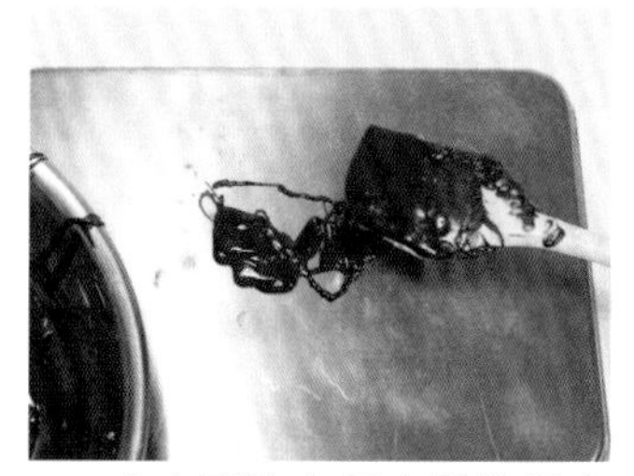

2 在上面放上回火后的巧克力。

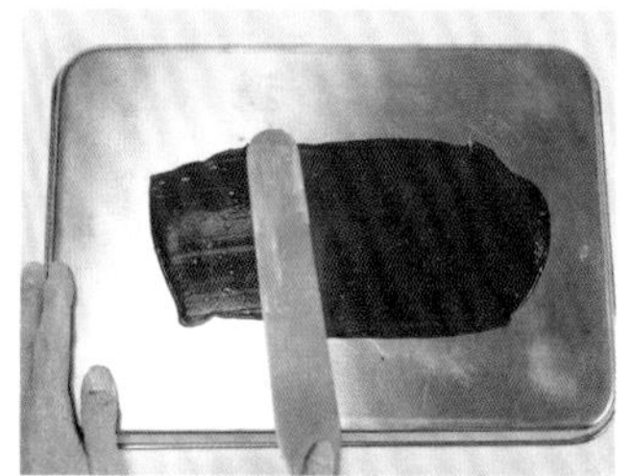

3 用抹刀抹平至1mm厚。

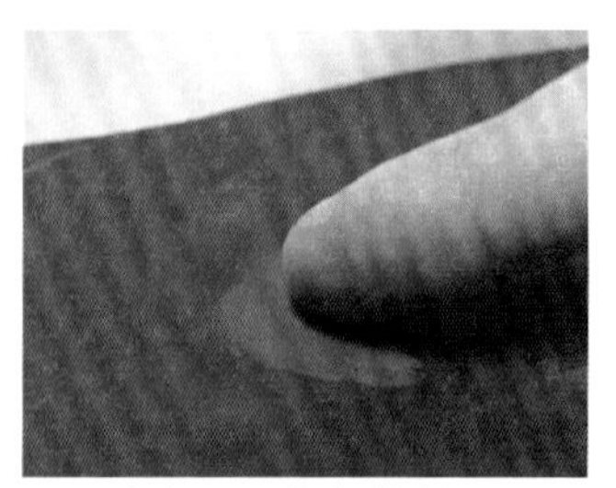

4 放在室温中自然凝固，至不粘手时即可。

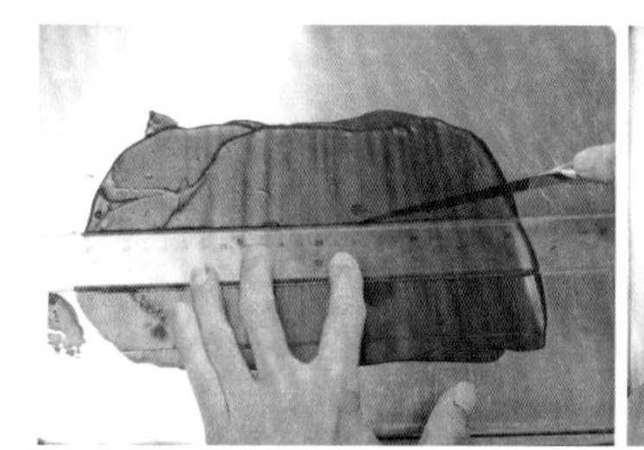

5 用直尺量出合适的尺寸（图中为边长3cm的正方形），用刀沿着直尺切开。

※切的时候要用刀背，以防止破坏胶膜。

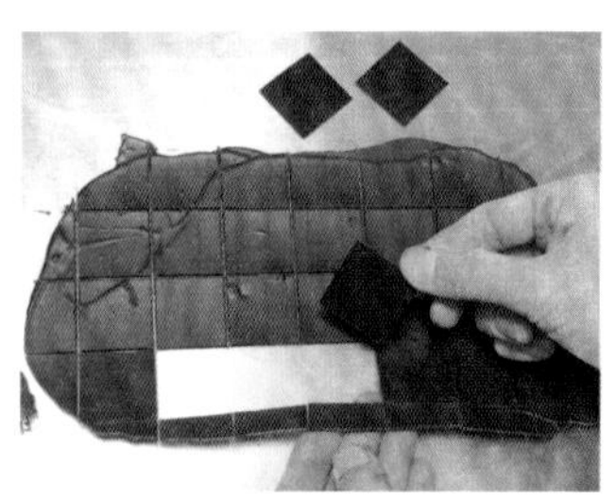

6 放入冰箱中凝固，然后揭掉胶膜。

7 完成。

如何制作各种形状的巧克力板

如果在步骤4中用五角星、心形或其他形状的模具按压凝固后的巧克力，会得到各种形状的巧克力板。如果直接将步骤4的巧克力放入冰箱中冷藏，凝固后揭掉胶膜用手掰分，会得到不规则形状的巧克力板。

巧克力曲板

1 将印花纸或胶膜剪成自己喜欢的形状。然后把托盘底朝上放好，用湿毛巾擦干净后把印花纸放在上面。

2 在上面涂上回火后的巧克力，用抹刀抹平至1mm厚。

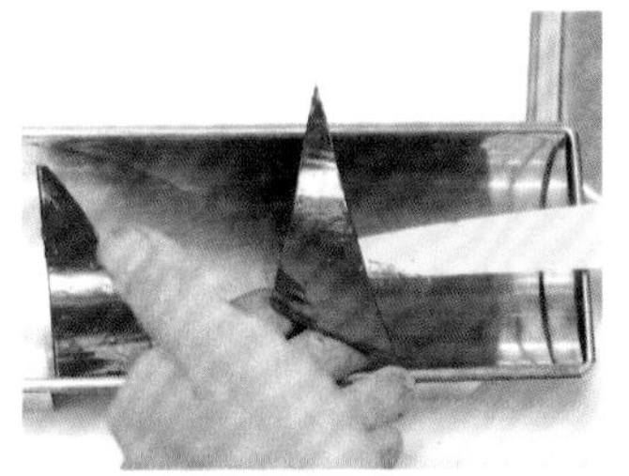

3 把印花纸揭掉，放入半月形模具中，然后放入冰箱中冷藏凝固。

※使用空瓶、罐等的曲面物体也可以。

4 凝固后揭掉印花纸。

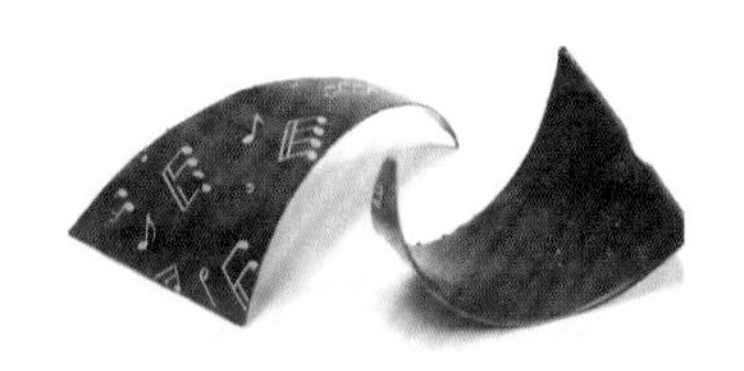

5 完成。

※因为巧克力很容易熔化，所以拿的时候要小心。

可以使用的印花纸

印花纸是指可以用于巧克力上色的带有花纹的玻璃纸。纸上的花纹可以印到巧克力上，制作出带有花纹的巧克力。但是使用时注意不要用手触摸上面的花纹，也不要弯曲折叠。

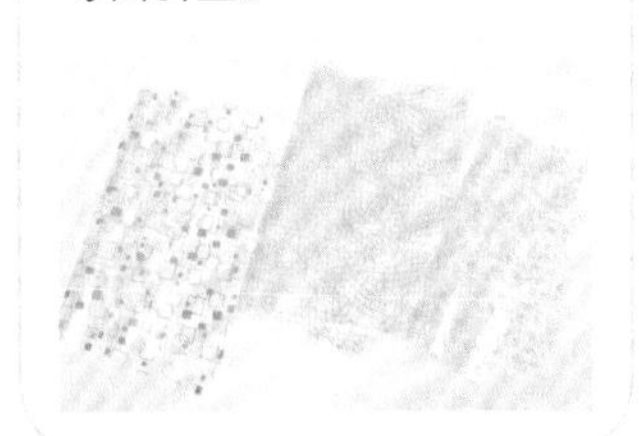

水滴形

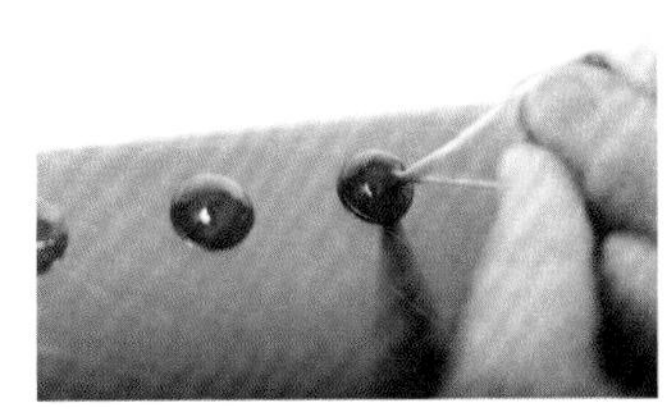

1 托盘倒放，用湿毛巾擦干净后贴上胶膜。然后把锥形袋的前端剪出5mm的小口，在上面裱出圆形。

2 用小勺（茶勺等）按在巧克力上向后拉。

3 放在冰箱里冷藏，凝固后揭掉胶膜，完成。

※正反两面都可以用。

花纹巧克力饰带

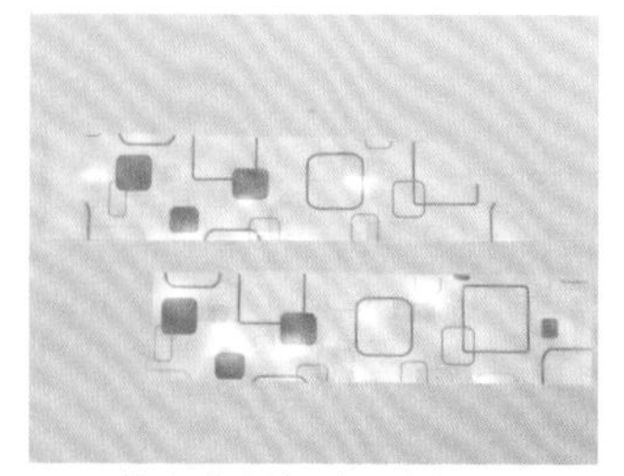

1 将印花纸切出7张长12cm、宽3cm的纸条，然后将其中2张的一端斜着切掉。

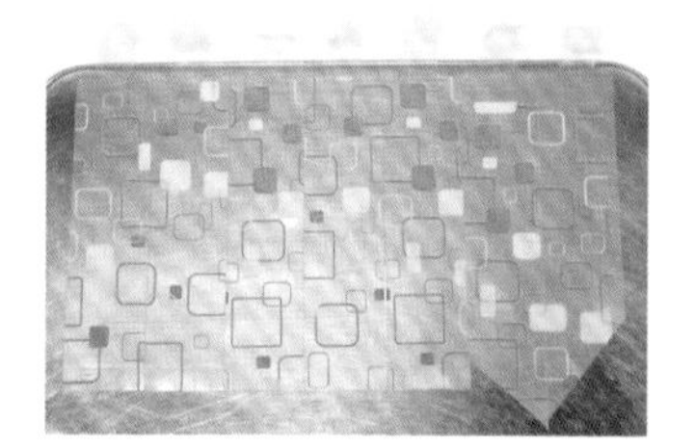

2 托板斜放，用湿毛巾擦干净，将印花纸条放在上面，纸条与纸条之间不要有空隙，上面用胶带固定。

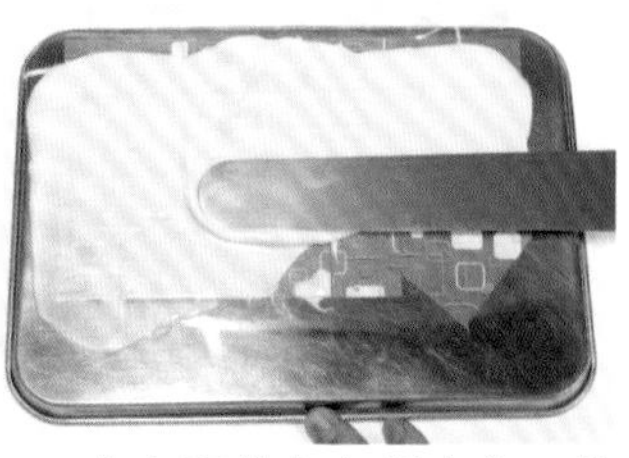

3 在上面放上白巧克力，然后用抹刀抹平至1mm厚，放在室温中使其凝固。

※如果放在冰箱里会凝固的太结实，之后弯曲时容易断裂，所以要放在室温中。

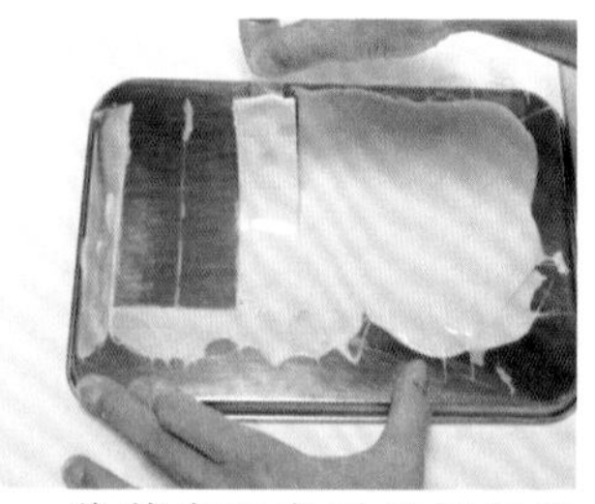

4 待其表面变干后揭起胶带，把印花纸从托盘上取下。

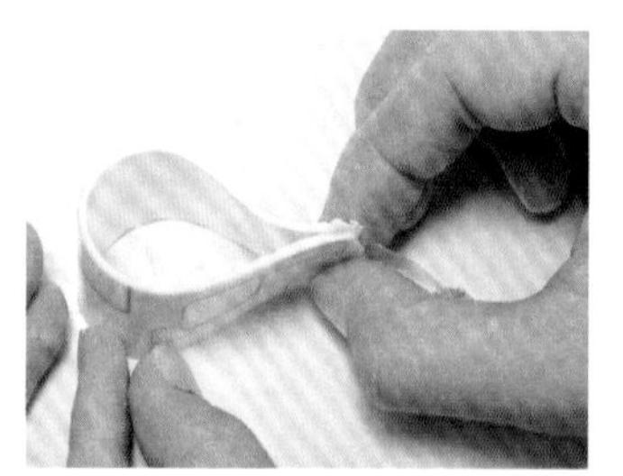

5 将长方形的两端重合固定（约5mm），然后放入冰箱中冷藏。

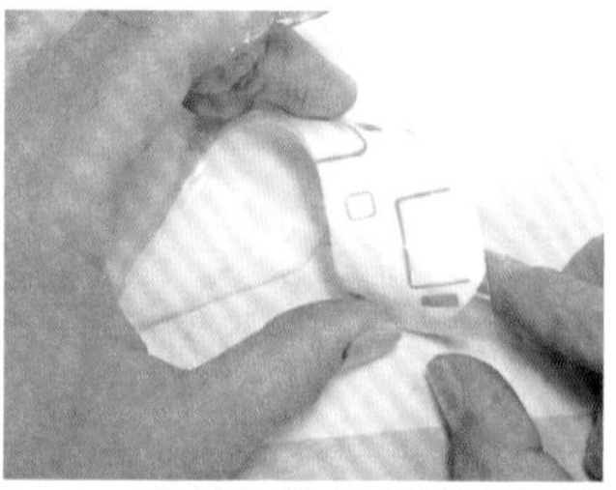

6 一端斜切的纸条做成螺旋形，放入冰箱中固定。

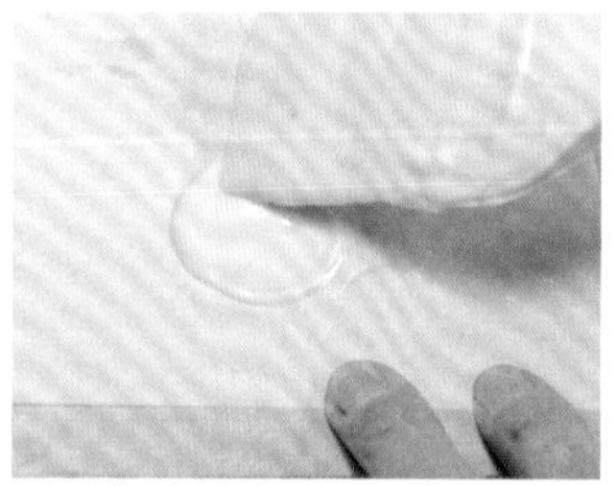

7 等冰箱中的巧克力饰带凝固后开始组装，将用来粘饰带的巧克力放在纸上，涂成圆形。

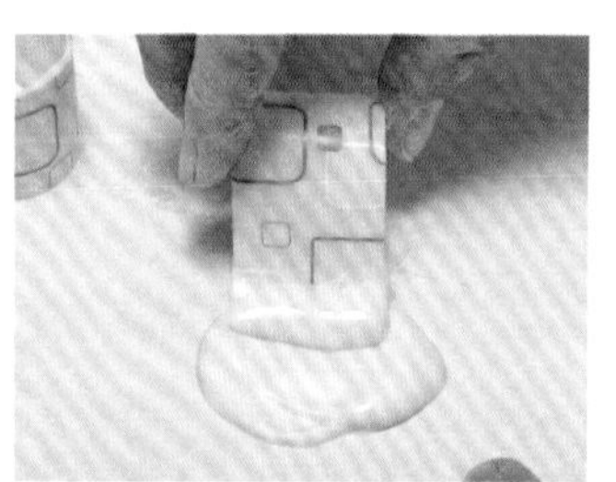

8 将长方形巧克力饰带的印花纸撕掉，前端沾上巧克力。

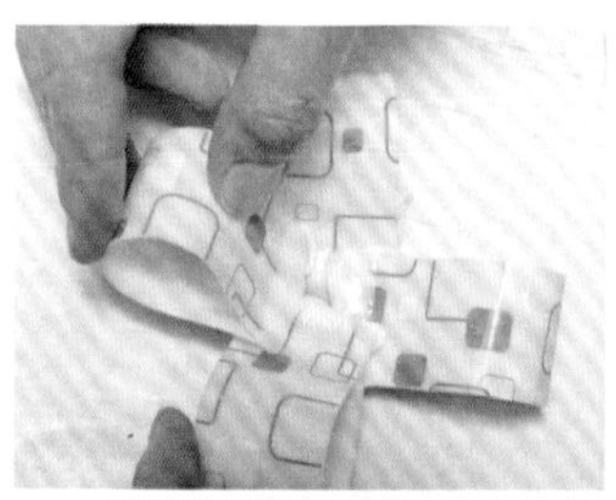

9 用同样的方式将巧克力饰带组合成四方形。

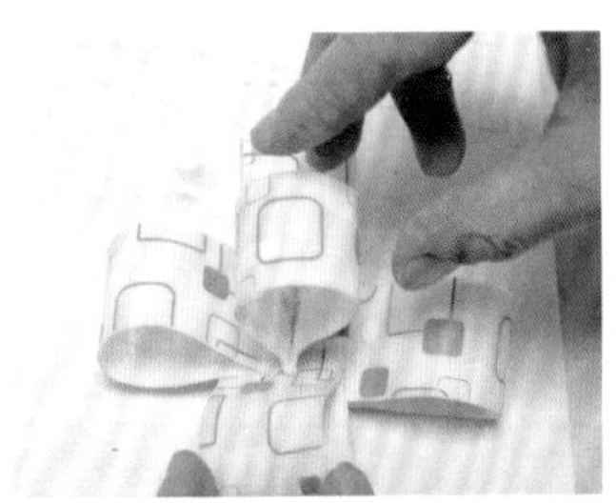

10 将最后的长方形巧克力饰带放在步骤9的上方立起。

11 将螺旋形巧克力饰带上面的印花纸揭掉，沾上巧克力后放在步骤10上面，注意保持平衡。

※可以根据个人爱好把2张螺旋形巧克力饰带都用上。

12 待其凝固后就完成了。

巧克力叶

1 用干净的纸巾将树叶的两面都擦干净。

※树叶最好找比较厚实的。

2 如果要制作双色花纹巧克力叶，应先用手指在树叶上涂上白色巧克力斑点，然后放入冰箱中冷藏。

※白色巧克力涂薄点，最好透明。

3 当步骤2的巧克力叶凝固后用刷子刷上回火巧克力，然后再次放入冰箱中冷藏。

4 如果要制作大理石花纹巧克力叶，可以将树叶的正反两面都涂上回火巧克力，然后放入冰箱中。

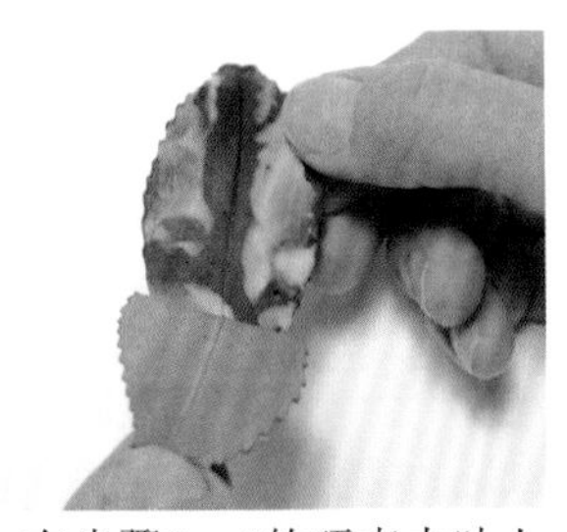

5 在步骤3、4的巧克力叶上再涂1层回火巧克力，然后放入冰箱，凝固后去掉树叶。

※只涂一层则巧克力太薄，容易断裂，所以最好涂2层。

6 完成。

螺旋形

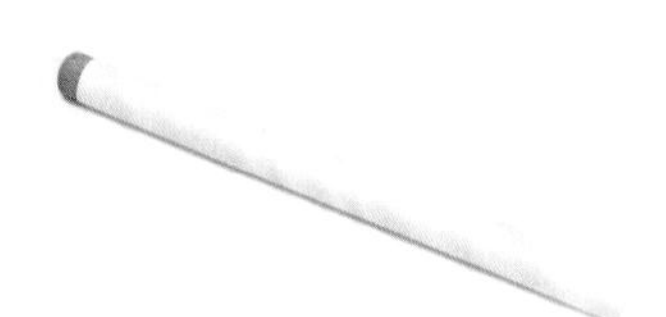

1 把纸卷在擀面杖上。

2 把长30cm、宽5cm的胶膜用胶带固定在面板上，旁边放上直尺，然后在上面涂上回火巧克力。

※放直尺是为了防止一会刮巧克力时刮歪。

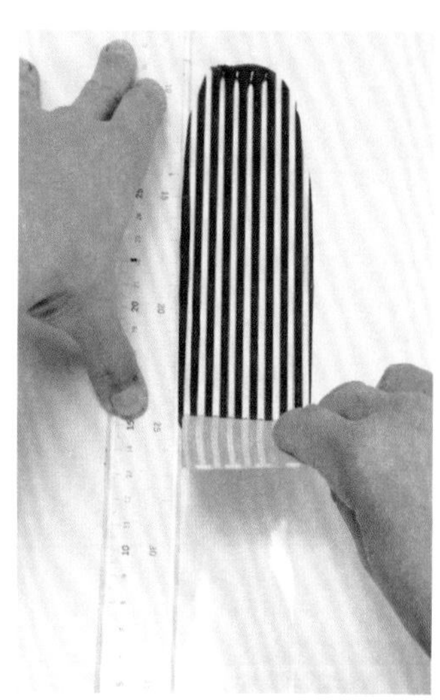

3 用印花器沿着直尺直线向下拉，用巧克力做出花纹。

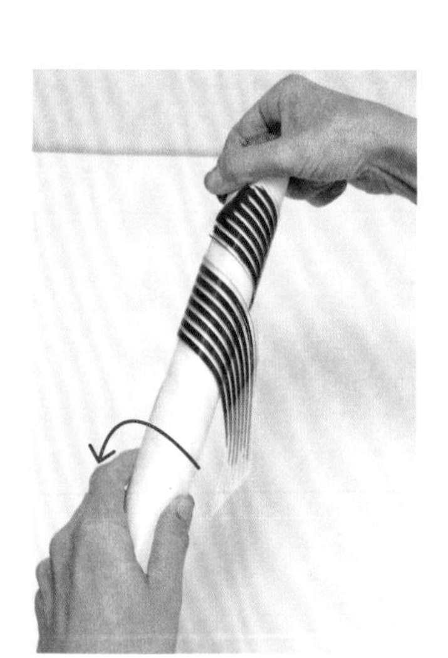

4 当巧克力表面凝固时，揭掉胶带。然后把带有巧克力的一面向内，转动擀面杖，把胶膜贴在擀面杖上。

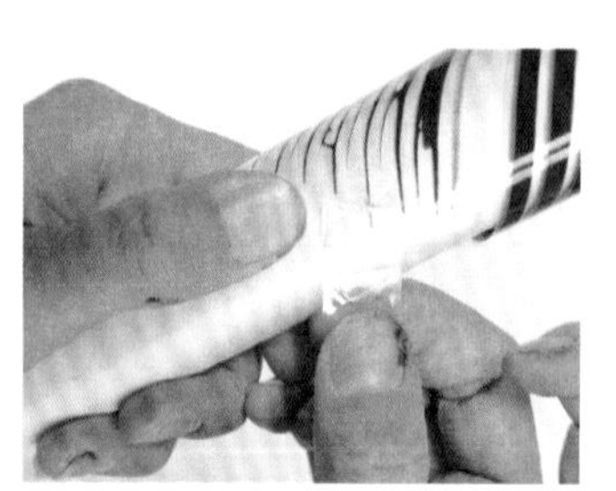

5 贴完之后用胶带固定，放入冰箱中冷藏。

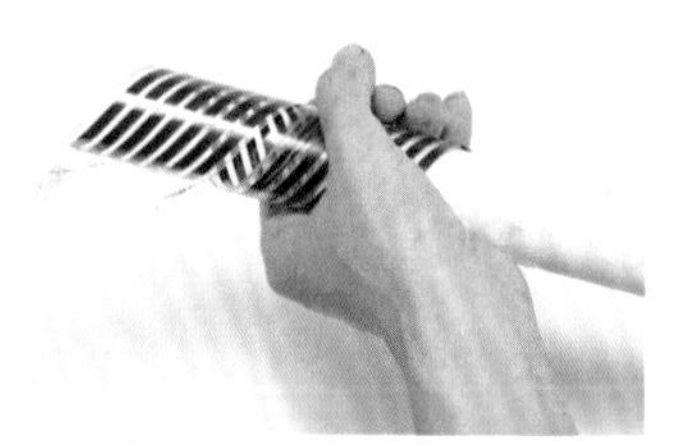

6 凝固后揭掉胶带，抽出擀面杖。

7 去掉胶膜。

8 完成。

扇形

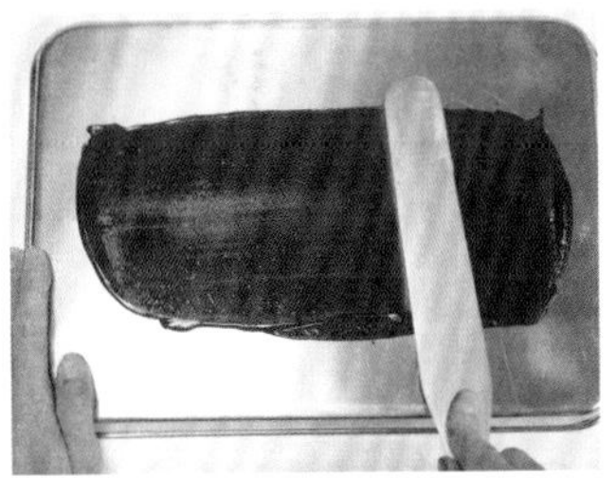

1 将托盘底面朝上放置，用湿毛巾擦一遍，然后在上面放上回火后的巧克力，用抹刀抹平至1mm厚，放在室温中自然凝固，触碰时不粘手即可。

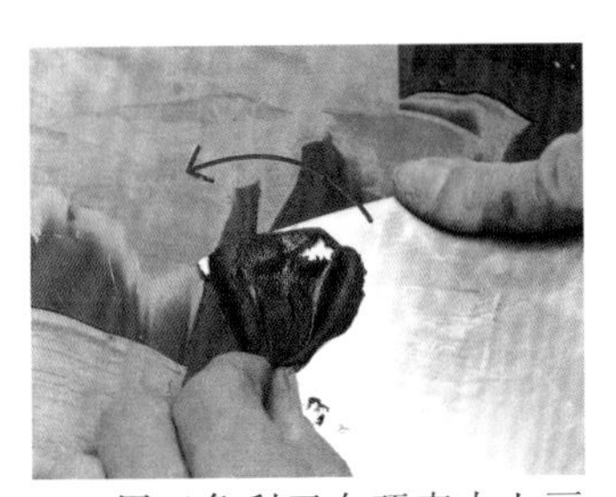

2 用三角刮刀在巧克力上画一个弧形，然后将根部捏在一起，使巧克力变成扇形。

3 完成。

巧克力棒

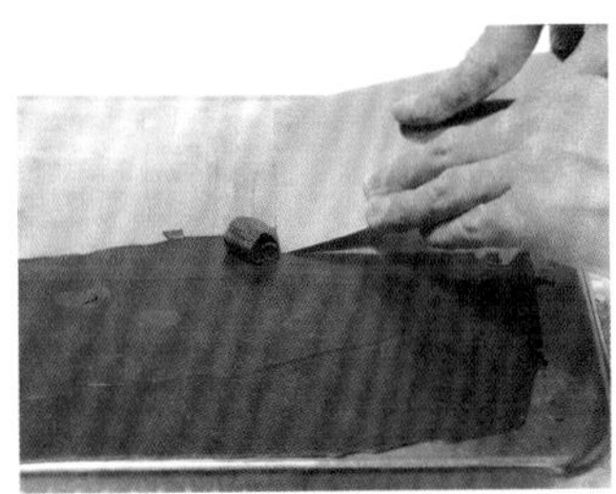

1 与扇形巧克力的步骤1相同，用三角刮刀将两侧切为直线。

2 将大刮刀斜放在巧克力上，薄薄地刮下一层。

※刮的时候要用力，所以要防止托盘打滑，最好能找人帮忙按住托盘。

3 完成。

巧克力卷

1 与扇形巧克力的步骤1制作相同。用模子刮取巧克力。

2 完成。

切削凝固巧克力比较轻松

回火后刚刚凝固的板状巧克力（见P113）可以用挖勺削取。

甘纳许

一般在做松露巧克力和生巧克力时使用，也可以用来装饰。

甘纳许的使用方法

书写文字和裱花

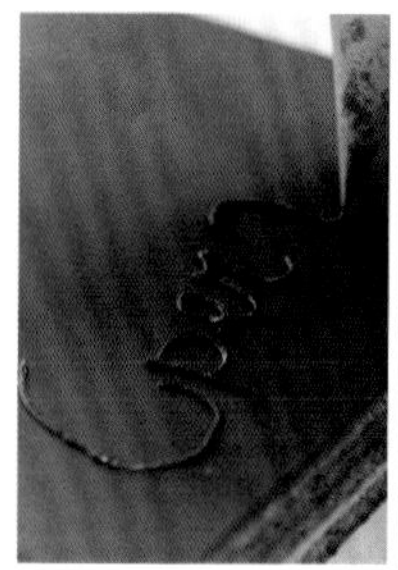

可以用来裱花。也可以用来书写信息板（见P42）和制作小模型（见P158、161）。

用来制作花纹

可以在胶膜上刻出花纹，然后印到蛋糕上，当然也可以印到蛋糕侧面。

锥形裱花袋的制作方法

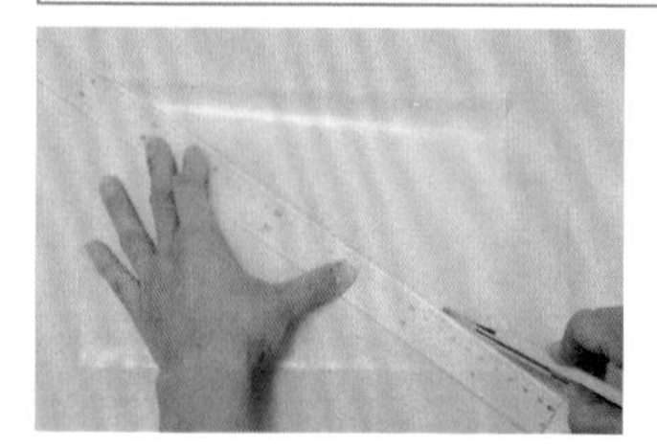

1 取一张长30cm、宽20cm的玻璃纸，用直尺量好对角线并切开。

※推荐使用玻璃纸（硫酸纸也可以）。烧烤纸虽然也能做，但容易打滑，不容易固定。

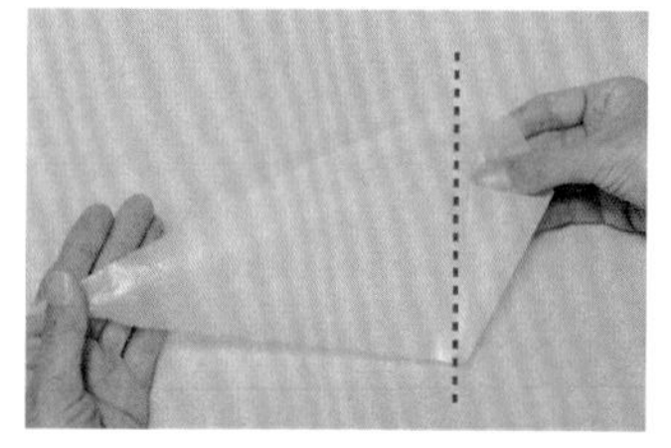

2 将三角形的直角作为锥尖，把玻璃纸卷起来。

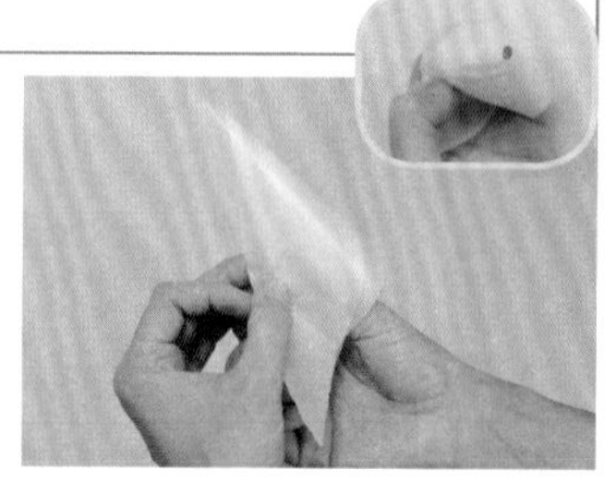

3 固定顶端，将后部卷起。这时开口会很大。

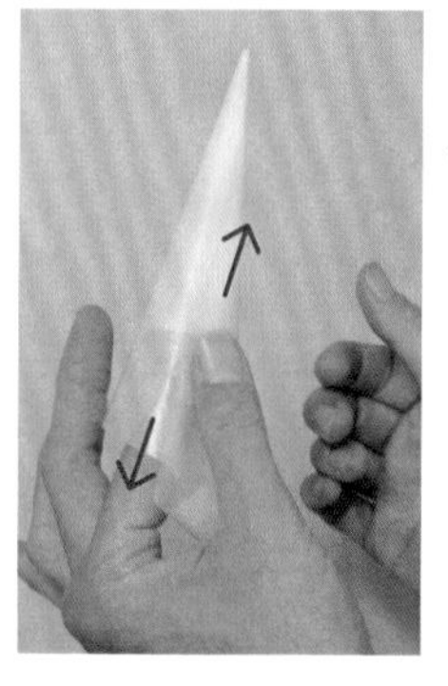

4 用拇指和食指捏住入口，将锥顶拉尖。

※拇指和食指按照图中箭头方向移动。

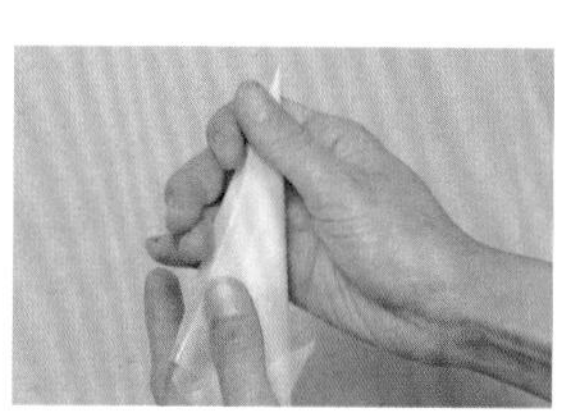

5 当拉不动的时候就可以了。

※尽可能做到最尖。

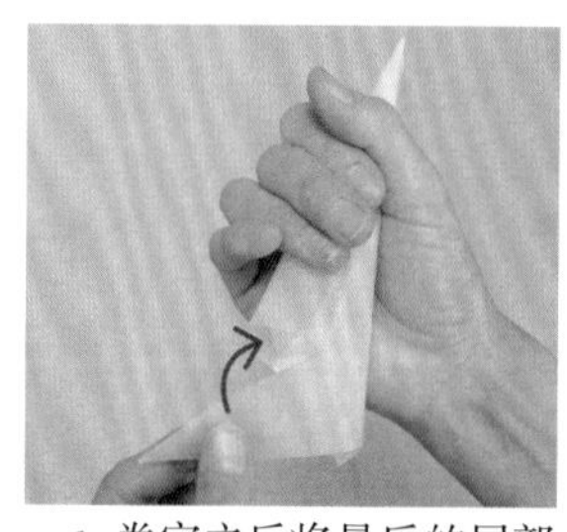

6 卷完之后将最后的尾部折进去，然后就可以把锥尖剪出需要的口径使用了。

锥形裱花袋的填充方法

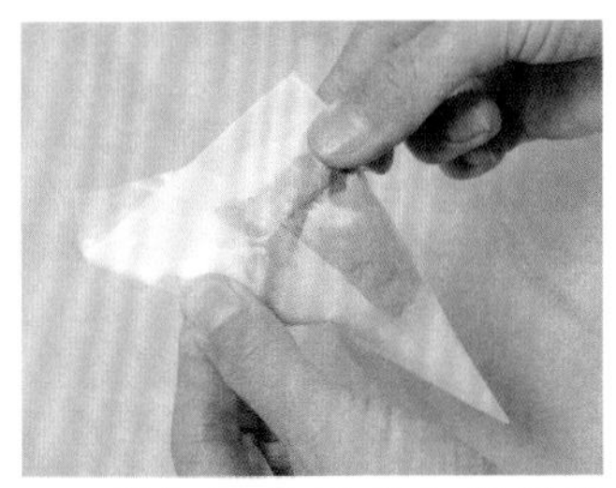

1 用勺子将巧克力等填进去，然后把上部捏扁。

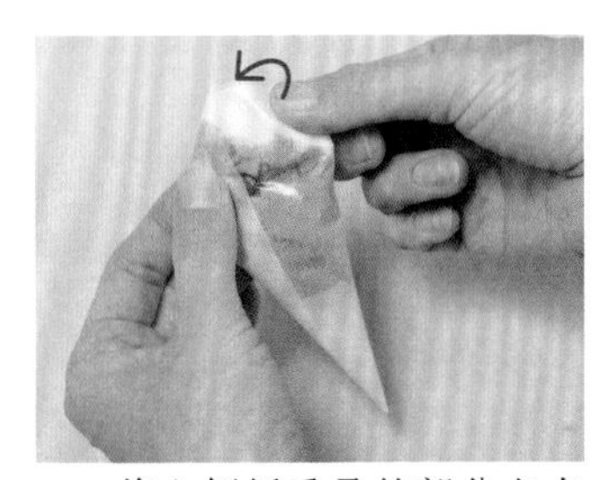

2 将上侧纸重叠的部分左右对折。

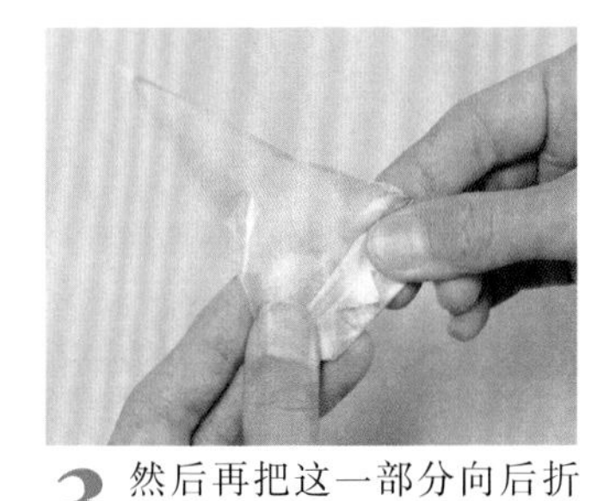

3 然后再把这一部分向后折进去（如图所示）。

※向前折很容易松开，使里面的东西漏出来，所以一定要向后折。

锥形裱花袋的剪切方法

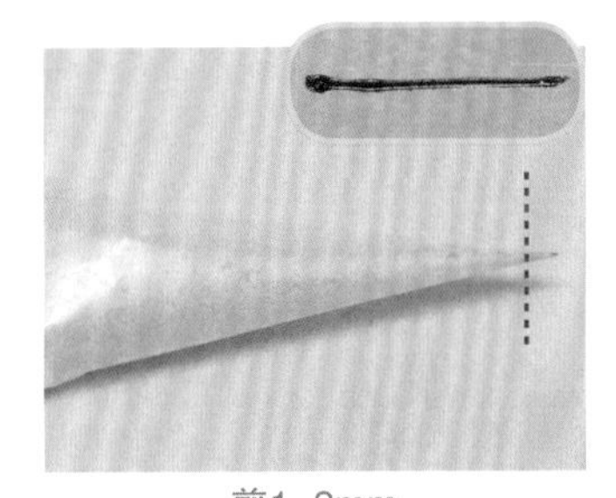

剪1~2mm

1~2mm的开口适合书写文字、画细线，书写较大文字时要剪到3mm左右。

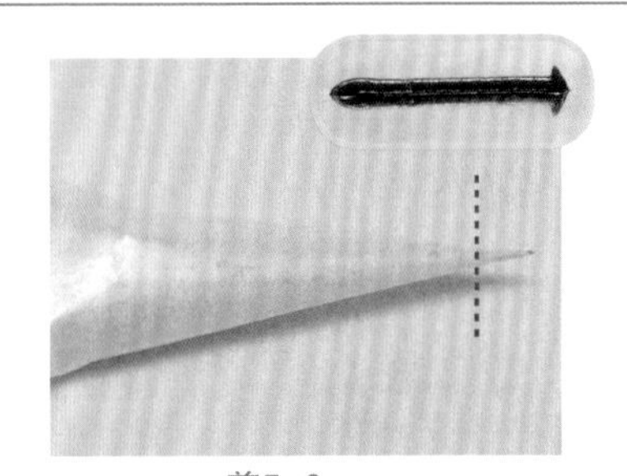

剪5~6mm

适合做巧克力装饰（如P115的水滴）。

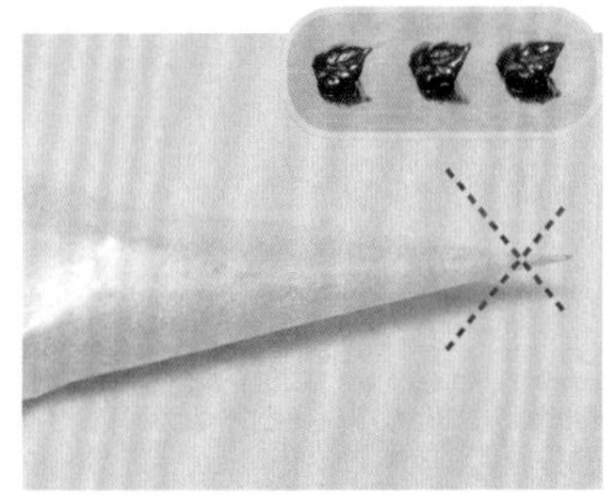

剪山字形

两边各剪一刀，适合裱树叶形状。

锥形裱花袋的拿法

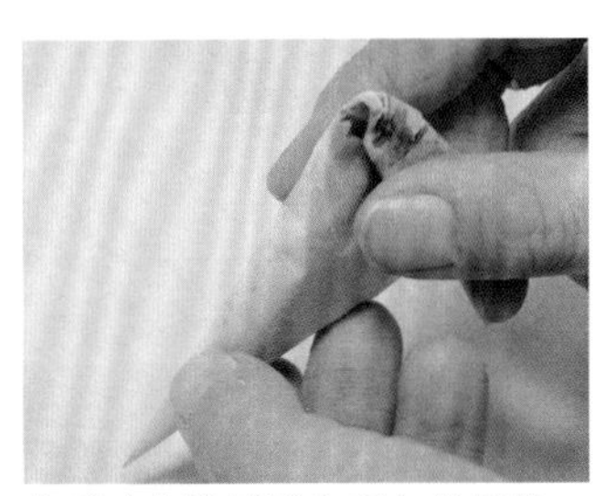

右手（左撇子用左手）的拇指、食指、中指捏住上端，另一只手捏住前端，用右手（或左手）用力挤出里面的材料。

锥形裱花袋的裱花方法

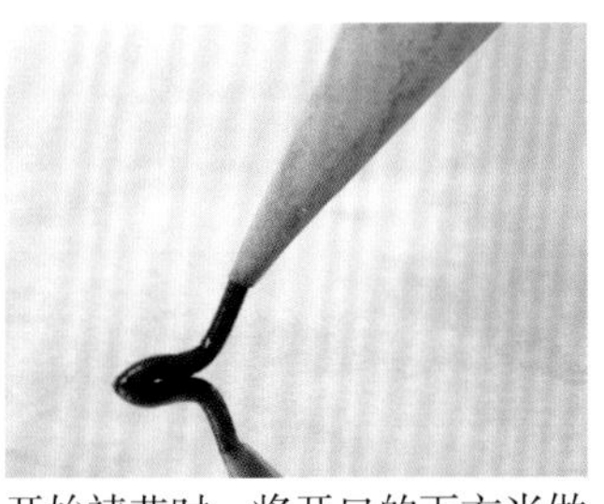

开始裱花时，将开口的下方当做起点，锥形袋稍微离开底面，结束后向下切断。

表层巧克力

巧克力浇层是巧克力蛋糕特有的装饰方法。

各种表层巧克力装饰

巧克力镜面

这是一种表面光滑且带有光泽的表层巧克力。根据材料、做法的不同可分为很多种类，这里介绍使用可可粉的“镜面型”（参照右图）和使用巧克力制作的“甘纳许型”。

类型	主要材料	特 征
镜面型	可可粉 吉利丁	・像镜子一样有光泽 ・冷却后也不会凝固得太坚硬，口感柔软
甘纳许型	巧克力	・可以品尝到纯巧克力的味道 ・光泽不明显 ・冷却后也不会凝固得太坚硬，口感柔软

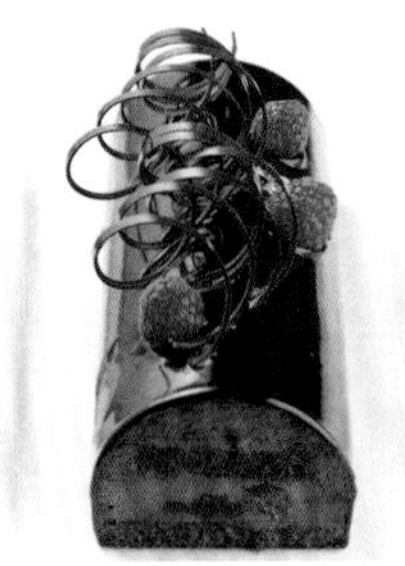

使用镜面型的“山莓巧克力树干”（见P100）。

使用甘纳许型的“雪花”（见P85）。

无回火巧克力

这是一种装饰用的表层巧克力。不含或只含有少量的可可粉，为了增加植物油脂肪含量不经过回火直接使用。其特点为制作简单、延展性好、冷却后就会凝固。本书中曾用其制作歌剧院蛋糕（见P96）。

使用无回火巧克力的“歌剧院”（见P96）。

使用方法

涂抹

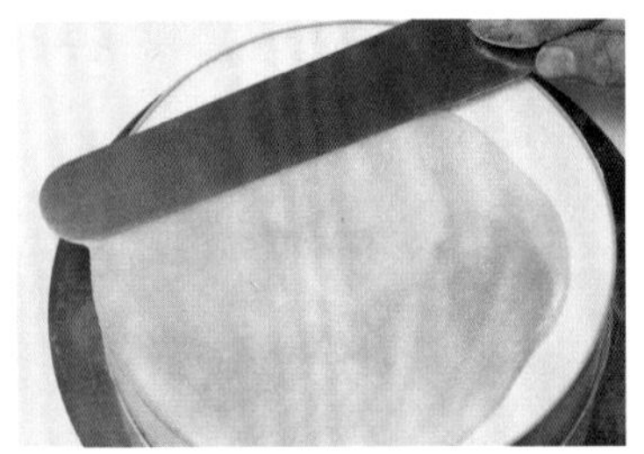

倒在冷却凝固后的蛋糕上抹平。

浇层

浇在冷却凝固了的蛋糕上。

巧克力镜面的制作方法

材料（约350g）

水……100g
生奶油（乳脂肪含量35%）……80g
白砂糖……120g
可可粉……50g
水饴……15g
吉利丁……4g

1 在锅中加入定量的水、生奶油、白砂糖和可可粉。

2 边搅拌边用中火加热至熔化。

※锅底容易烧焦，要特别小心。

3 沸腾后插入温度计，温度上升到103℃时取下。

4 加入水饴。

5 加入吉利丁，搅拌至熔化。

6 用滤勺滤一遍。

放置1日

虽然做好后可以直接使用，但是在搅拌过程中巧克力混入空气会产生气泡（如图所示），直接使用时蛋糕表面会有小孔。如果可以的话，最好在冰箱中保存1天，使用时放在开水锅上或用电磁炉加热使其熔化。

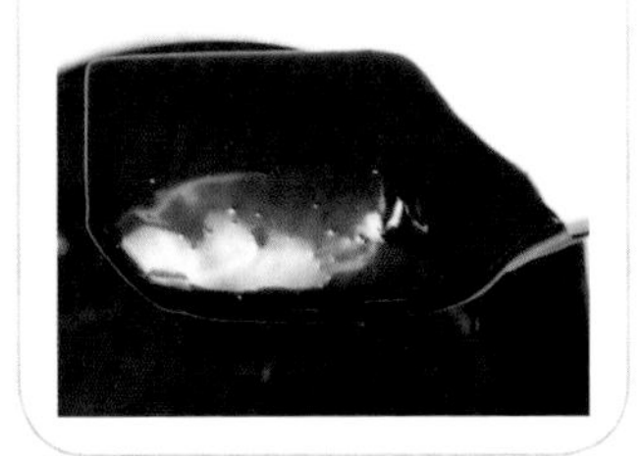

浓缩度的确认方法

确认浓缩度时不仅可以依靠温度，也可以根据巧克力的形态。例如滴一滴巧克力在托盘上，如果巧克力边缘立起就说明浓度可以了（见下照片右侧），如果巧克力向四周流出、边缘很薄，则说明煮得还不够（见下照片左侧）。如果浓缩度不够，巧克力浇在蛋糕上就会立刻流走，所以一定要根据温度和形态两方面好好确认。

专栏

切蛋糕的技巧

想要切出好看的断面，切蛋糕的技巧也很重要，在这里我们还会介绍器皿的移动方法。

1 将波状刀放在热水中加热。

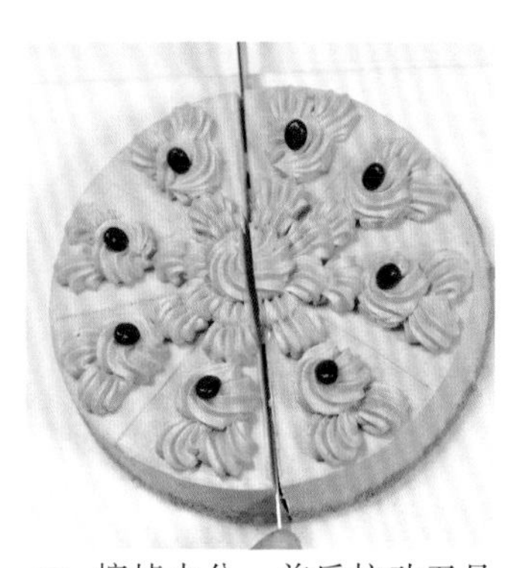

2 擦掉水分，前后拉动刀具将蛋糕切成两半，然后向后拉出刀具。

※如果直接从上向下硬切，蛋糕很可能就碎掉了，所以一定要前后拉动刀具慢慢切。

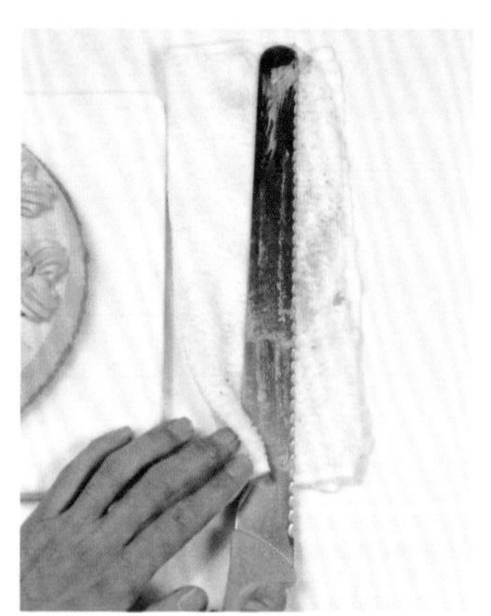

3 擦掉刀具上的奶油等，放入热水中重新加热。

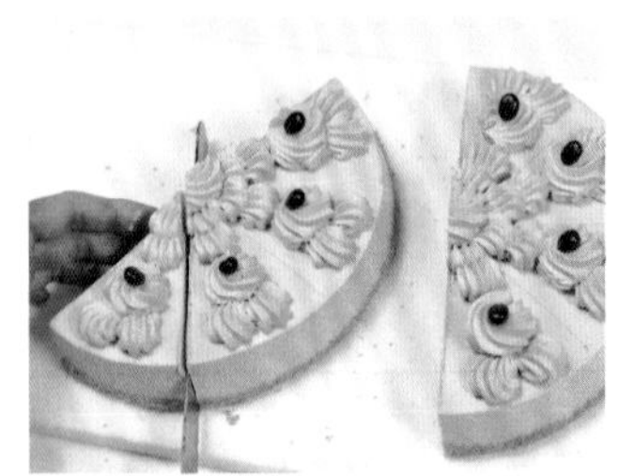

4 前后拉动刀具，将蛋糕切块。

5 将抹刀插到蛋糕下面，另一只手扶在蛋糕侧面。

6 保持姿势不动拿起蛋糕，放到盘子里，抽出刀具。

有很多水果时

水果很多的蛋糕切起来有一定难度，这时可以先把上面的水果拿掉，切完之后再放回去。

切水果派时

从前向后移动刀具，切开侧面的派底和里面的馅料，刀刃到底后再向下一口气切开。

切巧克力蛋糕时

用热水将刀具暖热，然后慢慢熔化表层巧克力后切至中间部分，然后一口气切断底层。

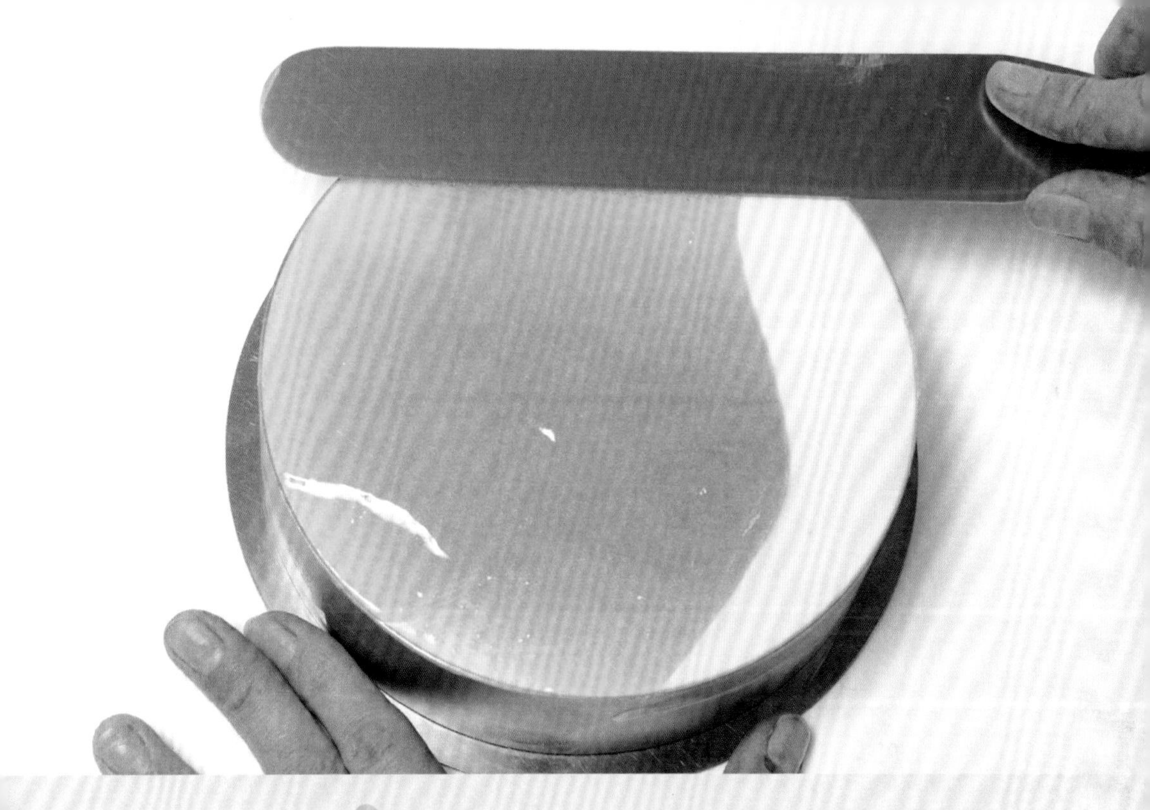

第4章 其他装饰方法

西番莲蛋糕

大理石花纹的彩色侧面装饰与慕斯的明亮色彩相互搭配，
让人垂涎欲滴的一款经典蛋糕。

材料（直径15cm的慕斯圈1个）

■彩色面底

黄油……20g
糖粉……20g
蛋白……20g
低筋面粉……20g
食用色素（红色、黄色）……适量

■侧面装饰蛋糕面糊

鸡蛋……90g
杏仁粉……65g
糖粉……65g
低筋面粉……15g
蛋白……65g
白砂糖……15g
黄油……10g

■甜饼

蛋白……50g
白砂糖……20g
低筋面粉……6g
杏仁粉……30g
糖粉……30g
糖粉（表面用）……适量

■意大利蛋白霜

※以下分量供山莓慕斯、西番莲慕斯使用。

蛋白……60g
白砂糖……10g
糖汁：
- 水……35g
- 白砂糖……110g

■山莓慕斯

山莓果酒（见P48）……15mL
果胶……3g
山莓果酱……100g
生奶油（乳脂肪含量35%）……100g
意大利蛋白霜……35g

■西番莲慕斯

蛋黄……1个
白砂糖……10g
西番莲果酱……50g
果胶……2g
生奶油（乳脂肪含量35%）……140g
意大利蛋白霜……30g

■西番莲镜面果胶

镜面果胶……120g
西番莲果酱……12g

■装饰

山莓……6个
糖粉……适量

准备

■彩色面底

- 黄油放在室温中软化
- 蛋白放在室温中澄清
- 低筋面粉过筛

■侧面装饰蛋糕面糊

- 调制侧面装饰蛋糕面糊（见P176）
- 准备1个边长24cm、厚3mm的木框

■甜饼

- 和面（见P177）
- 准备1张纸，在上面画上直径14cm的圆形（底面用）

■西番莲镜面

- 混合备用

制作方法

制作彩色面底

1 在碗中放入黄油，用打蛋器搅拌至奶油状，然后加入白砂糖混合。

2 分2次放入蛋白，每次都要重复搅拌。

※蛋白很难混合均匀，但稍后会放低筋面粉，那时候就会完全融合了，所以这时混合不好也不要紧。

3 将低筋面粉一次性全部放入，搅拌混合至柔软。

4 将步骤3的材料分为分量相同的3份，第1份加入红色食用色素制作红色面底，第2份加入黄色色素制作黄色面底，第3份同时放入红色和黄色色素制作橙色面底。

※颜色烘烤后会变淡，所以这时可以做得颜色深些。

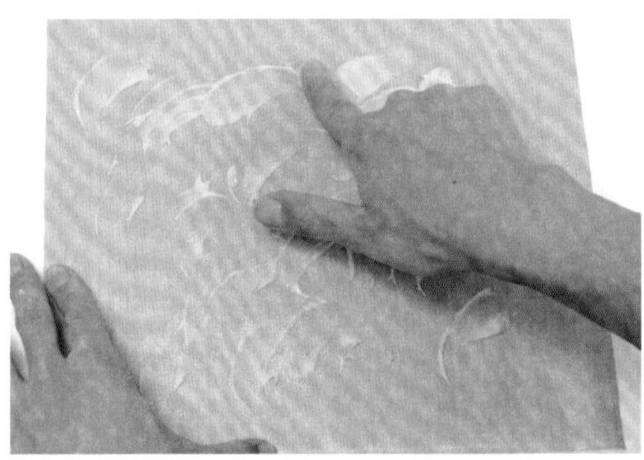

5 用手指取出黄色面底涂在烧烤纸上，注意颜色分配平衡，不要都抹在一起。

※从浅颜色开始抹比较容易把握颜色的平衡。

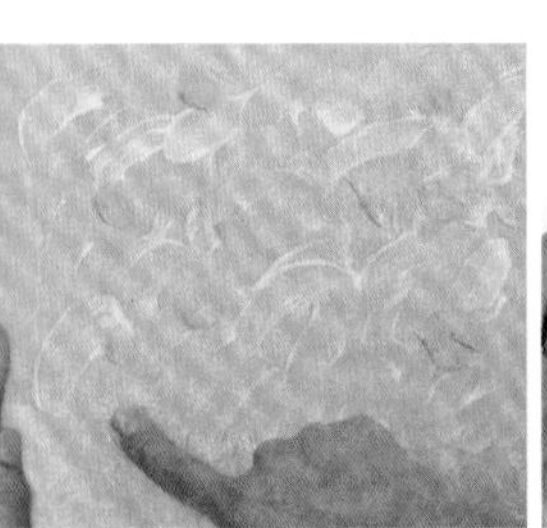
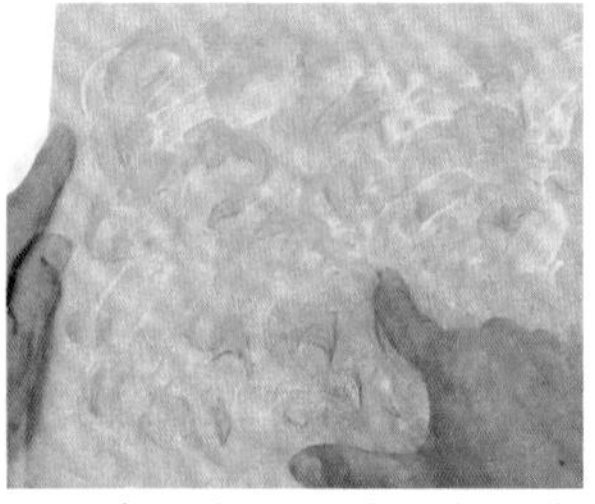

6 按照橙色、粉色的顺序用步骤5的方法把面底抹在烧烤纸上，结束后放入冰箱中冷藏凝固。

※同一种颜色不要抹在相同的位置上。

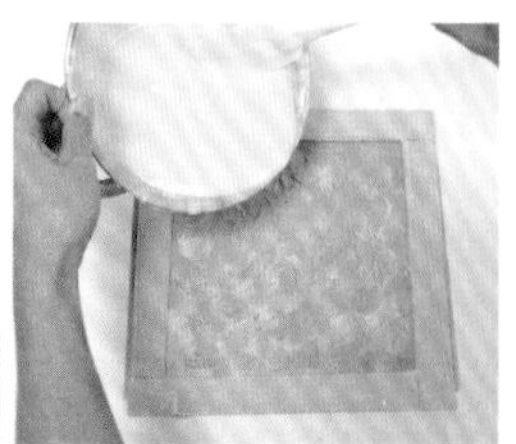

7 调制侧面装饰蛋糕面糊（见P176）。在步骤6上面放上木框，然后把面糊倒在里面，平着放入烤炉中烤制（见P97步骤2~4）。

制作甜饼

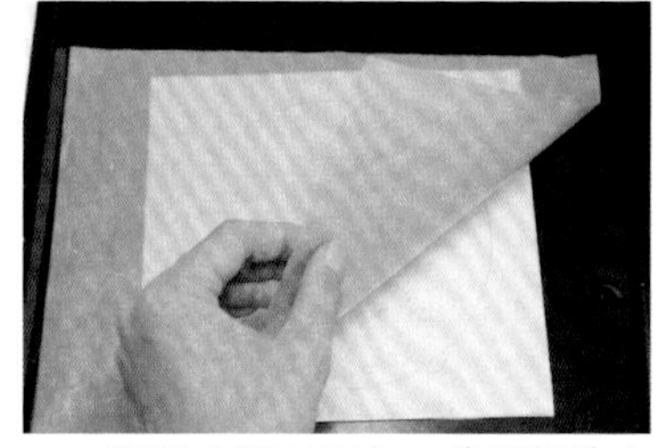

8 和面（见P177），将面糊放入裱花袋中，前面装上口径13mm的裱花嘴。在烤板上放上画有直径14cm圆圈的纸，然后在纸的上面覆盖烧烤纸。

※因为甜饼含有很多的糖分，为防止其粘在纸上，中间要隔着烧烤纸。

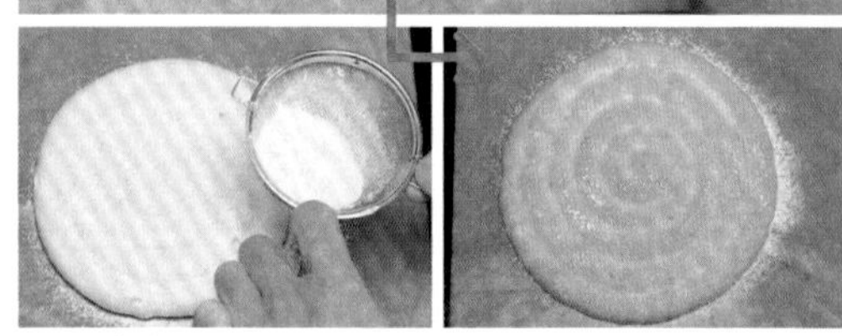

9 将步骤8的材料按照画好的圆挤出圆形甜饼，甜饼要比画的圆圈略大一些，在甜饼表面分2次撒上糖粉。然后把甜饼放入170~180℃的烤箱中烤制大约15分钟。

放置侧面装饰蛋糕和甜饼

10 将步骤7下面的烧烤纸揭掉，然后切掉左右两边，再把蛋糕切成宽3cm的带状蛋糕条。

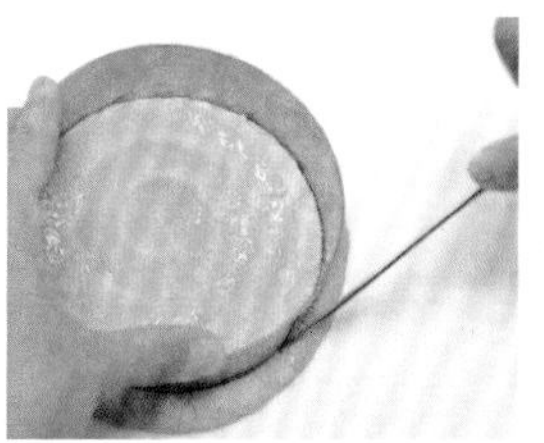

11 在烤好的甜饼上放上直径14cm的慕斯圈，然后用水果刀沿着慕斯圈切割甜饼。

※用盘子、碗也可以，只要直径是14cm就行。

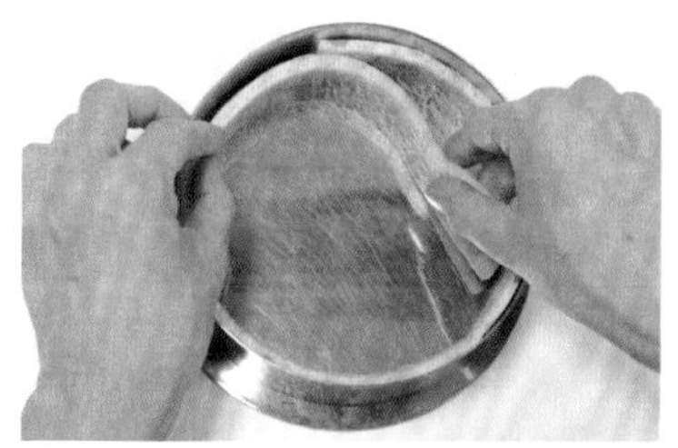

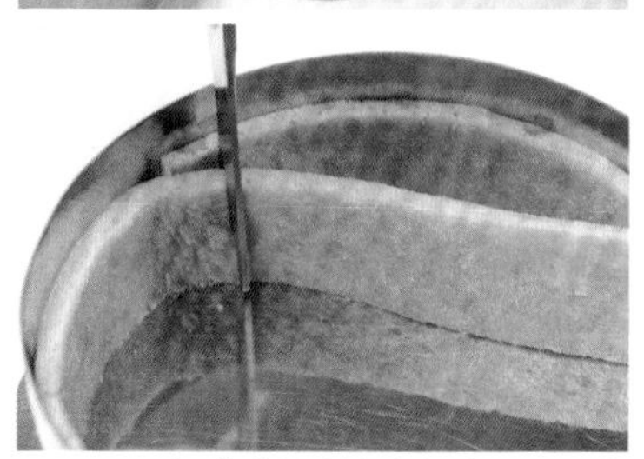

12 把慕斯圈放在搁板上，然后把步骤10的蛋糕条带颜色的一面朝外沿着慕斯圈侧面放入其中，重合部分留下1cm，其余用剪刀剪掉。

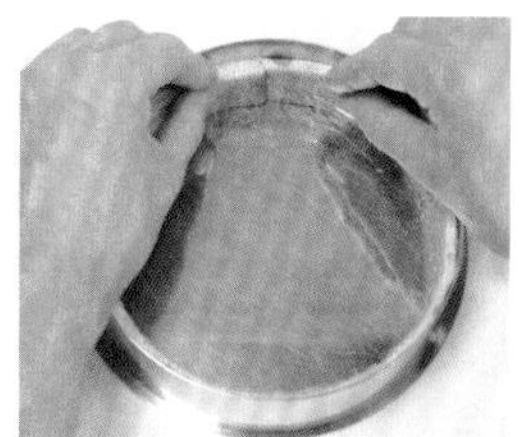

13 整理蛋糕条和甜饼，使其能够正好嵌合在慕斯圈中（见P71步骤11、P72步骤12）。

制作意大利蛋白霜

14 调制意大利蛋白霜（见P183），放入冰箱中冷藏。

制作山莓慕斯

15 在山莓果酒中放入果胶，然后浸入热水锅中熔化混合。

16 将步骤15的材料倒入山莓果酱中搅拌均匀。

17 将生奶油打至七分发（见P182），然后加入45g冷藏的意大利蛋白霜混合。

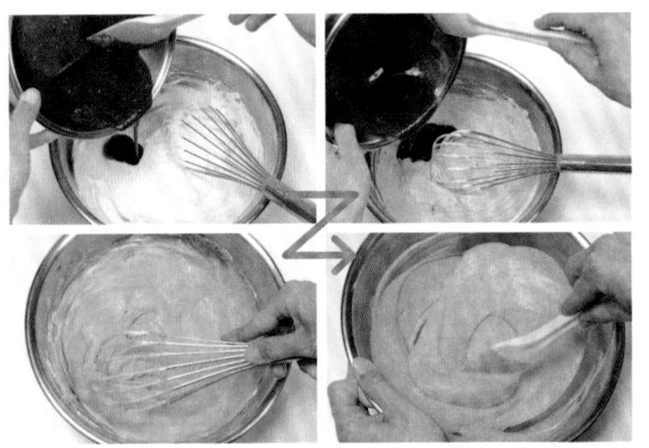

18 在步骤17中加入步骤16中1/3的材料，用打蛋器混合，然后加入剩下的2/3，用橡胶刮刀充分搅拌均匀。

19 将步骤18的材料倒入步骤13中，高度与侧面蛋糕的高度相等，然后用橡胶刮刀抹平，放入冰箱中冷藏凝固。

制作西番莲慕斯

20 在碗中放入蛋黄，打开，然后放入白砂糖搅拌至蛋黄发白为止。

21 将西番莲果酱放入锅中，用小火煮沸，然后一点点慢慢倒入步骤20中。

22 将步骤21的材料倒回锅中，然后放回锅里，在里面插上温度计，边搅拌边加热至82℃。

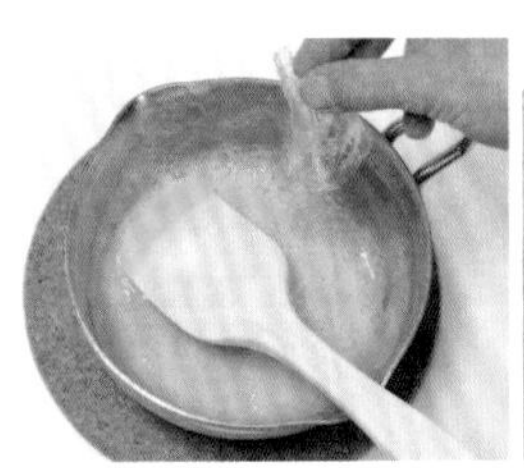

23 加热至82℃之后将锅从炉子上拿下，加入果胶，混合使其熔化，然后用滤勺滤一遍，再浸入冷水中边搅拌边冷却。

24 将生奶油打至七分发（见P182）。加入30g冷却了的意大利蛋白霜。

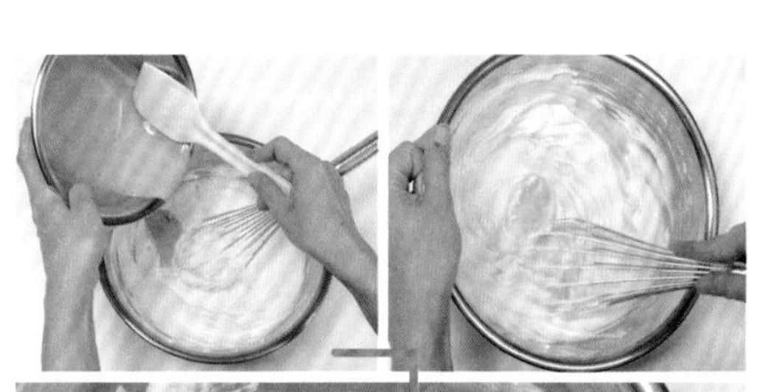

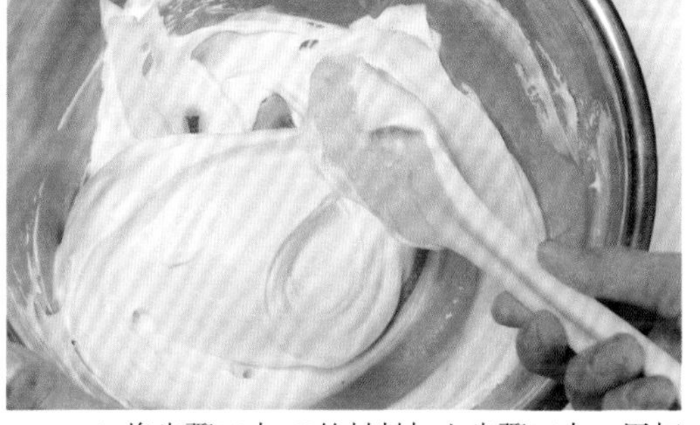

25 将步骤23中1/3的材料加入步骤24中，用打蛋器搅拌，然后加入剩下的2/3，用橡胶刮刀从碗底开始充分搅拌均匀。

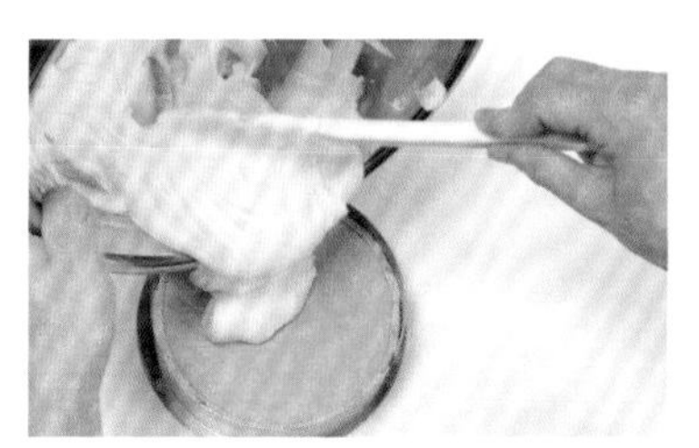

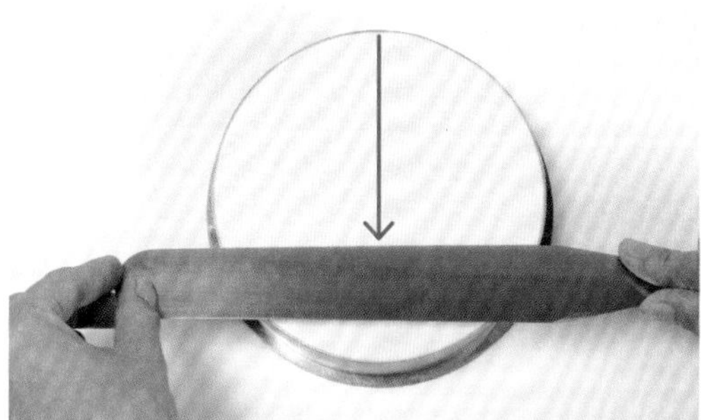

26 将步骤25的材料倒在凝固了的步骤19上面，然后扩展至整体，用抹刀抹平后放入冰箱中冷藏半日以上。

※抹刀的使用方法见P58步骤24~25。

装饰

27 在冷却凝固了的步骤26上面涂上西番莲镜面果胶，用步骤26的方法展开抹平。

28 取下慕斯圈（见P59步骤26~28）。

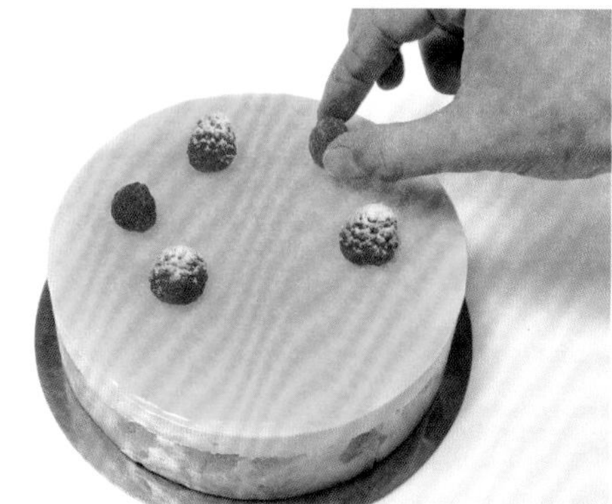

29 放上3个撒了糖粉的山莓和3个没有撒糖粉的山莓，蛋糕完成。

巧克力派

可可豆做成的薄饼插在小巧的巧克力派上，立体感十足。

材料（直径7cm的挞模8个）

■挞皮

黄油……75g
糖粉……50g
食盐……1g
鸡蛋……25g（1/2个）
低筋面粉……120g
杏仁粉……20g

■可可豆薄饼

※在做好的薄饼中取出40g即可。

黄油……24g
水饴……10g
白砂糖……30g
生奶油（乳脂肪含量35%）……10g
可可豆……40g

■橘子果酱

橘子……170g
橘子汁……70g
白砂糖……140g
果胶……1g
胡萝卜汁……15g

■甘纳许

巧克力（牛奶）……140g
生奶油（乳脂肪含量35%~38%）……70g
黄油……10g
格兰玛尼（见P65）……5mL

■装饰

糖粉……适量
橘子……8瓣

准备

■挞皮

・挞皮的制作方法（P178）

■甘纳许

・把黄油放置于温室中，使其变软

注

果胶：水果中含有的胶质，放在果酱中可以增加黏性。

制作方法

烤制挞皮

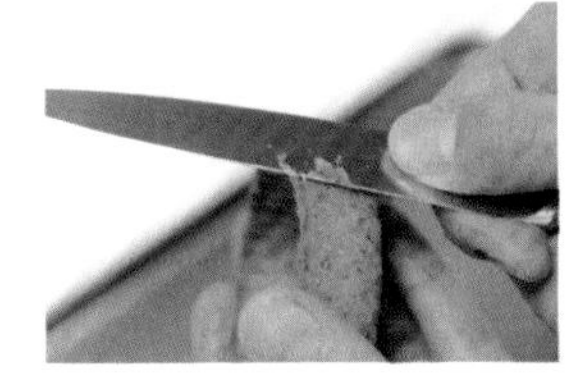

1 和面（见P178）。放入挞模中烤制（见P181）。用水果刀将下面和上面凸出的部分削掉。

※重塑挞皮形状。

制作可可豆薄饼

2 把除了可可豆之外的材料全部放到锅里，混合并加热至黄油熔化。

3 沸腾后灭掉火，放入可可豆搅拌，然后倒在托盘里冷却。

4 差不多凝固后取出40g放在烧烤纸上，然后在上面盖上保鲜膜，用手摊开。

※剩下的可以用保鲜膜包起来冷藏备用。

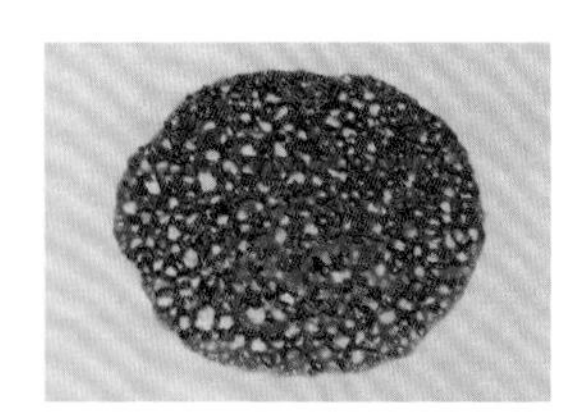

5 揭掉保鲜膜，放在180℃的烤箱中烤制10~15分钟。烤好后放在木板（或冷却架）上冷却，使其变硬。

6 把薄饼放在纸上吸取多余的油脂，并使其自然冷却。

※冷却后放在密封容器中，加入干燥剂在室温中保存，使用时切成自己喜欢的大小和形状。

制作橘子酱

7 将橘子去皮，然后将橘皮切成5mm的小块，果肉也切碎，一同放入锅中，加入橘子汁。取1大勺白砂糖放入果胶中搅拌，其余倒在锅里混合。

8 把锅放到炉子上，边搅拌边煮15分钟，直到橘皮变软为止。

※期间要把浮沫撇出来。

9 把胡萝卜汁倒入锅中搅拌。

※放入胡萝卜汁主要是为了调色。

10 沸腾后加入步骤7中的果胶，保持中火沸腾1分钟，然后灭掉火，将锅放在托盘中冷却。

※只加果胶的话会凝结成块，所以之前要先拌上白砂糖。

制作甘纳许

11 将放有巧克力的盆浸入热水中搅拌至熔化，加热至45℃。

※可以利用余热加热，所以温度到40℃时就要把巧克力从热水中取下。

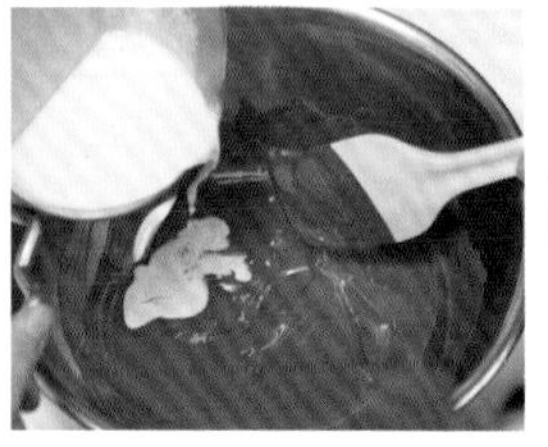

12 在锅中加入生奶油，放在火上煮至约50℃，然后把步骤11的材料放入锅中，和奶油充分混合。

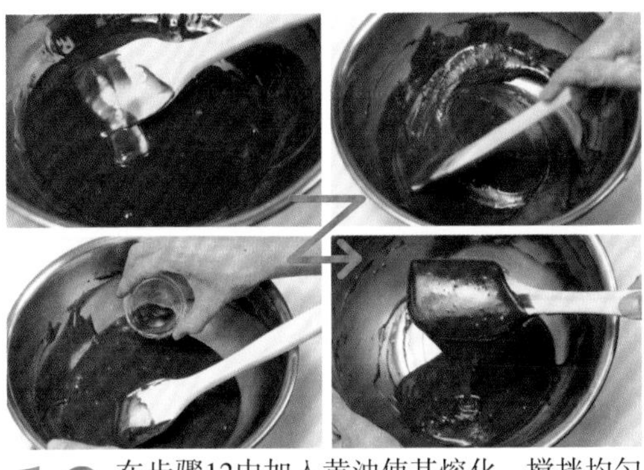

13 在步骤12中加入黄油使其熔化，搅拌均匀后放入格兰玛尼混合。

组装

14 将步骤10的橘子酱加入步骤1中，然后在上面盖上甘纳许，顶面高度与挞的高度相同。

15 稍稍举起巧克力挞，在桌子上磕几下，放入冰箱中冷藏。

※在桌子上磕是为了排除里面的空气，并使表面平坦。

装饰

16 将直尺放在冷却后的巧克力挞上，撒上糖粉，拿开直尺。

17 把橘子放在烤板上，用喷枪烤到边缘发焦为止。

※喷枪的使用方法参考P191。

18 把步骤6的薄饼切割成自己喜欢的形状，插在巧克力挞的后方，把步骤17的橘子放在前方，巧克力派完成。

卡尔瓦多斯镜面慕斯

慕斯上面漂浮着几片苹果，再加上插在上面的苹果片，非常富有动感。

材料（直径15cm的慕斯圈1个）

■甜饼

蛋白……75g
白砂糖……30g
低筋面粉……10g
杏仁粉……45g
糖粉……45g
糖粉（表面用）……适量

■苹果片

苹果（红玉）……适量
糖汁
- 水……80g
- 白砂糖……80g

■糖炒苹果

苹果（红玉）……1个
白砂糖……30g
黄油……20g

■苹果慕斯

意大利蛋白霜
※要用刚做好的蛋白霜，取60g
- 蛋白……30g
- 白砂糖……5g
- 糖汁
  - 水……20g
  - 白砂糖……55g

苹果（红玉）……200g
白砂糖……80g
柠檬汁……10g
香草荚（可以用已经用过一次的）……2个
苹果酒（cidre）……200g
卡尔瓦多斯……10mL
吉利丁……7g
生奶油（乳脂肪含量35%）……180g

■卡尔瓦多斯镜面

镜面果胶……80g
卡尔瓦多斯……3g

准备

■甜饼

- 和面（见P177）
- 在2张纸上分别画上直径14cm（底面用）和12cm（中间用）的两个圆

■卡尔瓦多斯镜面

- 混合备用

注

卡尔瓦多斯：苹果蒸馏酒（白兰地）。
苹果酒（cidre）：苹果汁发酵而成的发泡酒。

制作方法

苹果片的制作方法

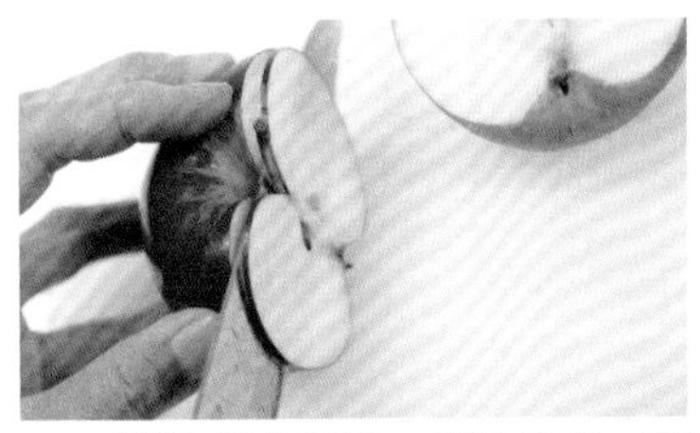

1 苹果对半切开，然后连皮一起切成厚1~2mm的薄片。

※其中一半要带有梗，注意别把梗给切掉了。

2 在锅中放入水和白砂糖，煮至沸腾后关火，随即把苹果片放进去泡一晚上。

※趁热泡才能入味。

※泡在糖水里还可以防止苹果变色。

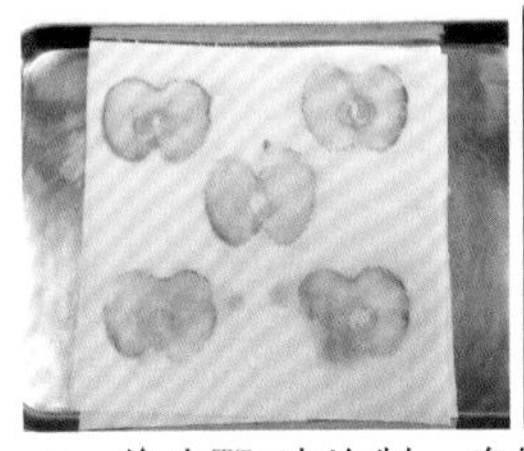
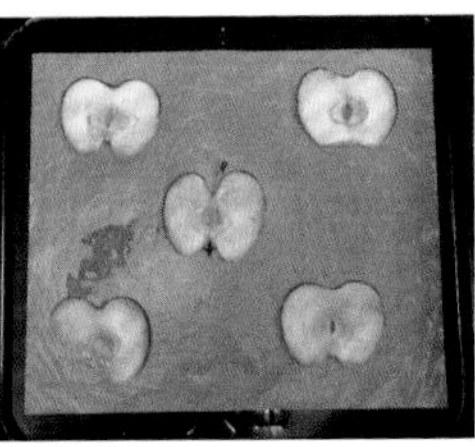

3 将步骤2中泡制一晚的苹果片放在吸水纸上干燥，然后在烤板上铺上烧烤纸，放上苹果片。

4 将步骤3的烤板放入温度为100~110℃的烤箱中，烤至苹果片表面变干（约2小时）。

※苹果片干了即可。

※放在密封容器中，加入干燥剂，可以保存2~3周，所以多做一些也没关系。

甜饼的制作方法

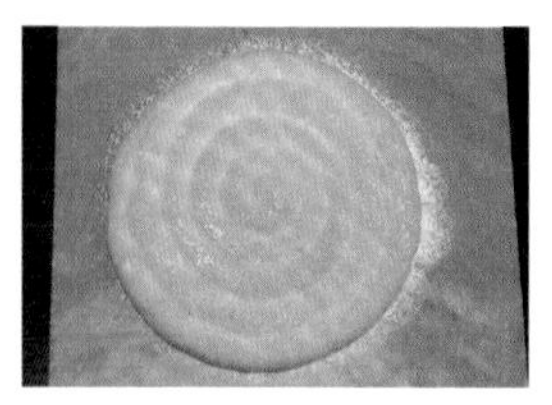

5 和面（见P177）。将面糊挤成直径14cm和12cm的圆形甜饼，放入烤箱中烤制（见P128步骤8~9）。

糖炒苹果

6 苹果对半切开，用去核器去掉苹果核，然后共切成12块。

7 在平底锅中放入白砂糖，炒至焦黄色后关火，放入黄油熔化。

8 将切好的苹果放入锅中，开火继续炒。

9 炒至用木勺按压时能感觉到表面软中间硬即可，将苹果放到托盘上冷却。

※因为还要保持苹果的形状，所以别炒得时间太长。

调制苹果慕斯

10 制作意大利蛋白霜（见P183），取出60g放入冰箱中冷藏。

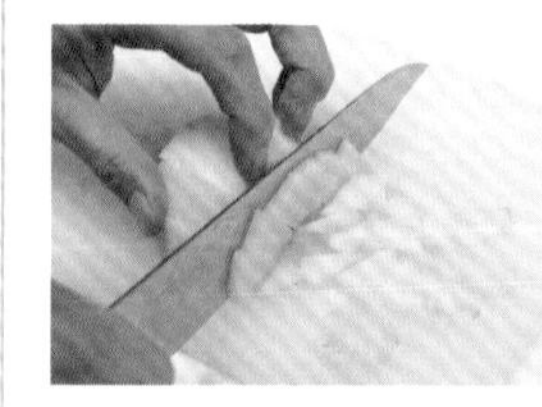

11 按照步骤6的方法切苹果，然后再从一端开始切成2mm的苹果丁。

12 将苹果丁、白砂糖、柠檬汁、香草荚放锅里静置10~15分钟，使苹果脱水。

※将锅斜放时有水出来就可以了（如图所示）。

13 将步骤12放在小火上煮，沸腾后调至中火，用木勺将苹果压碎，一直煮到苹果变成透明、水分全部蒸发为止。

※如果中途水不够，可以往里加水。

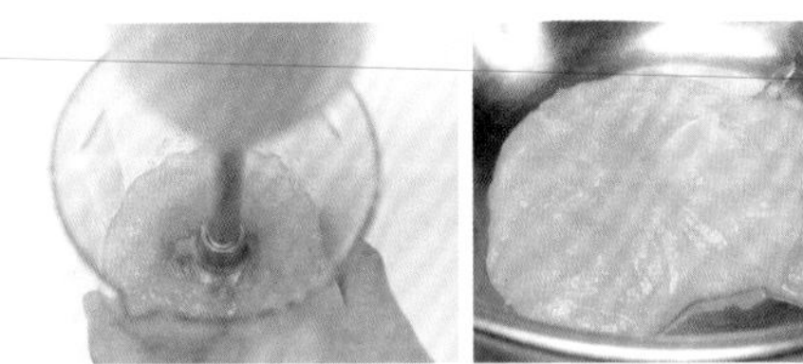

14 去掉香草荚，将苹果酱移到碗里冷却。

15 在锅中加入苹果酒，煮到还剩下20g为止。

16 将卡尔瓦多斯酒倒在碗里，加入吉利丁和步骤15中的苹果酒，将碗浸入热水中加热吉利丁，熔化后搅拌均匀。

17 将步骤16的材料加在步骤14的果酱里。

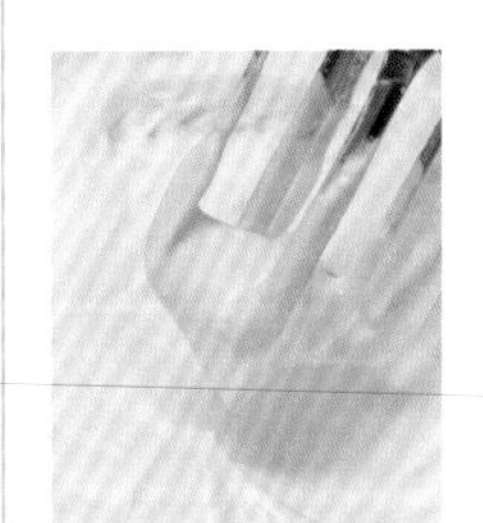

18 将生奶油打至七分发（见P182）。

19 将冷却的意大利蛋白霜放入步骤18中混合。

20 将步骤17中1/3的材料放在步骤19里，用打蛋器搅拌，然后放入剩下的2/3，用橡胶刮刀完全搅拌均匀。

组装

21 将步骤5的甜饼切成直径14cm（底面用）和12cm（中间用）的圆形。

※切的时候可以用慕斯圈、盘子、碗等作辅助。

22 托盘倒放，用湿毛巾擦干净，贴上胶膜，然后放上慕斯圈。

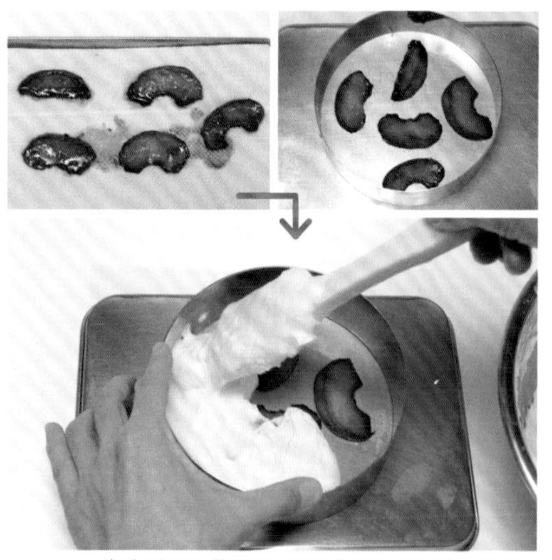

23 将步骤9的苹果放在吸水纸上吸干，取出5个放在慕斯圈中间，然后用橡胶刮刀将步骤20的材料沿四周放入。

24 一只手按住慕斯圈顶部和垫板，然后拍打底面，使慕斯均匀流到所有地方，注意不要倾斜。

※直至慕斯稍稍溢出（如图所示）。

25 将剩下慕斯中的一半放入，用勺子将其抹到慕斯圈四周。慕斯应该到慕斯圈高度的一半，不够的话可以添加，然后用同样的方式将其拓展到慕斯圈四周。

※四壁上的慕斯会往下流，所以一定要补足。

26 将中间用的甜饼放上去，用手轻轻压实，剩下的慕斯添至七分满，然后用勺子摊开，覆盖整个甜饼。

27 将剩下的糖炒苹果摆在步骤26上，然后把剩下的慕斯全部倒上，并摊开。

※因为还要放底面的甜饼，所以不要将慕斯圈填满。

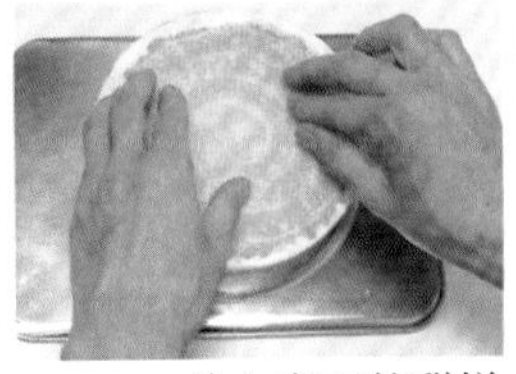

28 放上底面的甜饼，用手轻轻压实，用橡胶刮刀刮去溢出来的慕斯，然后放入冰箱中冷藏半日以上。

装饰

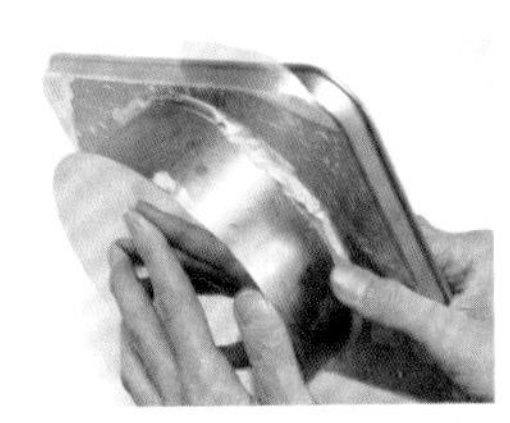

29 蛋糕凝固后在慕斯圈上面放上垫板，然后把蛋糕倒过来，取下托盘，揭掉胶膜，刮掉溢出来的慕斯。

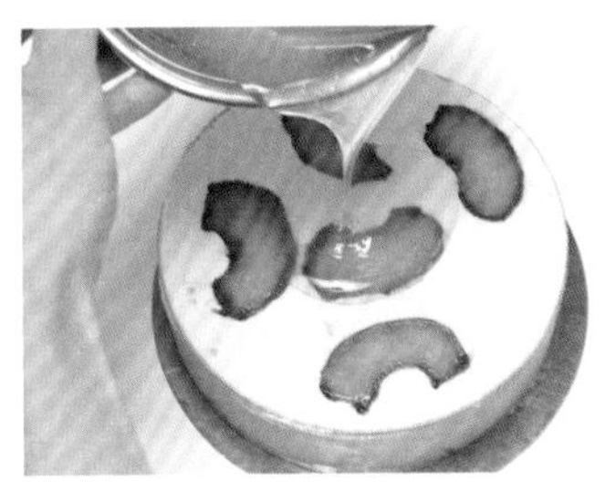

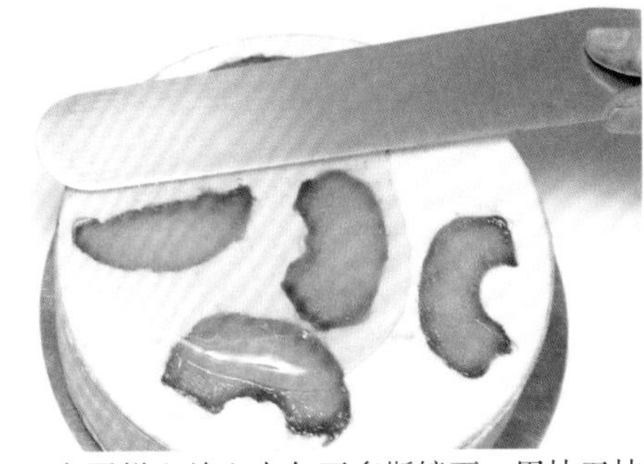

30 在蛋糕上放上卡尔瓦多斯镜面，用抹刀抹平。

※抹刀的使用方法见P58步骤24~25。

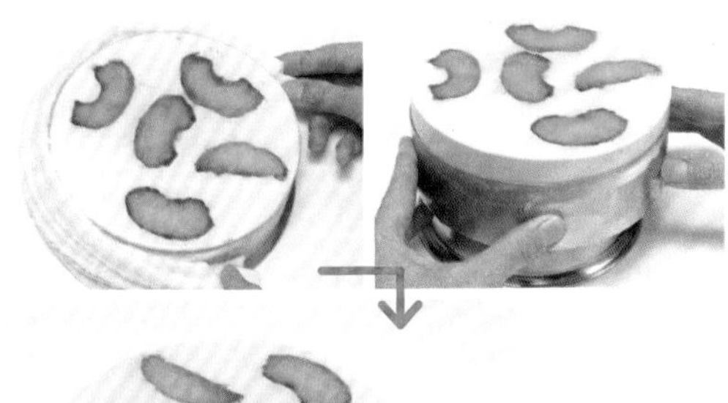

31 取下慕斯圈（见P59步骤26~28）。

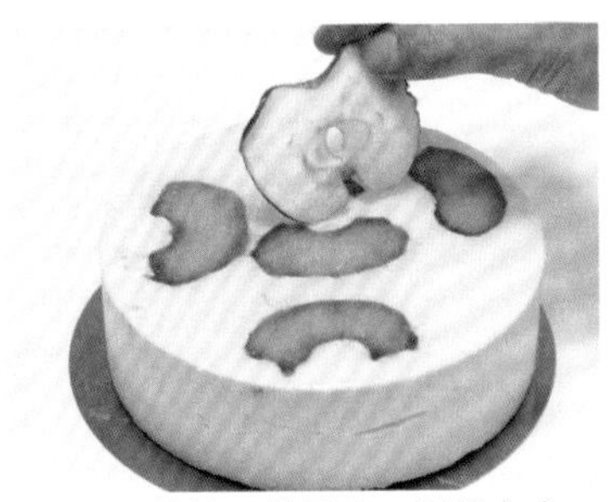

32 装饰上苹果片，蛋糕完成。

法兰克福皇冠蛋糕

德国法兰克福的著名糕点，拥有金黄的果仁和鲜艳的花饰，就像它的名字一样。

材料（直径18cm的天使蛋糕模具1个）

■天使蛋糕圈

鸡蛋……2个
蛋黄……1个
白砂糖……60g
柠檬皮……1/4个
食盐……1捏
香草精……适量
低筋面粉……40g
手粉……40g
黄油……20g

■果仁（杏仁）

水饴……15g
白砂糖……150g
碎杏仁……95g

■黄油奶油

生奶油（乳脂肪含量47%）……130g
白砂糖……130g
鸡蛋……40g
食盐……1g
香草精……适量
黄油……200g

■朗姆酒糖汁

糖汁（见P4）……50mL
朗姆酒……50mL

■果酱馅

山莓果酱……60g

■装饰

樱桃……4个
开心果（切半）……8粒

准备

■和面

・低筋面粉和手粉过筛

■准备模具

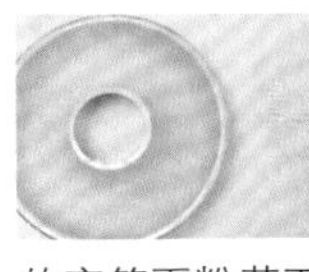

在模具上刷上黄油（配料之外），放入冰箱中冷藏。然后在上面撒上高筋面粉（配料之外），用木勺敲击模底，让多余的高筋面粉落下来，然后再次放入冰箱冷藏

■果仁

・将碎杏仁铺在烧烤纸上放入150℃的烤箱中烤制

■黄油奶油

・将黄油放在室温中软化

■朗姆酒糖汁

・混合备用

■装饰

・将樱桃洗干净后擦去水分，对半切开

注

手粉：用小麦淀粉精制而成的面粉。

制作方法

天使蛋糕圈的制作方法

1 按照P172、173步骤1～9和面（但是在步骤1中要加入蛋黄、柠檬皮、食盐和香草精。在步骤3中只将黄油熔化，放入步骤8中。步骤7中使用低筋面粉和手粉）。将面糊倒入天使蛋糕模具中，放入170~180℃的烤箱中烤制约30分钟，从模具中取下冷却。

果仁的制作方法

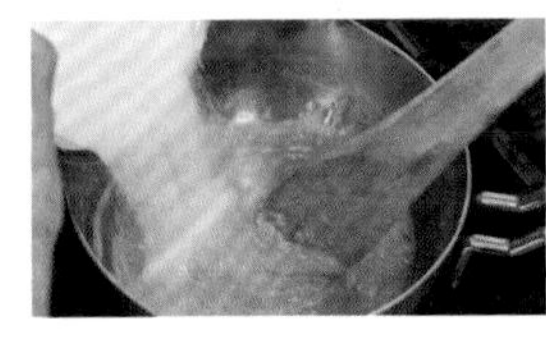

2 将水倒入锅中，用中火加热，将白砂糖分5~6次放入，每次均需搅拌至完全溶化。

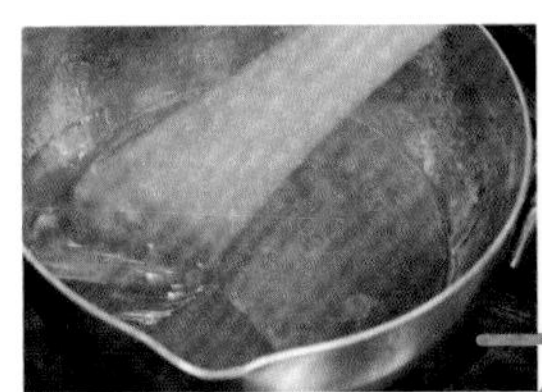

3 等到糖水变成褐色，边缘出现泡沫后关掉火，放入碎杏仁搅拌。

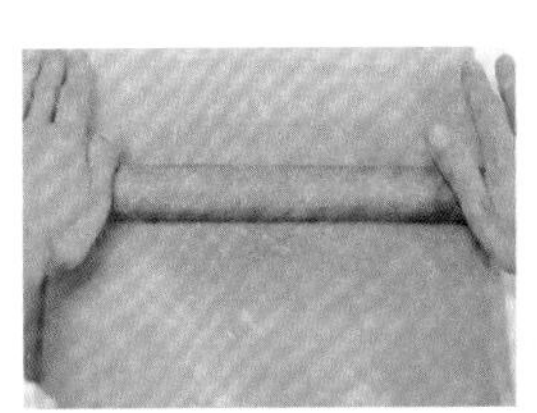

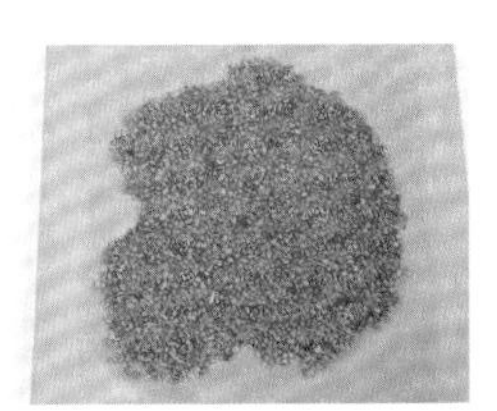

4 将杏仁铺在烧烤纸上，在上面再盖上一层烧烤纸，用擀面杖擀薄，揭掉上面的烧烤纸，放在室温中冷却凝固。

5 在步骤4凝固之后将其切为适当的大小，用食品加工机切碎，过筛，使颗粒均匀。

※也可以放入碗中，用擀面杖捣碎。

黄油奶油的制作方法

6 在锅中放入生奶油、白砂糖、鸡蛋、食盐，搅拌至沸腾。持续加热，直至其呈透明。

7 用滤勺滤一遍后倒在碗里，浸入冰水中搅拌冷却，再加入香草精混合。

8 将软化后的黄油放在另一个碗里，用电动打蛋器打发至发白。加入步骤7中1/2的材料，用打蛋器搅拌均匀，再每加入剩下的1/2材料充分搅拌。

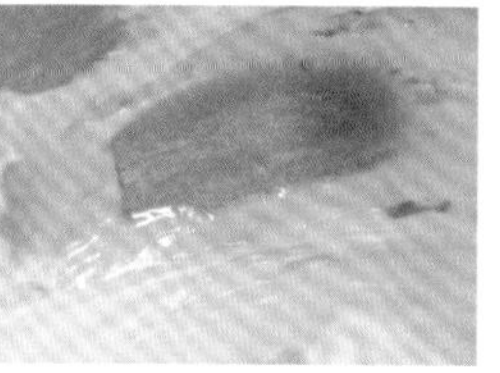

9 将碗放在小火上，加热至边缘的黄油熔化。

※加热是为了调节黄油的硬度，使其更适合涂抹。

※如果加热过度，黄油里的空气会跑掉。

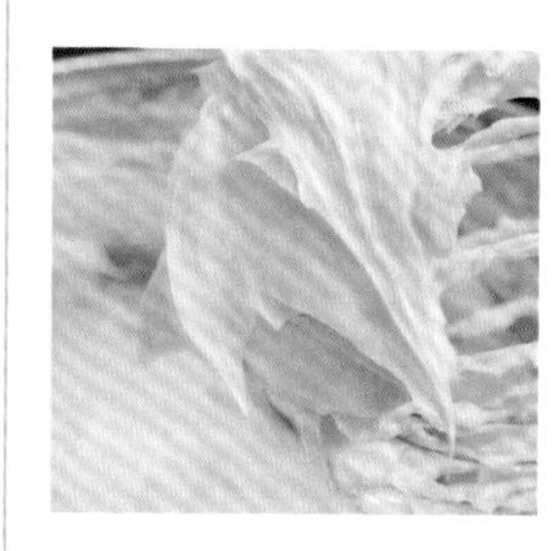

10 将黄油从火上拿开，用打蛋器打发至奶油状，放入裱花袋中，前端装上口径1cm的裱花嘴。

※留下1/3的量为之后涂蛋糕用。

组装

11 将步骤1切为厚2cm的3片。

※如果整体高度不够，最上面的一层可以薄一些。

12 将最下面的蛋糕片放在旋转台上，在上面涂上朗姆酒糖汁。

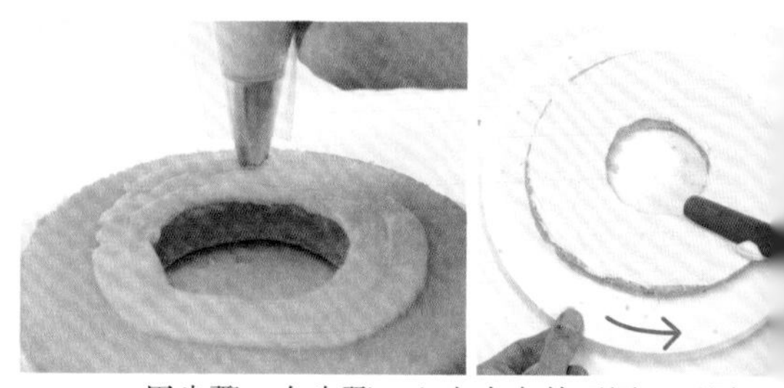

13 用步骤10在步骤12上由内向外画圆，至厚2~3mm，然后沿着箭头方向旋转旋转台，用抹刀抹平。

14 在锥形裱花袋中放入山莓果酱，前端剪开3mm，画两个圆。

15 将中间的蛋糕片放上去，用手轻轻压实，重复步骤12~14。

16 放上最后一片蛋糕，然后在整个蛋糕上涂上朗姆酒糖汁。

※不要忘了侧面和内侧也要涂。

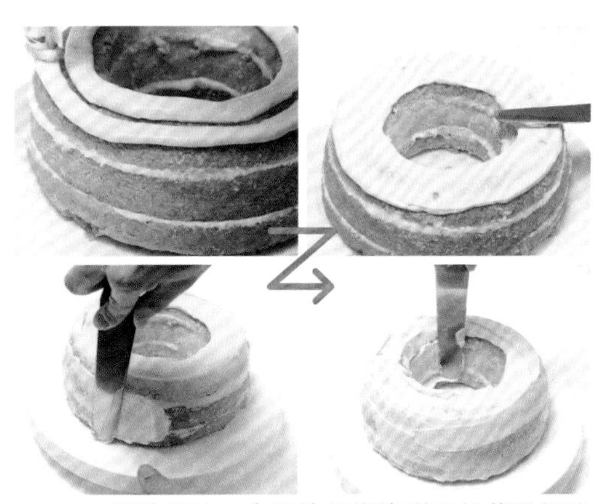

17 预涂奶油。先用裱花袋将剩下的黄油奶油在蛋糕上挤两圈，用抹刀抹平，然后将步骤10中留下的奶油薄薄地涂在蛋糕的侧面和内侧。

18 按照步骤17的方法正式用黄油奶油涂蛋糕。

※在裱花袋中留下一些黄油奶油用来裱花。

19 将步骤5中的果仁放在刮板上，然后撒在整个蛋糕上面，顺序为顶面、侧面、内侧面。

※外侧用刮板粘上，内侧则要用勺子撒在上面。

20 用抹刀画上8等分线，然后沿着线用步骤18中剩下的黄油奶油裱出心形（见P37）。

21 装饰上樱桃和开心果，蛋糕完成。

奶油曲奇蛋糕

上面装饰着蓬松的曲奇，再撒上糖粉以凸显其独特的形状，口感也同样富有特色。

材料（直径15cm的慕斯圈1个）

■曲奇

黄油……40g
白砂糖……40g
食盐……1捏
低筋面粉……70g
杏仁粉……1g

■饼底

黄油……40g
糖粉……25g
食盐……1捏
鸡蛋……15g
低筋面粉……65g
杏仁粉……10g

■樱桃酱

樱桃（冷冻）……120g
白砂糖……50g
柠檬汁……5g

■乳酪

乳脂酪……200g
白砂糖……65g
白葡萄酒……25g
吉利丁……6g
生奶油（乳脂肪含量47%）……160g
柠檬汁……10mL

■打发奶油

生奶油（乳脂肪含量47%）……40g
白砂糖……3g

■装饰

草莓（切半）、山莓、开心果（切碎）、镜面果胶、糖粉……适量

准备

■曲奇

- 将低筋面粉和杏仁粉混合过筛
- 黄油放入冰箱中冷藏5分钟

■饼底

- 和面（见P178）

■乳酪

- 将乳脂酪放在室温中软化

制作方法

制作曲奇

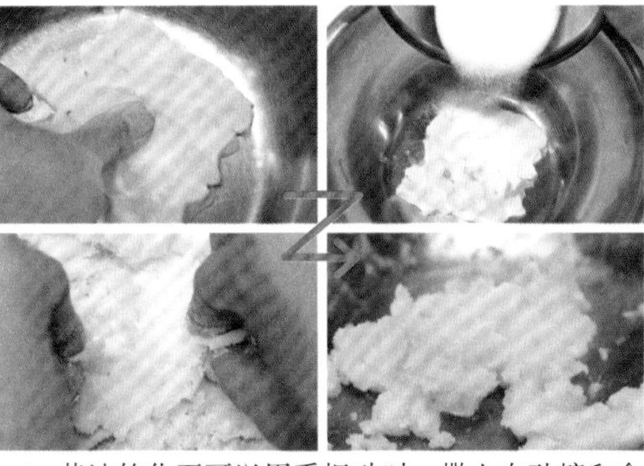

1 黄油软化至可以用手捏动时，撒上白砂糖和食盐，用手搅拌开。

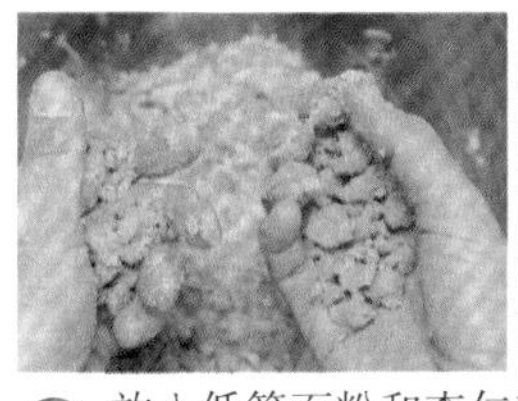

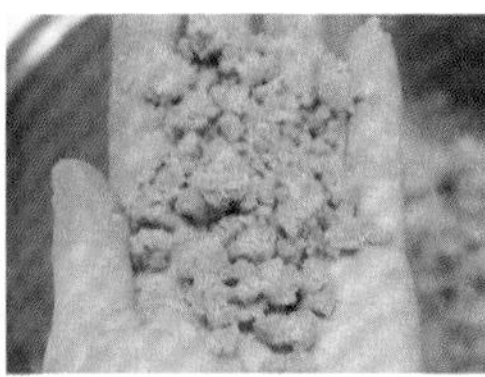

2 放入低筋面粉和杏仁粉，用手混合。先用手将面团握紧后松开，接着再将面团搓碎，一直反复至所有的面团都碎成约5mm的小块为止，最后放入冰箱中冷藏。

3 在烤板上铺上烧烤纸，然后放入冷却了的面团碎块铺开，放入170~180℃的烤箱中烤制15~20分钟，烤好之后用手掰碎。

制作饼底

4 和面（见P178）。然后擀薄并打孔（见P180步骤1~3）。放在烤板上，用直径15cm的慕斯圈切割，放入170~180℃的烤箱中烤制15~25分钟。

※切割后不要移动面饼。

制作山莓酱

5 将冷冻樱桃、白砂糖、柠檬汁放入锅中，待樱桃解冻之后点着火混合加热。

※樱桃解冻时会有水分，所以不加水也可以。

6 一直加热至樱桃酱富有光泽为止，从火上拿开，移到碗中冷却，冷却后用滤勺滤汤汁。

※滤下的汤汁可以用来制作水果奶酪和其他小点心。

制作奶酪

7 将乳脂酪放入碗中打发，加入白砂糖，然后混合均匀，再放入热水中继续搅拌至乳脂酪变软为止。

※搅拌时要用力握住打蛋器。

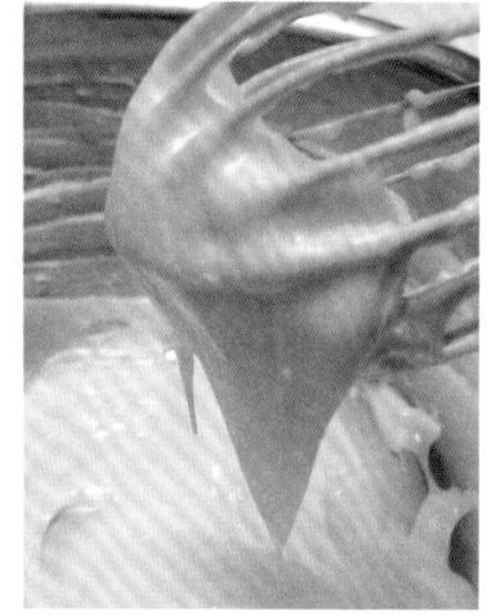

8 在白葡萄酒中放入吉利丁，放在热水上熔化并混合。然后加入步骤7中，混合成柔软的奶油状。

9 将生奶油打至七分发（见P182）。

※因为乳脂肪含量较高，所以容易打发，但注意不要打发过度。

10 将步骤9中1/3的材料加入步骤8里混合，混合好后加入剩下的2/3并搅拌均匀。

11 加入柠檬汁混合，用橡胶刮刀充分搅拌均匀。

组装

12 将步骤4的材料放在搁盘上，周围放上慕斯圈，将步骤11的乳酪倒入，高度至慕斯圈的一半。用橡胶刮刀铺开，再用勺子将乳酪撇到慕斯圈四周。

※这样做是为了防止樱桃酱从侧面漏出。

13 在距慕斯圈2cm的内侧将樱桃酱围成一圈。

14 加入剩下的乳酪，用刮刀铺开，然后用抹刀抹平，放入冰箱中冷藏半日以上。

打发奶油

15 生奶油加入白砂糖，打至七分发（见P182）。

装饰

16 用热毛巾包住凝固了的步骤14，熔化侧面，然后将慕斯圈向上抬高2mm。

17 放上步骤15的奶油，用抹刀抹平，然后再将慕斯圈抬高1cm。

※打发奶油的作用是为了粘住曲奇。

18 将曲奇碎块撒在蛋糕上，用手压紧，然后去掉慕斯圈。

19 将2个直尺呈十字形放在蛋糕上，在蛋糕上撒上糖粉，然后拿掉直尺，撒上开心果，放上山莓和草莓，在草莓切口涂上镜面果胶，蛋糕完成。

泡芙塔

泡芙塔是用于婚庆宴席的小糕点，形状小巧、味道独特，很适合观赏和品尝。

材料（制作1份高度24cm的用量）

■泡芙

水……75g
牛奶……75g
食盐……1.5g
黄油……60g
低筋面粉……90g
鸡蛋……3个
蛋液（表面用）……适量

■夹心奶油

牛奶……200g
香草荚……1/6个
蛋黄……2个
白砂糖……60g
低筋面粉……10g
玉米淀粉……10g

■装饰

异麦芽酮糖……200g
糖衣杏仁（浅蓝或白色）……20粒

准备

■外壳

- 在烤板上薄薄地涂上黄油（配料之外）
- 将黄油切为2cm的小块
- 蛋液打匀

■夹心奶油

- 准备好夹心奶油（见P186）

■塔模

将厚纸剪成扇形（半径24cm，角度90°），将左右边重合后围成圆锥形，用胶带固定

在外面裹上铝箔

注释

异麦芽酮糖：以砂糖为原料制成的甜味剂，特点为吸水性强、加热不易变色等，适合进行加工。

※原本糖衣泡芙里会放很多夹心奶油，但是部分地区湿度大，奶油容易溶化，所以不推荐这么做。

制作方法

制作外壳

1 在锅中放入水、牛奶、食盐和黄油，边用木勺搅拌边小火加热，黄油熔化之后开大火煮至沸腾。

※要完全沸腾。

2 关火，加入低筋面粉，用木勺搅拌。

※开始时面粉会弥漫到空中，所以要慢慢搅拌，变成面糊之后再用力搅拌。

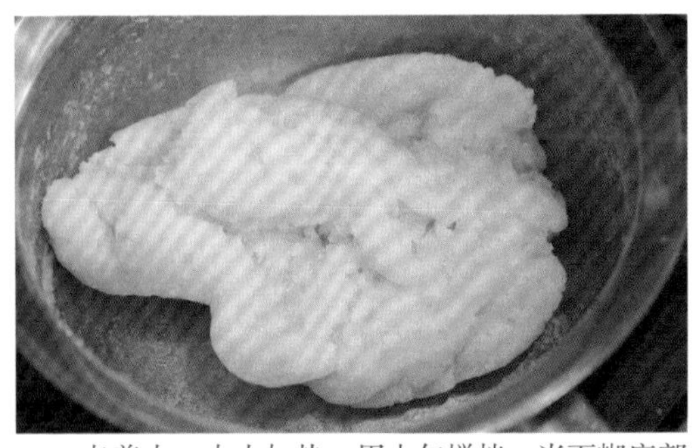

3 点着火，中火加热，用木勺搅拌，当面糊底部发出声音，锅底形成面膜之后关火。

4 将面团移到碗里，加入1/3的鸡蛋。

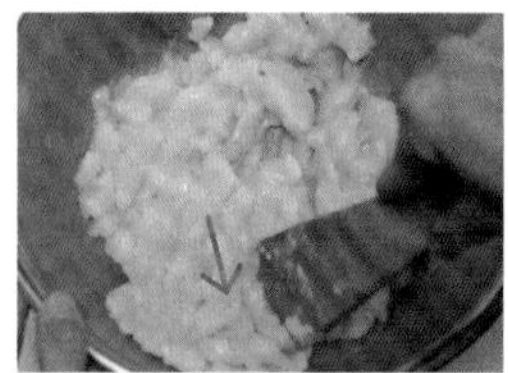

5 用木勺将面团细细切开，然后再从碗底开始均匀搅拌，加入剩下鸡蛋的一半，用同样的方式搅拌。

※面团切细后表面积增加，容易与鸡蛋混合。

※加入鸡蛋的量要视后续情况而定，所以要留下1/3的鸡蛋做调整。

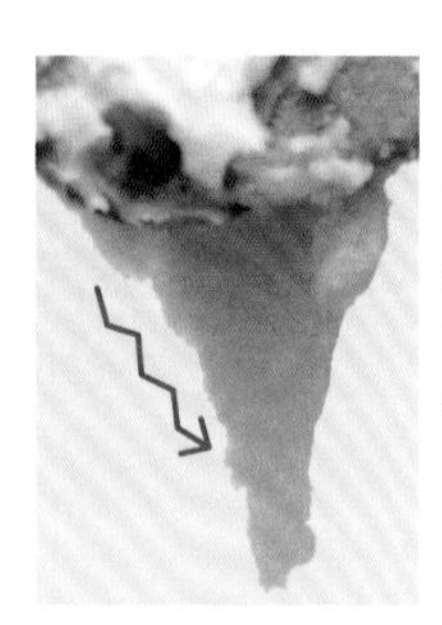

6 确认面团的硬度。用勺子带起面糊，如果面糊是一段一段的（如图所示），便说明还太硬，可以一点点加入剩下的鸡蛋进行搅拌。

7 如果面糊曲线很柔和，就可以停止放鸡蛋了。

8 将面糊放入裱花袋中，在烤板上裱出圆形（见P37），间隔不超过一个圆形面团，从第二列开始与前一列错开排列。

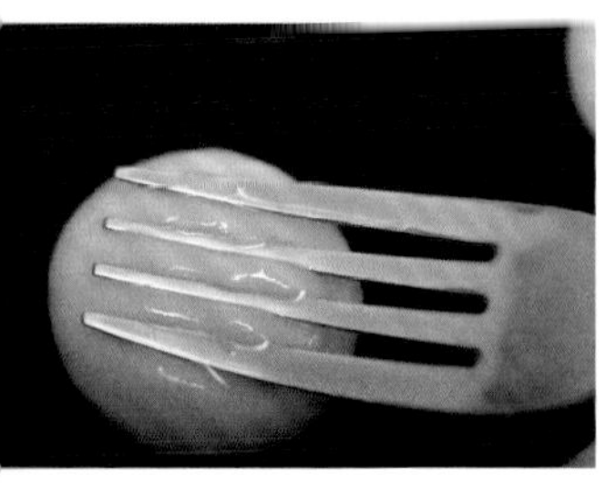

9 在面团表面涂上蛋液，用叉子在上面按上格状纹，然后放入200~210℃的烤箱中烤制30~40分钟，就做成了一个个泡芙。

※用叉子按是为了保证泡芙的高度一致。

制作糖衣

10 在锅中放入异麦芽酮糖，放在火上搅拌至熔化，等温度达到150℃以上时，连同锅一起浸入冷水中冷却。

组装

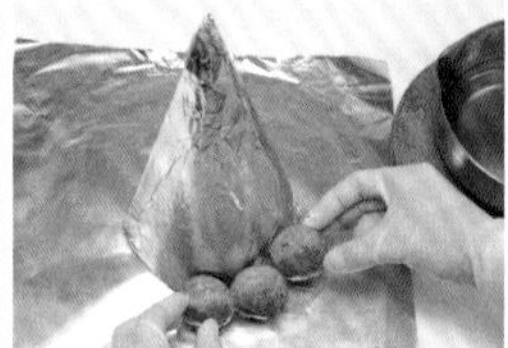

11 在准备好的塔模上涂上色拉油（配料之外），下面垫的铝箔上也要涂，然后把塔模放在铝箔上。将步骤9中的泡芙沾上糖衣，然后用沾有糖衣的一面把泡芙互相粘在一起，连成一排。

※糖衣的温度很高，所以操作时要戴好橡胶手套，如果中间糖汁凝固，要用弱火加热至熔化。

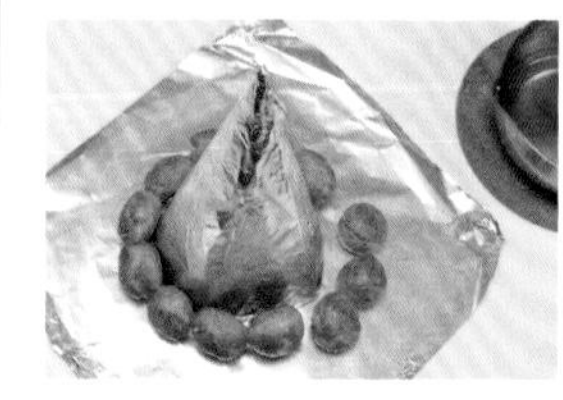

12 在摆放泡芙过程中一定要时刻注意泡芙的位置，确保严格环绕塔模。

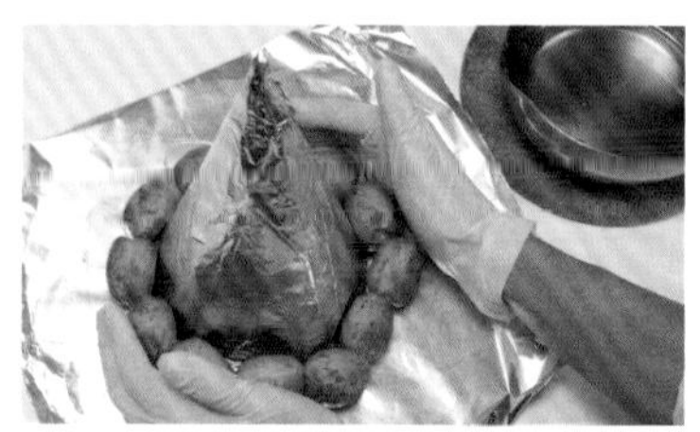

13 用手压紧。

※因为第1层是基础，所以不可以留有空隙。

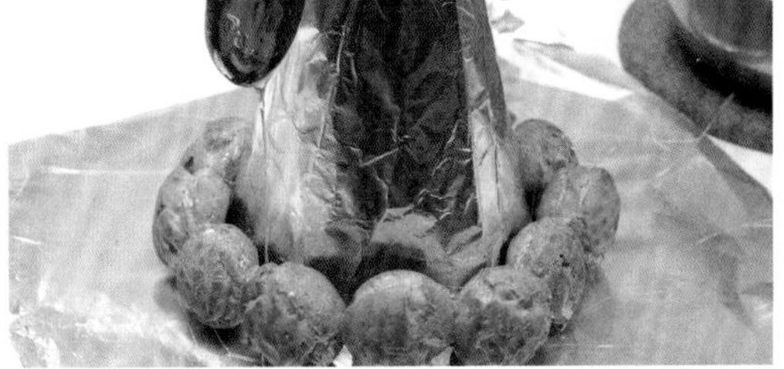

14 用木勺取出一些糖汁，然后环绕第1层浇一周。

※这是为粘第2层做准备。

15 从第2层开始，为泡芙沾上糖汁，然后再摆放上去。

※摆放第2层泡芙时，最好将泡芙放在第1层两个泡芙之间的连接处。

16 用同样的方法摆放泡芙，用手按实，留下最后一个不要摆。完成后放置10~20分钟，使糖衣凝固。

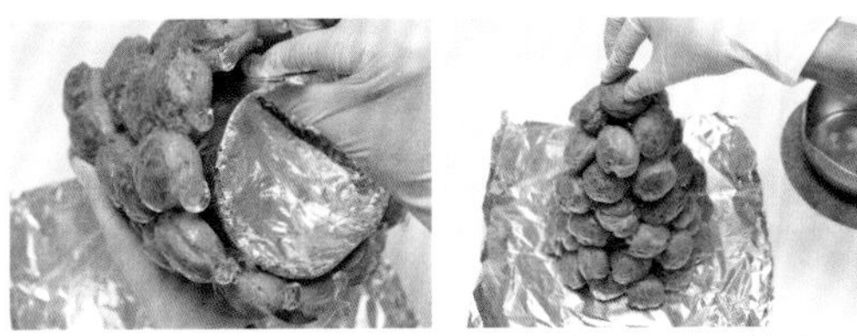

17 用手抓住塔模底部，将塔模与泡芙粘在一起的地方掰开，然后抽出塔模。将最后一个泡芙的底部沾上糖衣，放在顶部。

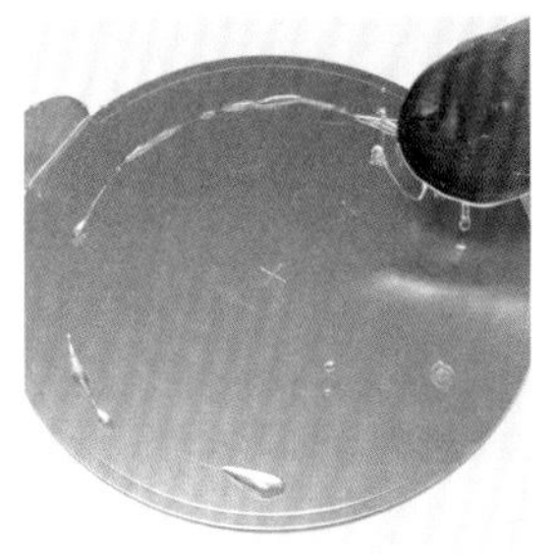

18 在搁板上滴上糖汁，将糖衣泡芙塔摆放上去。

※这是用糖汁代替胶来粘住糖衣泡芙塔。

装饰

19 将糖衣杏仁的底部粘上糖汁，插到泡芙塔的空隙当中。

※注意，浅蓝色和白色要搭配均匀。

夹心填放方法

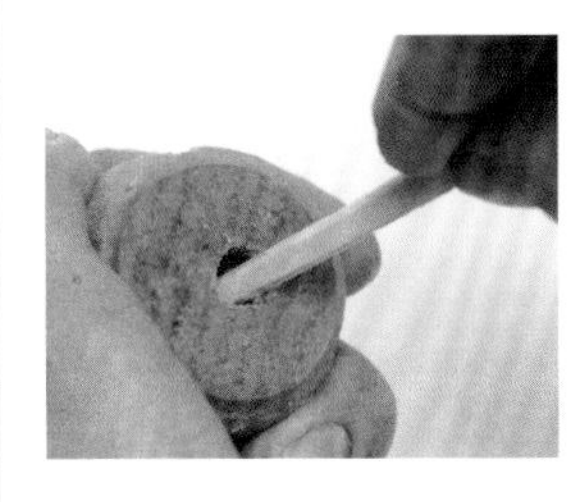

20 制作夹心奶油（见P186），放入裱花袋中，前端装上口径5~7mm的裱花嘴。在泡芙的底部开1个小孔。

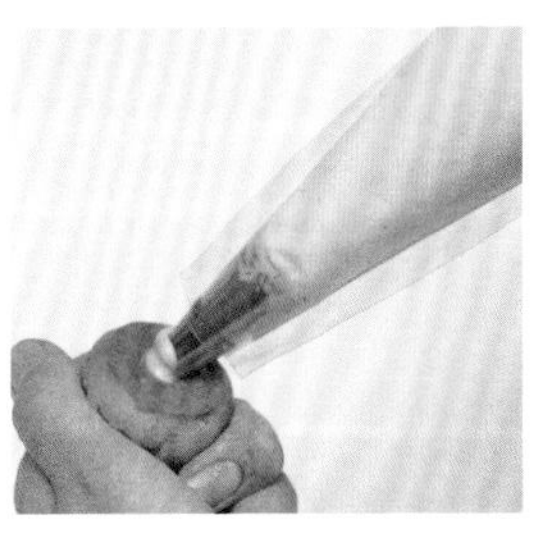

21 将裱花嘴插入孔中，将奶油挤在里面，然后摆成步骤19的塔状，完成。

水滴草莓蛋糕

可可蛋糕与海绵蛋糕相互交错、融为一体，褐色、白色、粉红色搭配出的可爱蛋糕。

制作方法见P156、157

万圣节蛋糕

精雕细刻的杏仁蛋白软糖轻松装饰出漂亮的蛋糕，
用身边的工具就可以制作的软糖小模型。
制作方法见P158、159

水滴草莓蛋糕

材料（长21cm的半月形模具）

■可可海绵蛋糕坯

鸡蛋……3个
白砂糖……90g
低筋面粉……75g
可可粉……15g
黄油……5g
牛奶……15g

■海绵蛋糕坯

鸡蛋……3个
白砂糖……90g
低筋面粉……90g
黄油……10g
牛奶……20g

■草莓慕斯

意大利蛋白霜
※用刚做好的蛋白霜，取50g。
　蛋白……30g
　白砂糖……5g
　糖汁 ┌水……20g
　　　 └白砂糖……55g
草莓利口酒……10mL
吉利丁……4g
草莓酱（含糖量10%）……130g
生奶油（乳脂肪含量35%）……80g

■装饰

打发奶油（七八分）……适量
草莓……适量
糖粉……适量

准备

■可可海绵蛋糕坯

- 和面备用（见P172）
- 将低筋面粉与可可粉混合，分2次撒入

■海绵蛋糕坯

- 和面备用（见P172）

制作方法

2种海绵蛋糕坯

1 可可海绵蛋糕坯（见P172）和海绵蛋糕坯分别和面，然后分别放入烤板中烧烤（见P26步骤2~3）。将可可海绵蛋糕坯切成21cm×5cm（底面用）和21cm×13cm（侧面用）的2片蛋糕片。

※剩下的蛋糕用保鲜膜包好后放入冰箱保存。

装饰

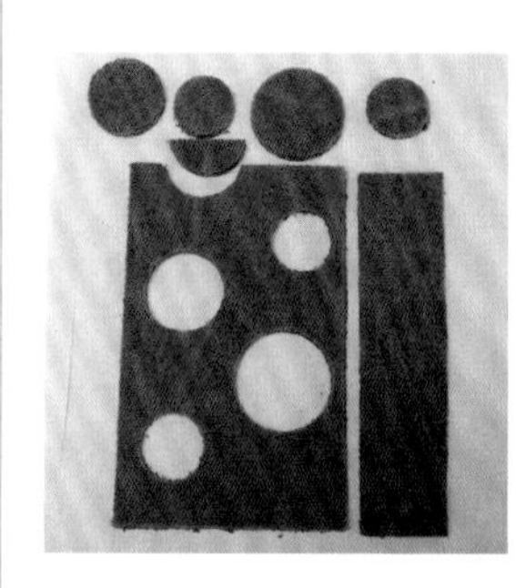

2 用自己喜欢的小模具从侧面用的蛋糕片上切下各种形状。

※图中使用的是直径分别为5.5cm、4.5cm、3.7cm的大中小3种圆形模具。

※也可以使用星形和月牙形模具。

3 用同样的模具在海绵蛋糕片上切下相同形状，然后将其嵌在可可蛋糕片上。

4 将步骤3的蛋糕片的底面朝内，放入半月形模具中。

调制草莓慕斯

5 制作意大利蛋白霜（见P183），取出50g，放入冰箱中冷藏备用。

6 在草莓利口酒中加入吉利丁，然后浸入热水中搅拌溶化并加热至45℃，再将其倒入草莓果酱中。

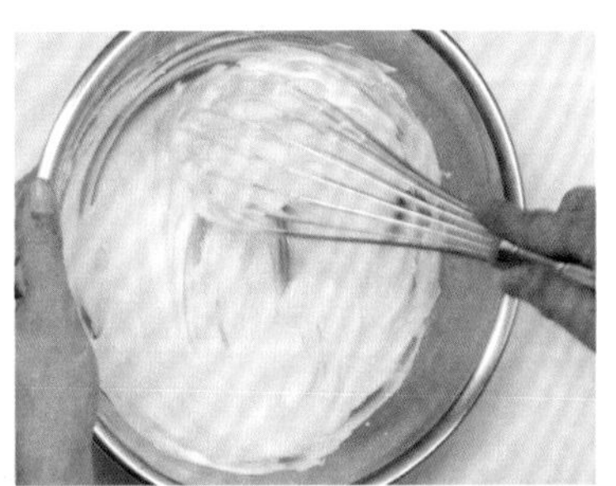

7 生奶油打至七分发（见P182），并将步骤5中的意大利蛋白霜放入搅拌。

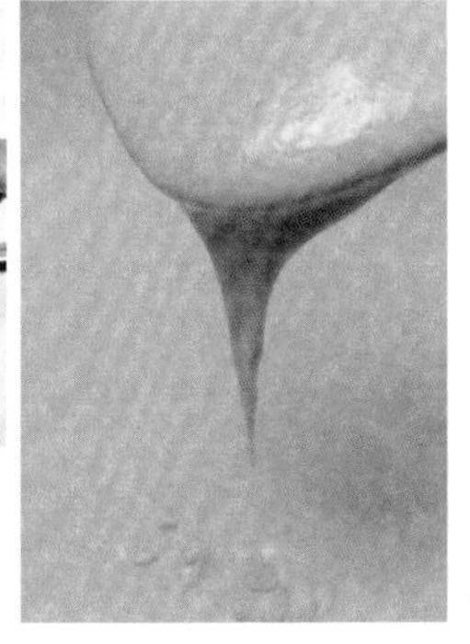

8 将步骤6中1/3的材料放入步骤7中，用打蛋器混合，然后加入剩下的2/3搅拌，用橡胶刮刀充分搅拌均匀。

组装

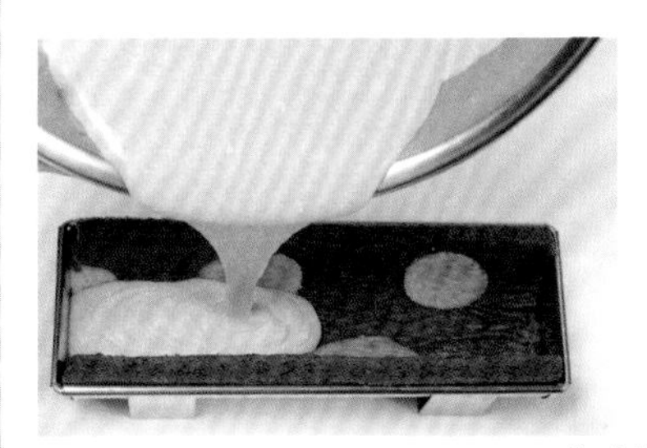

9 将步骤8的材料倒入半月形蛋糕模中，高度为九分满。

※因为之后要放上底面蛋糕片，所以要留出1cm左右。

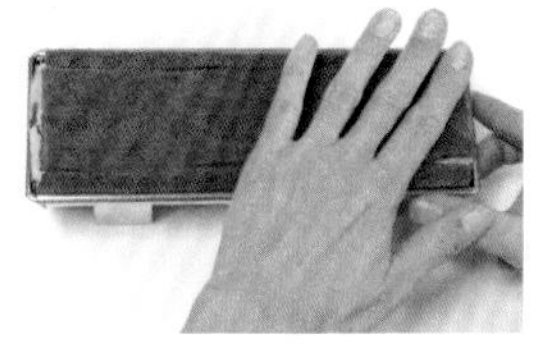

10 放上底面蛋糕片，用手轻轻压紧，放入冰箱中冷藏半日以上。

装饰

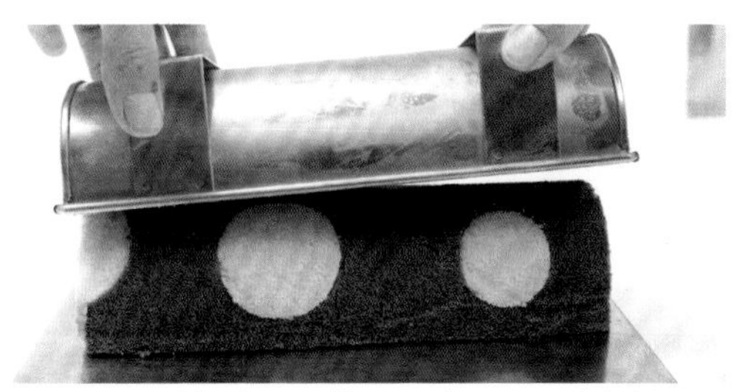

11 用手焐热蛋糕模的两端，然后放在倒放的托盘上，取下蛋糕模，切掉两端。

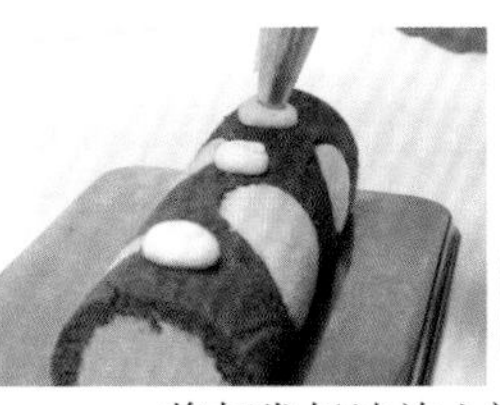

12 将打发奶油放入裱花袋中，前端放上口径1cm的裱花嘴，在蛋糕上面裱出3个圆形，将2个草莓放在两端，1个草莓撒上糖粉摆在中间。蛋糕完成。

万圣节蛋糕

材料（直径18cm的慕斯圈1个）

■海绵蛋糕坯

鸡蛋……3个
白砂糖……90g
低筋面粉……90g
黄油……20g
牛奶……10g

■打发奶油

生奶油（乳脂肪含量47%）……400g
白砂糖……32g

■夹心水果

草莓……8~10个

■装饰

杏仁蛋白软糖（白色）……适量
杏仁蛋白软糖（浓橘黄色）……适量
※放入食用色素（红色、黄色）
杏仁蛋白软糖（褐色）……适量
※放入可可粉
杏仁蛋白软糖（红色）……适量
※放入食用色素（红色）
杏仁蛋白软糖（绿色）……适量
※放入食用色素（绿色）
杏仁蛋白软糖（黄色）……适量
※放入食用色素（黄色）
糖汁（见P4）……适量
镜面果胶（见P185）……适量

准备

■和面

・和面备用（见P172）

■装饰

・杏仁蛋白软糖上色（见P168）
・将厚纸剪成南瓜形状

制作方法

杏仁蛋白软糖

1 制作软糖底。在软糖上撒上糖粉（配料之外），将90g软糖（白色）压到3~4mm厚，然后用直径12cm的圆形慕斯圈剪切成圆形，放置2~3天进行干燥。

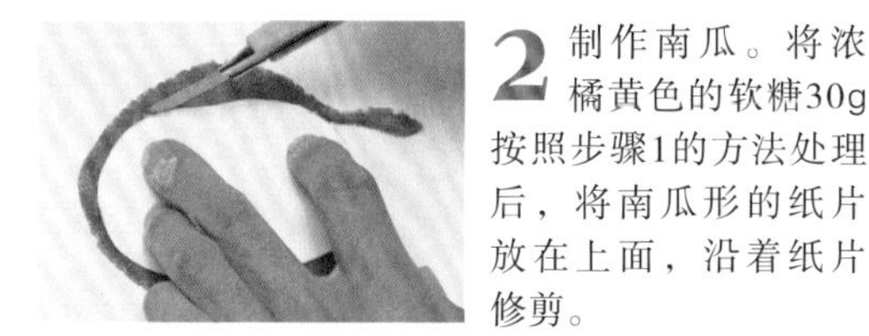

2 制作南瓜。将浓橘黄色的软糖30g按照步骤1的方法处理后，将南瓜形的纸片放在上面，沿着纸片修剪。

※用薄刃刀片比较容易操作。
※也可以用南瓜形模具剪切。

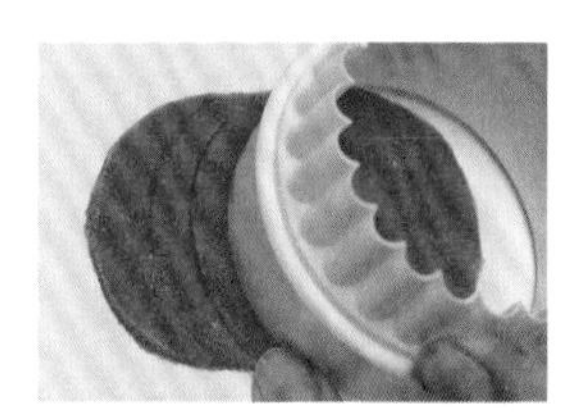

3 用圆形模具轻轻在南瓜形软糖上压出花纹。

※使用直径7cm的圆形模具。

4 制作蝙蝠。将褐色软糖按照步骤1方式处理，然后用蝙蝠形模具剪切。用白色软糖团的2个小圆球做眼珠，用红色软糖团的1个小圆球做鼻子。

5 在蝙蝠眼睛的位置上用筷子压出2个小洞，把眼睛和鼻子放上去，然后将甘纳许放入锥形袋中，前端切掉1mm，裱上蝙蝠的黑眼珠。

6 制作南瓜的嘴巴。将步骤4中剩下的材料剪切出1条直线的边，然后用圆形模具制作1个大的半圆，然后在这个半圆上用圆形裱花嘴在直线边切出2个半圆缺口，再将裱花嘴倒过来，在下面的弧形边上切出1个大的半圆缺口。

※用直径5cm的圆形模具，裱花嘴的口径为9mm，上部直径2cm。

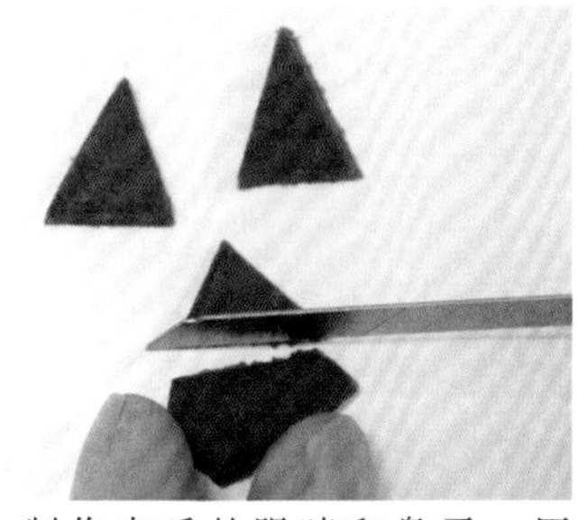

7 制作南瓜的眼睛和鼻子。用步骤6剩下的材料剪出3个三角形。

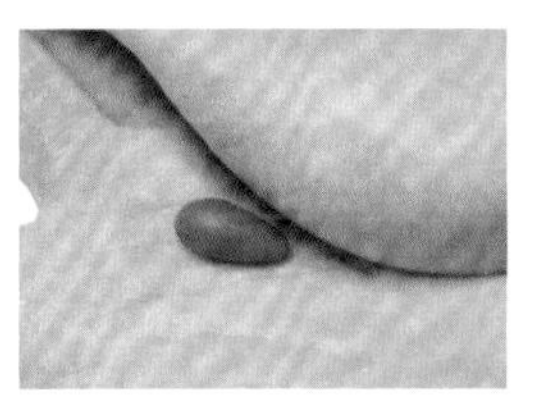

8 制作南瓜叶。用双手将绿色软糖团成圆锥形，然后按照P167步骤14的方法制作3片叶子。

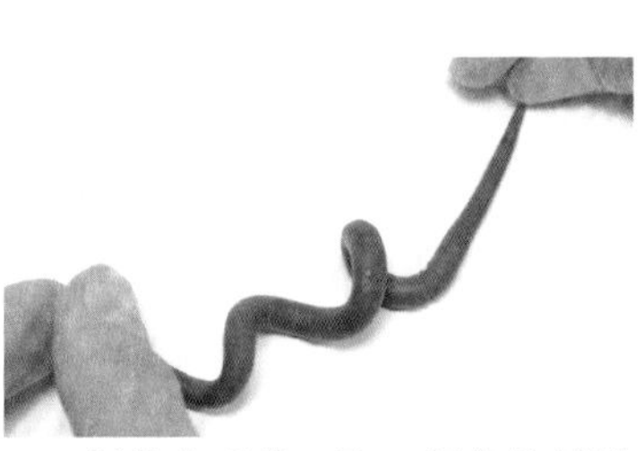

9 制作南瓜藤。取6g绿色软糖搓成长12~13cm、直径5mm的长条，然后卷成螺旋形。

※两边细、中间粗才像南瓜藤。

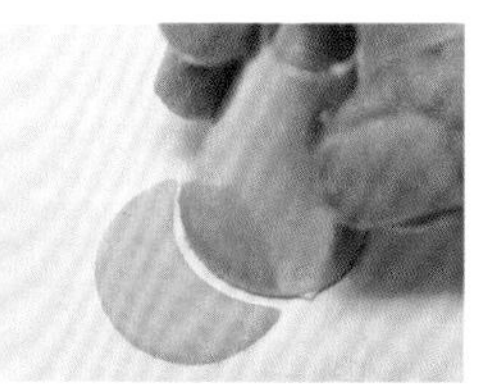

10 制作弯弯的月亮。取2g黄色软糖按照步骤1处理，然后用裱花嘴的上部制作月牙。

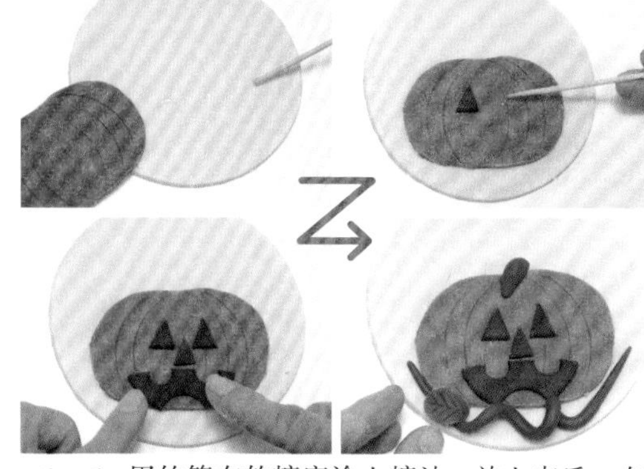

11 用竹筷在软糖底涂上糖汁，放上南瓜，在眼睛、鼻子、嘴巴、南瓜藤、南瓜叶的背面涂上糖汁，依次放在南瓜上。

12 将蝙蝠和月牙的背面也涂上糖汁，放在软糖底上。

制作基础蛋糕

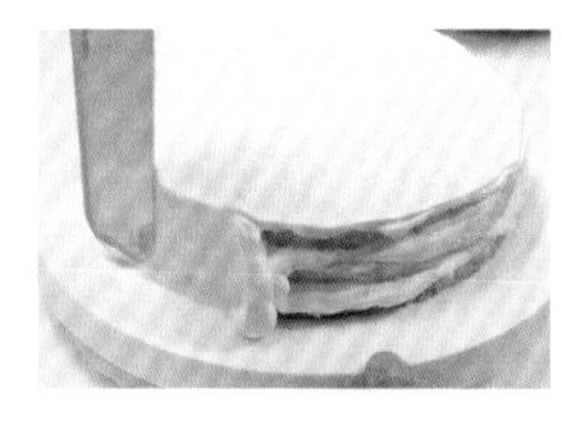

13 使用海绵蛋糕底、水果夹心和打发奶油制作蛋糕（见P7~9步骤1~13）。

装饰

14 用甘纳许在软糖底上裱上文字，然后用刮板将蝙蝠和月牙轻轻放在蛋糕上面。蛋糕完成。

可爱的庆生蛋糕

小鸭和鸭蛋在这里表达了孩子诞生的喜悦，
加上精巧的花纹，给人以温馨的感觉。

材料（直径15cm的慕斯圈1个）

■海绵蛋糕坯

鸡蛋……2个
白砂糖……60g
低筋面粉……60g
黄油……15g
牛奶……5g

■黄油奶油

黄油……210g
意大利蛋白霜
　蛋白……60g
　白砂糖……12g
　糖汁［水……30g
　　　　白砂糖……90g
食用色素（红黄绿）

■装饰

杏仁蛋白软糖（白色）……适量
杏仁蛋白软糖（黄色）……适量
※放入食用色素（黄色）
杏仁蛋白软糖（红色）……适量
※放入食用色素（红色）
杏仁蛋白软糖（橘黄色）……适量
※放入食用色素（红色、黄色）
杏仁蛋白软糖（褐色）……适量
※放入可可粉
镜面果胶（见P185）、糖汁（见P4）··适量

准备

■海绵蛋糕底

・和面（见P172）

■装饰

・杏仁蛋白软糖上色备用（见P168）

制作方法

制作软糖模型

1 制作小鸭。用黄色软糖团出大小2个球形（大的6g，做身体；小的3g，做脑袋）。用红色的软糖团出1个小圆球（做嘴巴）。

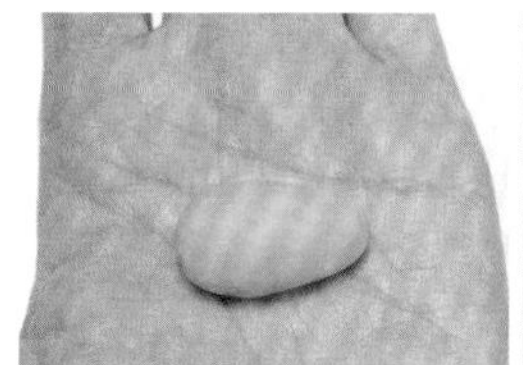
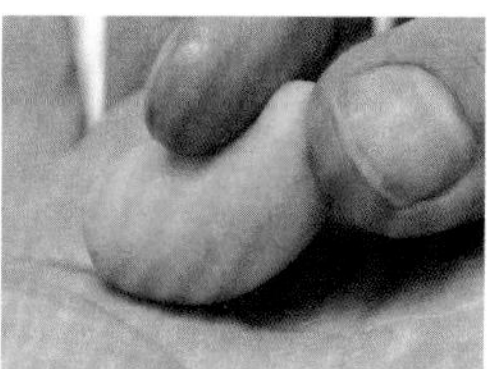

2 将用来做身体的圆球团成圆锥形，细长的一端向上翘起做尾巴。

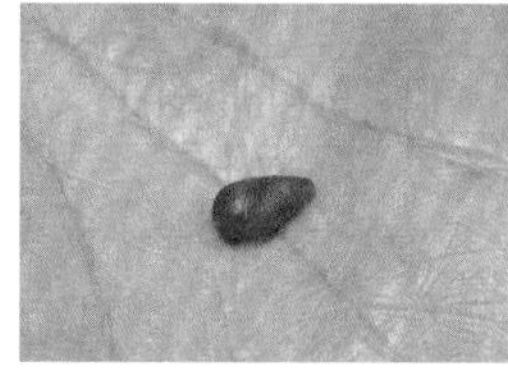
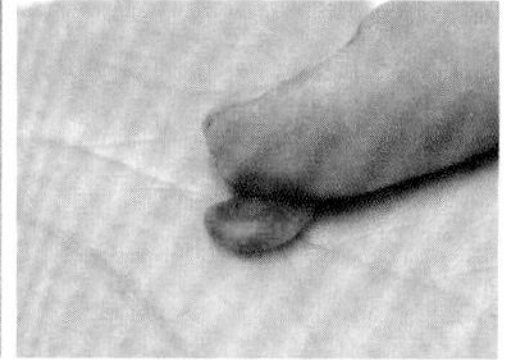

3 将用来做嘴巴的软糖团成圆锥形，用手捏扁。

4 在要粘住的地方用筷子涂上糖汁，按照身体、嘴巴、脑袋的顺序粘住。

5 用白色软糖团成圆形，制作眼睛，在头部眼睛的位置用竹筷插2个孔，然后把眼睛放上去，将甘纳许装入锥形袋，前端剪1mm，裱上瞳孔。用同样的方式再制作2个小鸭子。

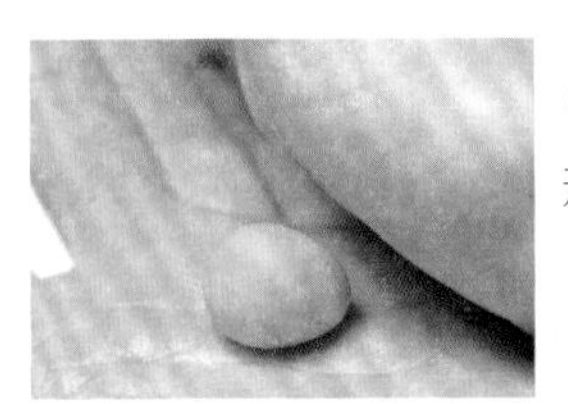

6 制作鸭蛋。取5g橘黄色软糖团成卵形，一共做2个。

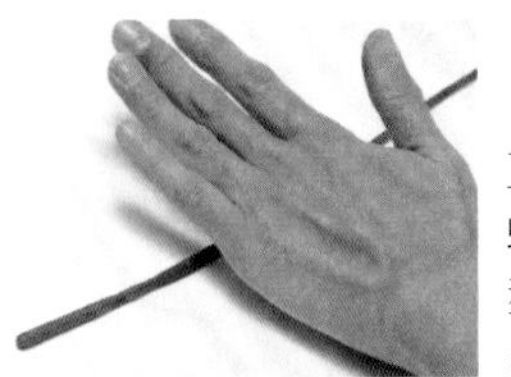

7 制作鸭巢。取5g褐色软糖，将其搓成直径3mm的长绳，卷成螺旋状。所有的软糖模型都要干燥1天以上。

※做鸭巢的时候不是同一根软糖绳也可以，所以搓断了也不要紧。

烤制海绵蛋糕坯

8 烤制海绵蛋糕坯（见P172）。

制作黄油奶油

9 制作黄油奶油（见P184）。

组合

10 将海绵蛋糕坯切成3片厚1cm的蛋糕片，然后在中间涂上黄油奶油，涂抹整平（见P34）。放入冰箱中冷藏。

※黄油奶油质地较软，在上面不易裱花，所以要先冷藏加固。

装饰

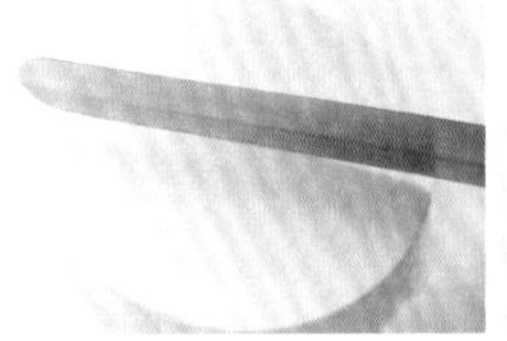

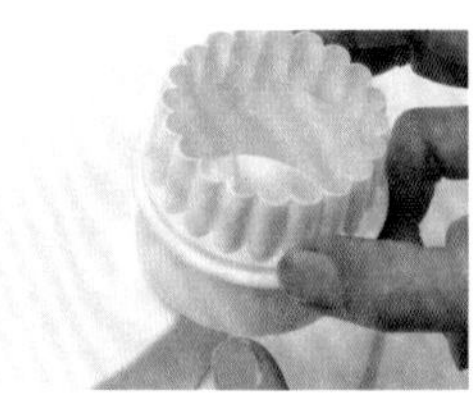

11 用抹刀将蛋糕表面画出8等分线。用直径8cm的圆形模具在线之间压上曲线。

※等分线用以方便裱花，能够看清就可以了。

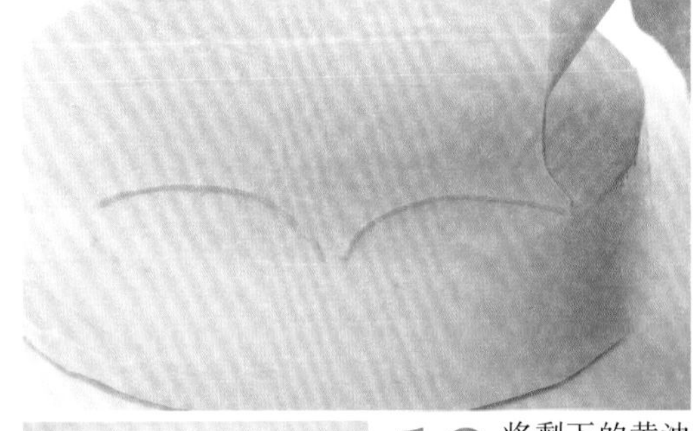

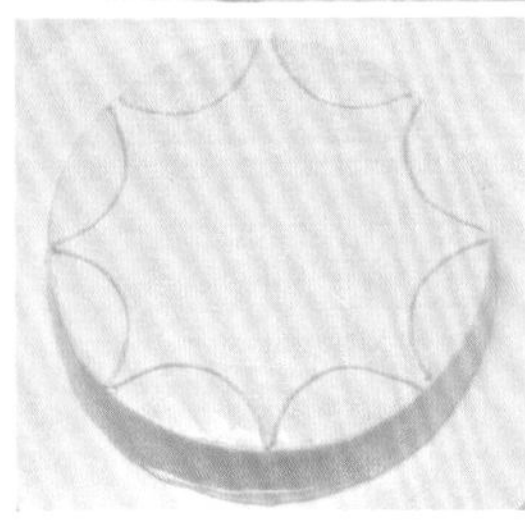

12 将剩下的黄油奶油4等分，在其中1份里放入红色和黄色食用色素，调出橘黄色，然后放入锥形袋中，前端剪开1mm，沿着压出的曲线裱花。

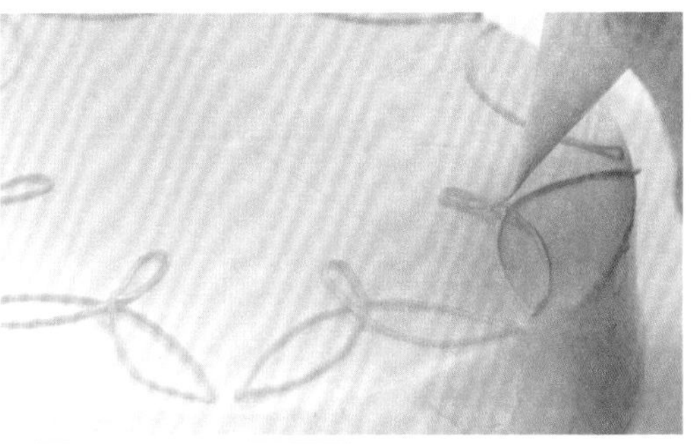

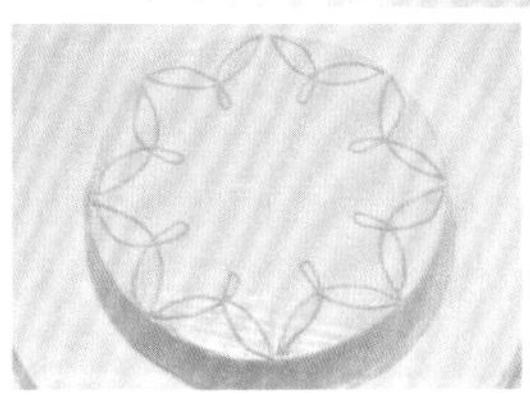

13 然后再在曲线的中间画圆。

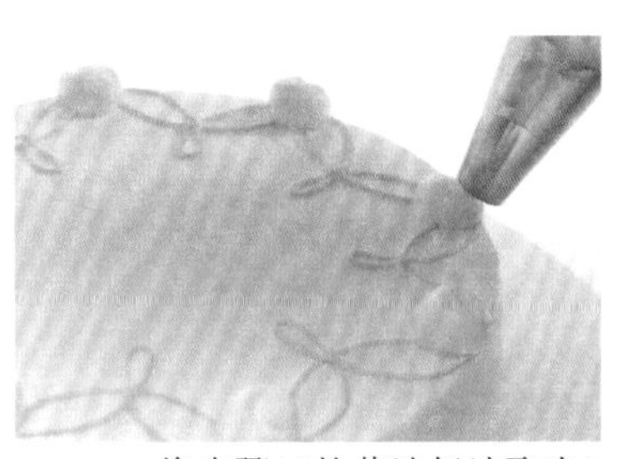

14 将步骤12的黄油奶油取出1份放入裱花袋中，前端装上口径1cm的圆形裱花嘴，在8等分线的边缘裱出圆形（见P37）。

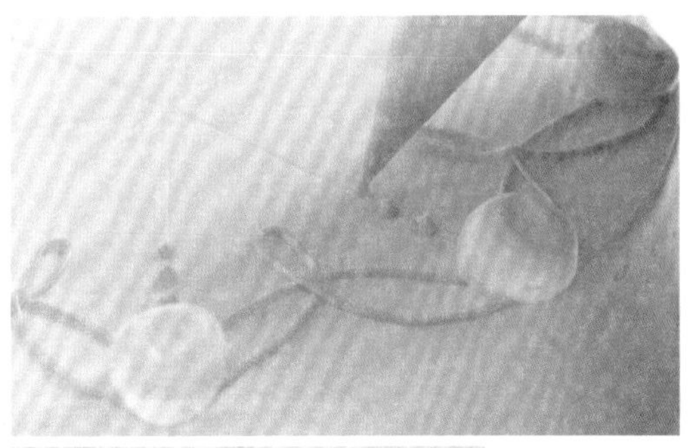

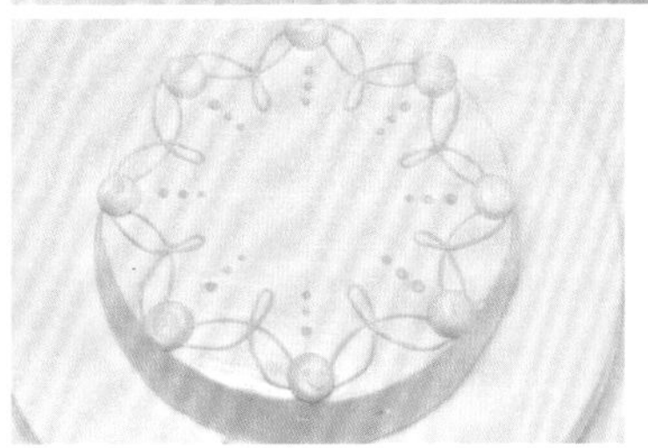

15 在8等分线上用锥形袋里的橘黄色黄油奶油点出大中小3个点。

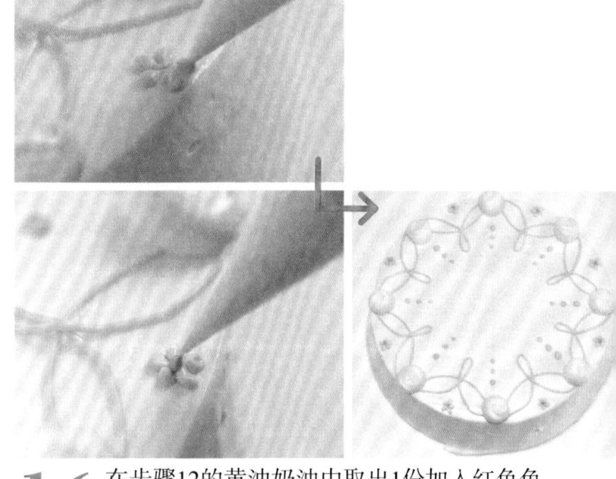

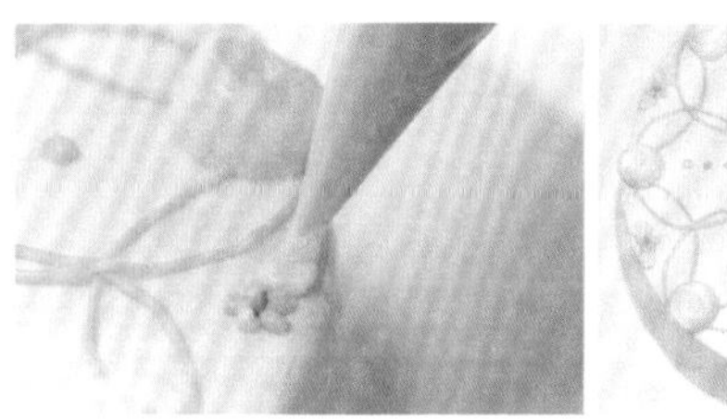

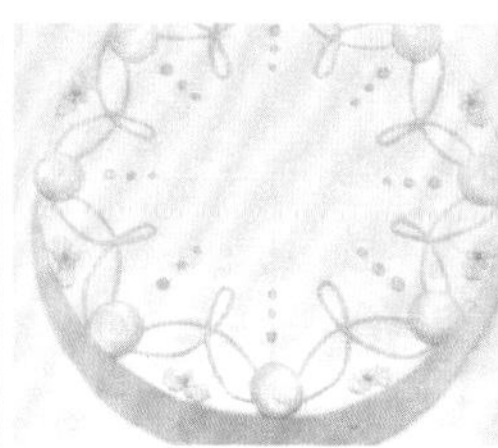

16 在步骤12的黄油奶油中取出1份加入红色色素，调出淡粉色，然后再从中取出一小部分调成深粉红色，将其分别放入锥形袋中，前端剪开1mm，在蛋糕的边缘裱出梅花形，深粉红色的裱在花瓣中间做花蕊。

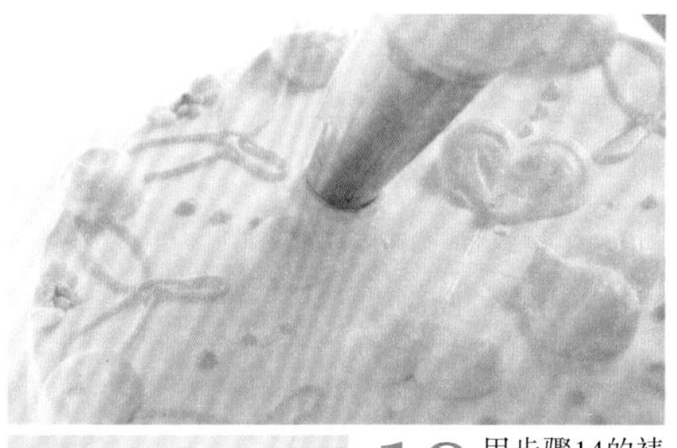

17 将步骤12中的最后1份黄油奶油加入绿色色素，放入锥形袋中，前端剪出山形口（见P121），然后在花的两侧裱出绿叶形状。

※先沿着同一方向把同向的绿叶裱出来，再裱另一方向的，这样效率比较高。

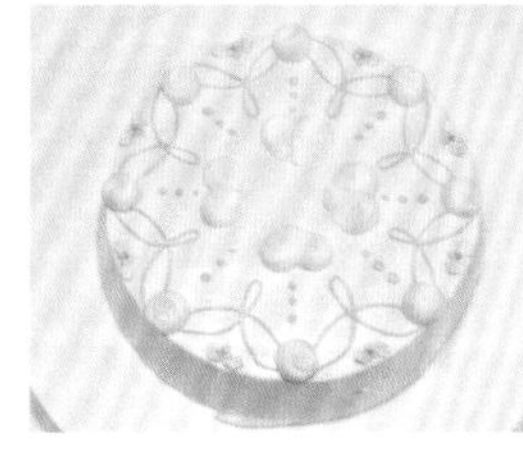

18 用步骤14的裱花袋沿着8等分线裱出4个十字的心形（见P37）。按照鸭巢、鸭蛋、小鸭的顺序将软糖模型摆放上去。蛋糕完成。

草莓蛋糕

来自法兰西的古典蛋糕，雅致的装饰和淡淡的玫瑰花相得益彰。

材料（直径15cm的慕斯圈1个）

■海绵蛋糕坯

鸡蛋……3个
白砂糖……90g
低筋面粉……90g
黄油……30g

■慕斯琳奶油

牛奶……250g
香草荚……1/4个
蛋黄……3个
白砂糖……75g
低筋面粉……15g
玉米面粉……10g
黄油……100g

■樱桃果酒糖汁

糖汁（见P4）……30mL
樱桃果酒（见P65）……10mL

■夹心水果

草莓……14个

■装饰

杏仁蛋白软糖（粉红色）……100g
※放入食用色素（红色）
草莓(对半切开)……适量

准备

■海绵蛋糕坯

・和面备用（见P172）

■慕斯琳奶油

・调制卡仕达奶油（见186页）
・黄油放在室温中软化

■樱桃果酒糖汁

・混合备用

■夹心水果

・将6个草莓从中间对半切开

■装饰

・给软糖上色（见P168）

制作方法

烤制蛋糕坯

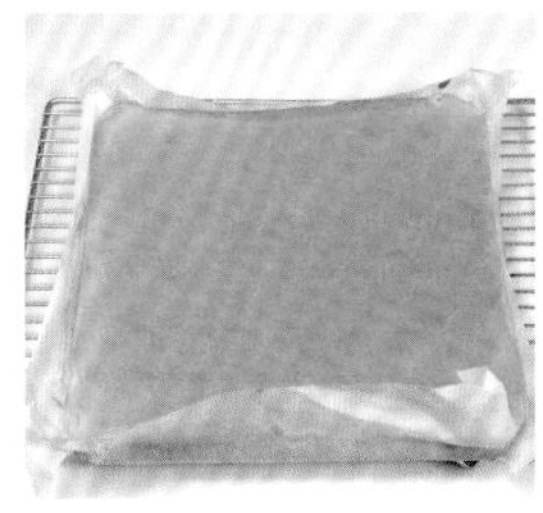

1 按照P172、173步骤1~9烤制蛋糕坯。其中，在步骤3中只熔化黄油，将其加在步骤8中，然后按照P26步骤2~3烤制。

制作慕斯琳奶油

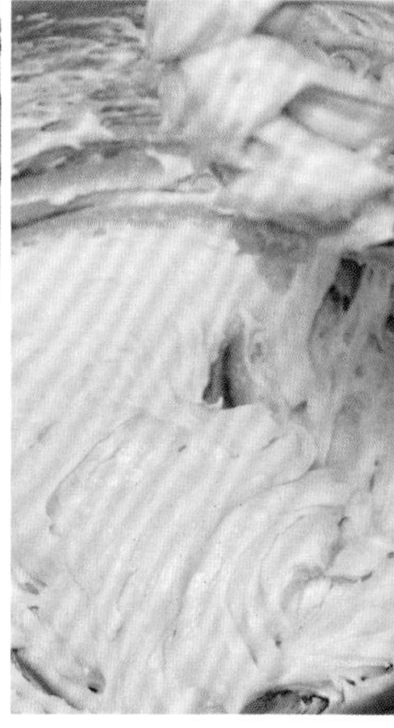

2 调制卡仕达奶油（见P186）。用打蛋器将卡仕达奶油打成柔软的奶油状。用橡胶刮刀将黄油搅拌成奶油状，加到卡仕达奶油中，将其放入裱花袋，前端装上口径1cm的裱花嘴。

组装

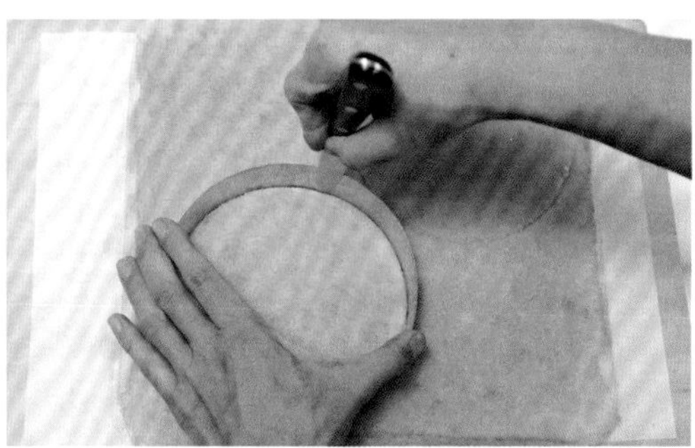

3 将直径15cm的慕斯圈放在蛋糕坯上面，用刀子沿着慕斯圈内侧切割，一共要切下2片。

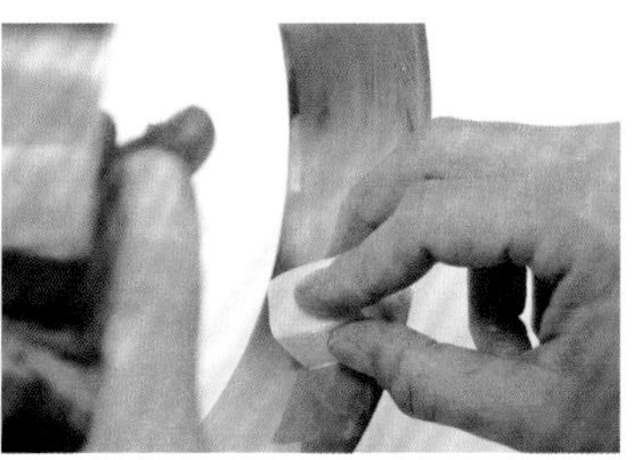

4 在慕斯圈内侧薄薄地涂上1层黄油（配料之外）。

※涂黄油是为了稍后取下慕斯圈时方便。

5 将蛋糕片底面朝上放在托盘里，外面套上慕斯圈，再涂上樱桃酒糖汁。

※糖汁还要涂另外1片蛋糕片，所以这次不要全部用完。

6 将切半的草莓切面朝外摆放1圈。

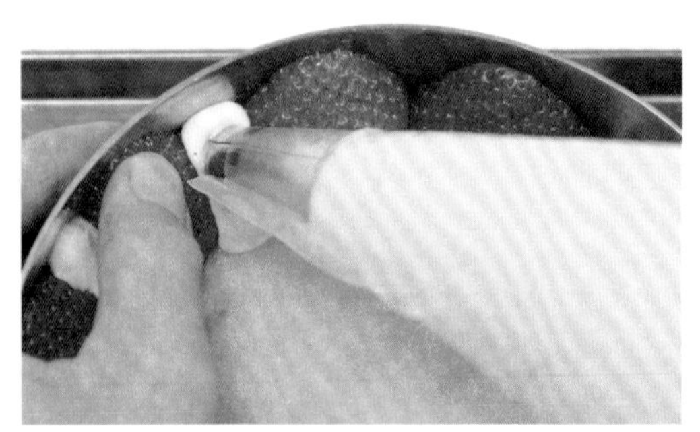

7 依次将每个草莓向左移动后挤出空隙，再将步骤2的慕斯琳奶油挤在空隙里。

8 然后在中间从中心向外画圆，将中间的空间填满。

9 把完整的草莓埋在里面。

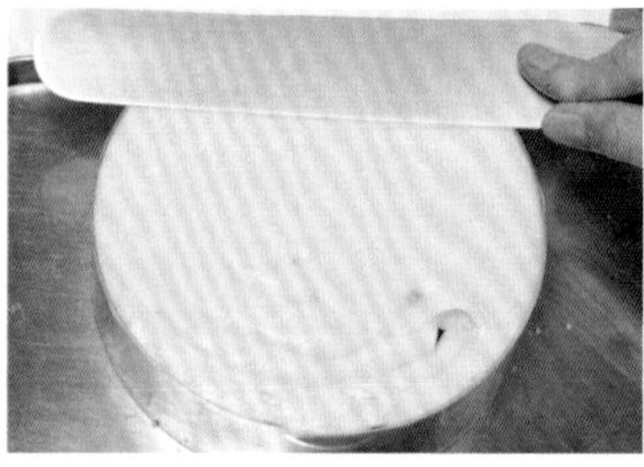

10 把剩下的慕斯琳奶油挤进去，用抹刀抹平。

※慕斯琳奶油留下一些，因为步骤16还要用。

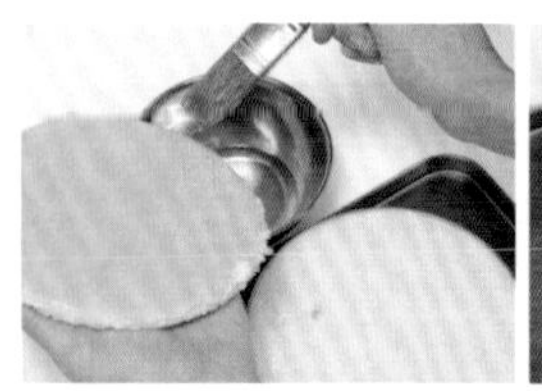

11 将另1片蛋糕片一面涂上樱桃果酒糖汁，然后此面朝下放在步骤10上，用手轻轻压紧，在上面也涂上糖汁，放到冰箱里冷藏。

装饰

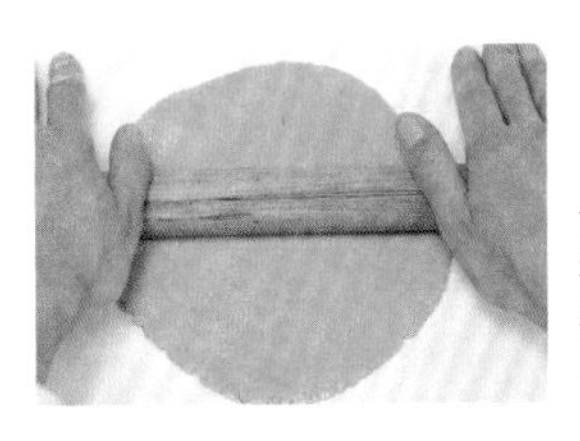

12 制作顶层的软糖底。在软糖上撒上糖粉（配料之外），然后用擀面杖擀成厚3mm、直径大于15cm的圆形。

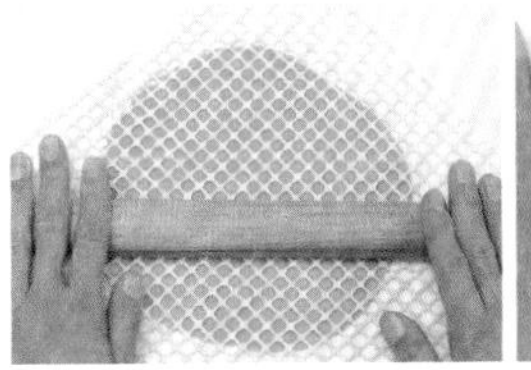

13 在软糖上放上网格，用擀面杖压出网格纹，然后用直径15cm的慕斯圈切割。

※网格也可以放在案板下，以防止案板打滑。

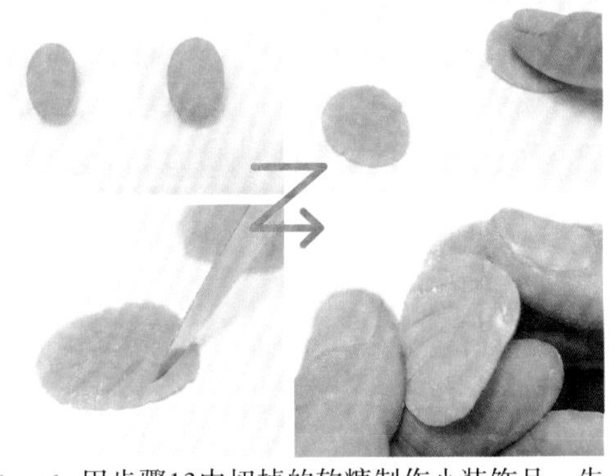

14 用步骤13中切掉的软糖制作小装饰品。先做叶子，将软糖搓成椭圆形，用手压扁，用水果刀刀背压出叶脉，然后一端捏紧，做出叶子形状。

15 将剩下的软糖调成浓淡不同的颜色（见P168），然后用这些软糖制作玫瑰花和玫瑰花枝（见P169）。做好后放在室内干燥1天以上。

16 等到步骤11固定好之后，将步骤10中剩下的慕斯琳奶油涂在表层上。

※涂慕斯琳奶油是为了粘住软糖。

17 用热毛巾焐热慕斯圈侧面，将其取下。

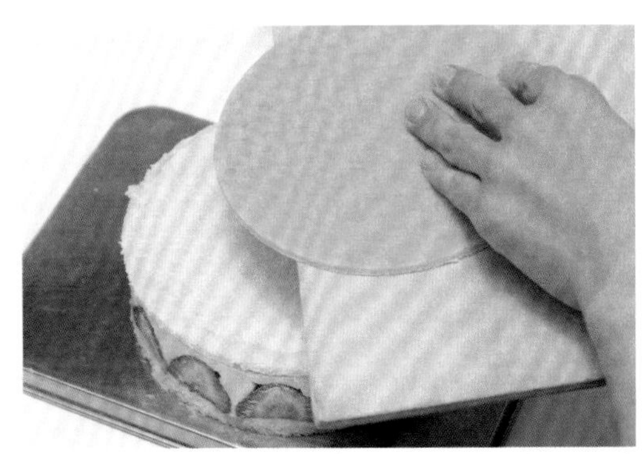

18 在蛋糕上面放上软糖底、玫瑰花、玫瑰叶、玫瑰枝、草莓。蛋糕完成。

杏仁蛋白软糖

介绍软糖的基本处理方法和一些模型的制作方法。

关于杏仁蛋白软糖

杏仁蛋白软糖是用去皮的杏仁加入白砂糖制成的黏土状软糖，分为杏仁软糖和杏仁膏两种，杏仁软糖主要是用来制作模型，而杏仁膏则是用来加在面团中烤制蛋糕，注意两者不要混淆。

塑形巧克力的使用方法

和杏仁蛋白软糖一样，塑形巧克力也是用来捏制各种小装饰品的，按照颜色可以分为褐色和白色两种，白色可以添加色素，调成各种不同的颜色。

调色方法

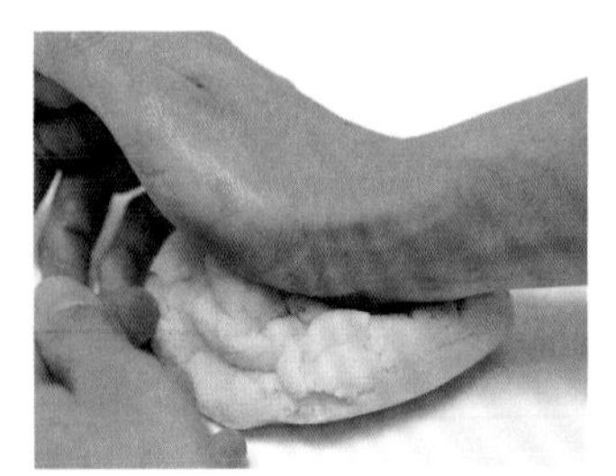

1 用手掌揉动软糖，直到其变软为止。

2 取下1/5的软糖，加入食用色素。

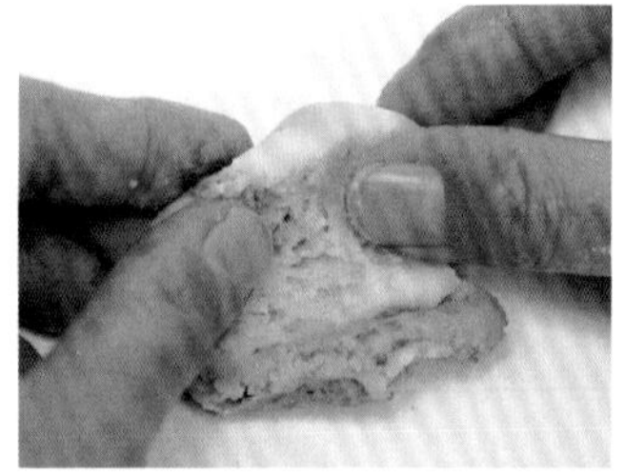

3 将色素掺到软糖里面，然后揉动软糖，使整体颜色变得均匀。

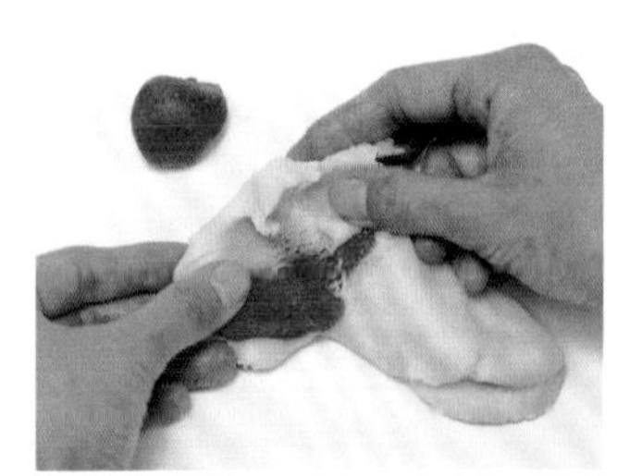

4 在剩下的软糖中加入少量的步骤3的材料，用同样的方法揉搓，直到调出自己喜欢的颜色。

※如果把步骤3的材料一次性都放进去，颜色就太浓了，所以要一点一点放。

5 完成。剩下的软糖用保鲜膜包裹保存，以防止其风干变硬。

撒糖粉

软糖主要使用糖粉进行装饰，在将软糖制成各种形状之后可以在上面撒上糖粉。

玫瑰花的制作方法

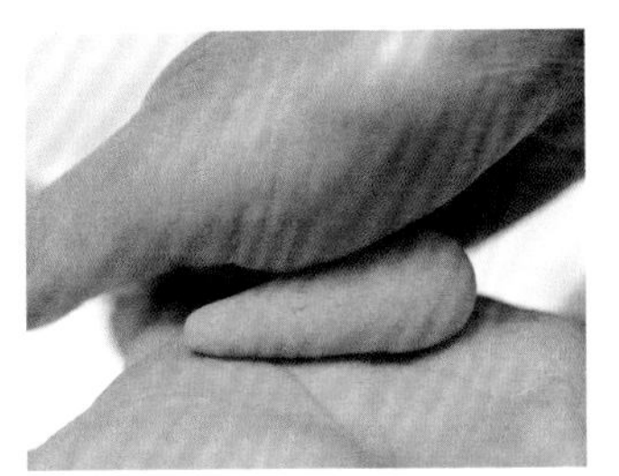

1 首先制作花芯。取出8g上色软糖，用双手搓成圆锥形。

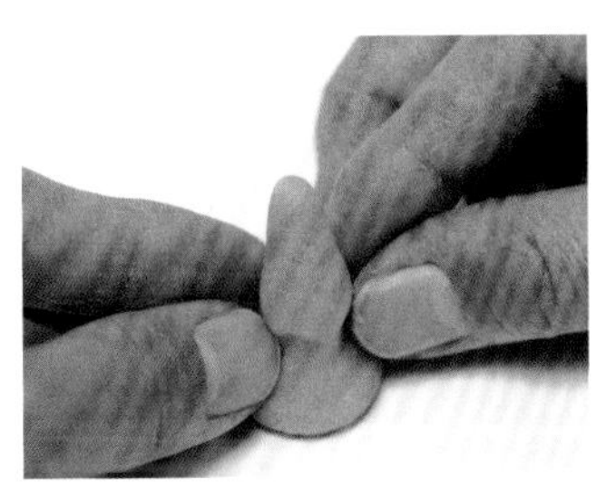

2 放在案板上，在下方按出凹槽。

※用这个凹槽做花萼，在上面粘上花瓣。

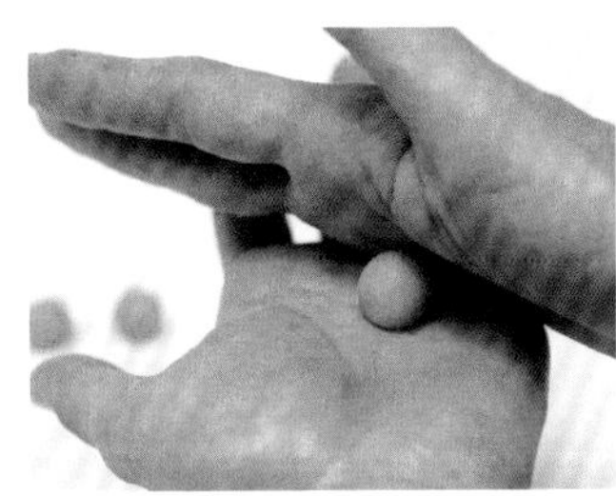

3 制作花瓣。每枚花瓣的重量约为3g，取出后首先团成圆形。

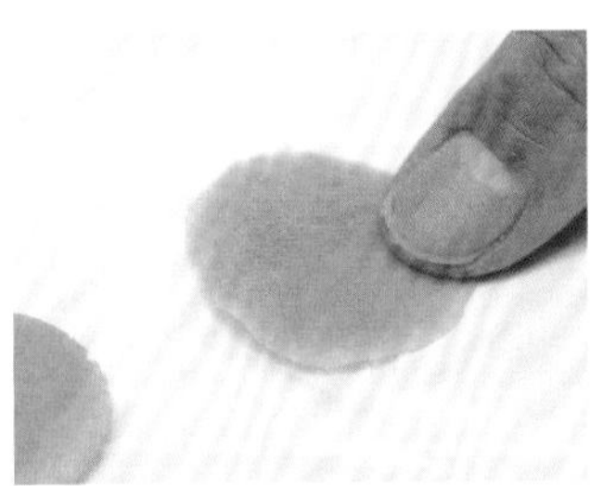

4 在下面垫上保鲜膜，然后用拇指压扁，注意压的时候要周边薄，中间厚。

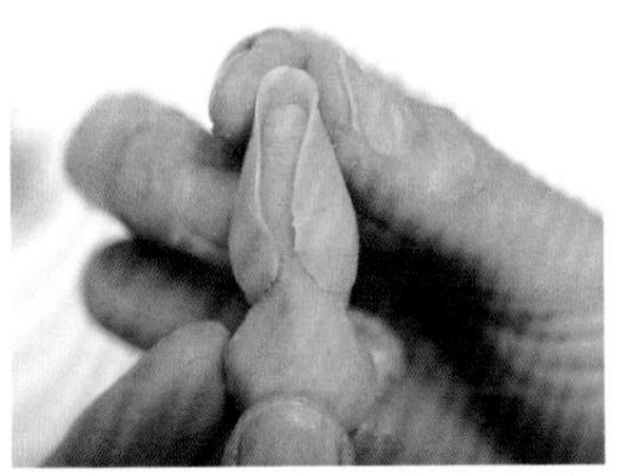

5 将第1枚花瓣包裹在步骤2的花芯上。

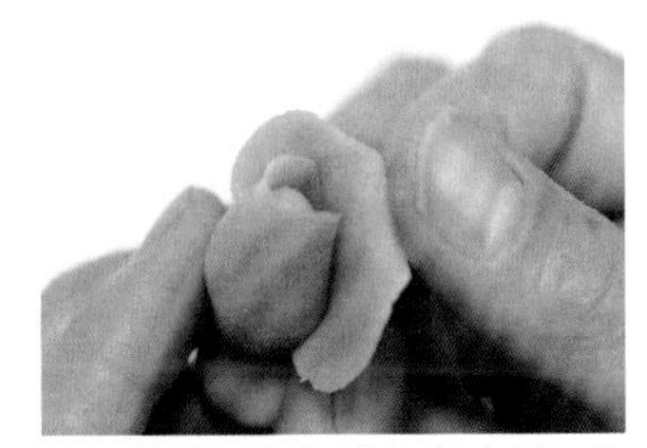

6 将第2枚花瓣包裹在第1枚的对面，花瓣边缘向外弯曲。

7 用同样的方式粘上剩下的花瓣。

※粘的时候下端要粘在根部，边缘向后弯曲。

8 花瓣全部粘好之后，整理一下花朵的形状，修整不合适的地方，然后用刮板切掉花芯以下的地方。

9 完成。风干1天以上。

Decoration technic

粉类装饰

在蛋糕装饰当中，粉类装饰具有其独特的韵味。

关于装饰使用的粉类

主要使用糖粉和可可粉。有时也使用不溶于水的特殊装饰用粉。装饰用的粉类应该具有难溶性和形状、颜色持久性等特点。如“不溶糖粉”“装饰用糖”“不溶可可粉”等。

※不溶是指难以溶化。

※本书中使用的糖粉一般都是不溶性的，而可可粉则考虑味道优先，选用的是普通可可粉。

滤茶器

撒粉类时推荐使用滤茶器，虽然市面上也有专业摇筛器，但是不适合撒少量糖粉，不推荐家庭使用。

撒粉的方法

将糖粉放在滤茶器里，用手轻轻敲击滤茶器边缘撒下糖粉。如果想要更细的糖粉，可以用抹刀敲击（见P17）。高度最好是在蛋糕上方10~15cm处，如果太近会撒得不均匀，太远糖粉就会飘走。

装饰效果

撒到整体上

撒糖粉可以使装饰曲线更加突出。

撒到部分上

撒了糖粉的地方与没撒的地方形成鲜明的对比，根据撒糖粉的位置不同，蛋糕外观也发生变化。

撒到边缘上

可以使整个蛋糕的形状更加显眼。

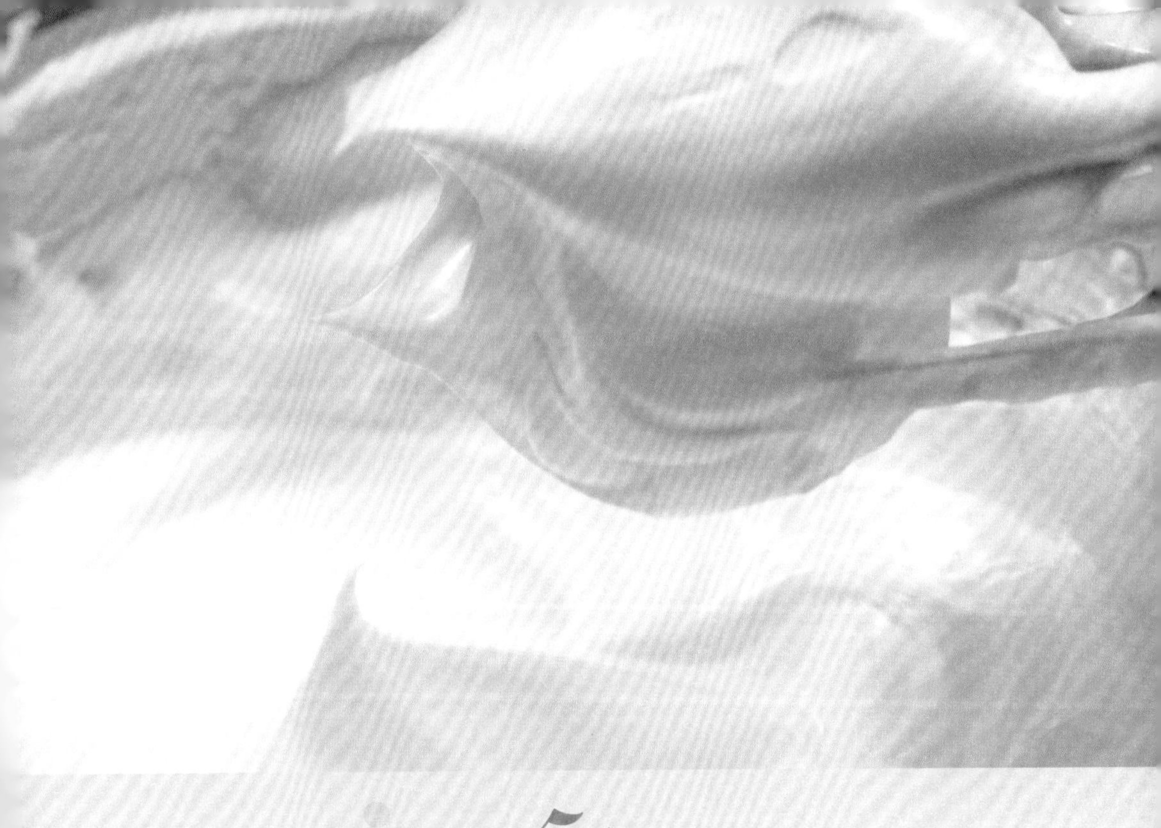

第5章

和面和打发奶油

海绵蛋糕

全部打发，将整个鸡蛋一起打发制成。
特点是质地细腻，口感轻柔。

材料（直径18cm的圆形蛋糕1个）

鸡蛋……3个
白砂糖……90g
低筋面粉……90g
黄油……20g
牛奶……10g

准备

- 低筋面粉过筛
- 烤箱预热至170~180℃
- 准备好模具

使用固底蛋糕模时

在模具的底面和侧面用刷子刷上一层薄薄的黄油（配料之外）。

※蛋白霜也可以。

贴上直径18cm的圆形纸和60cm×5cm的带状纸。

※圆形纸直径与模底直径相同，带状纸长、宽与侧面的周长、高度相同。

使用慕斯圈时

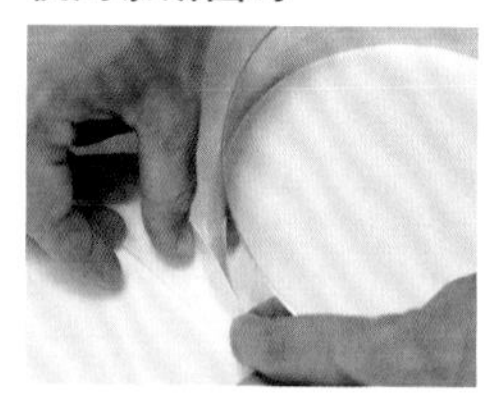

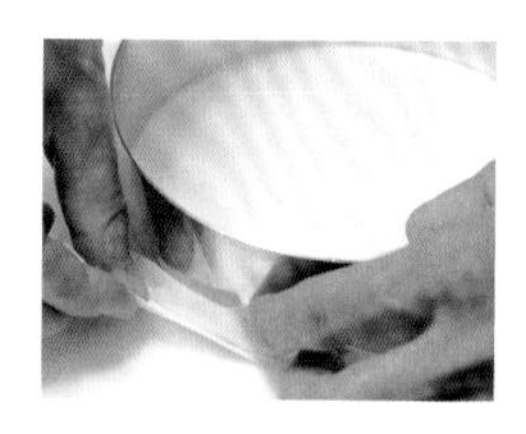

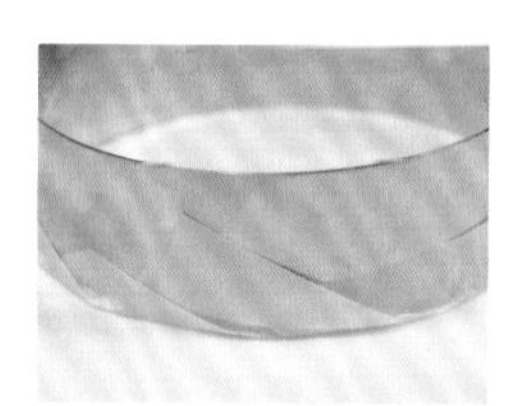

找1张比慕斯圈大1圈的纸，然后将其沿着慕斯圈折起来，使慕斯圈底部密封。

※侧面要完全贴着慕斯圈，保证放入的面糊不会漏出来。

制作方法

1 用电动打蛋器低速打发鸡蛋，然后加入白砂糖搅拌。

2 放入50~60℃的热水中，用电动打蛋器继续低速打发，鸡蛋温度上升至40℃左右为止。

3 将鸡蛋从汤锅中取下，用电动打蛋器高速打发。同时将黄油和牛奶放在碗中，浸入热水中熔化。

※鸡蛋加热后比较容易打发。

4 确认步骤3的打发情况，用打蛋器带起鸡蛋，如果呈直线流下则说明打发的还不够，需要继续打发。

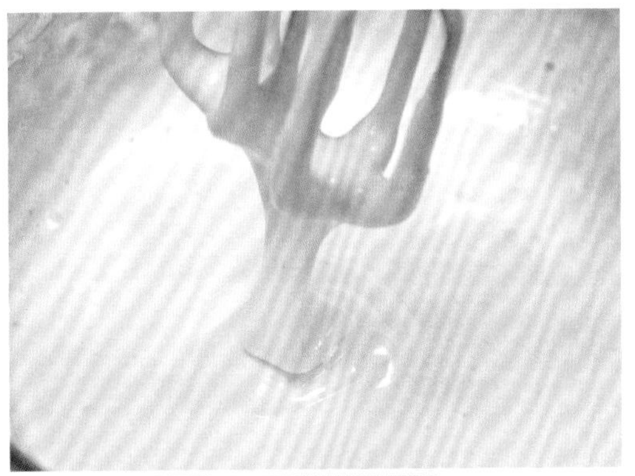

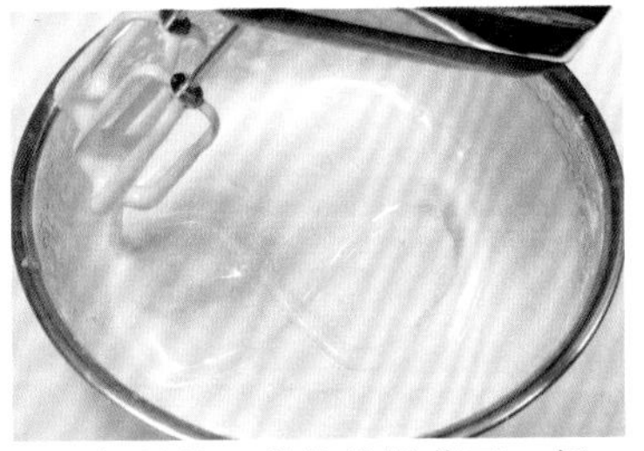

5 如果是以带状慢慢落下，便说明已经可以了。或用打蛋器带起材料后画8字，如果画完之后开头的字迹还能继续存留，就不用继续打发了。

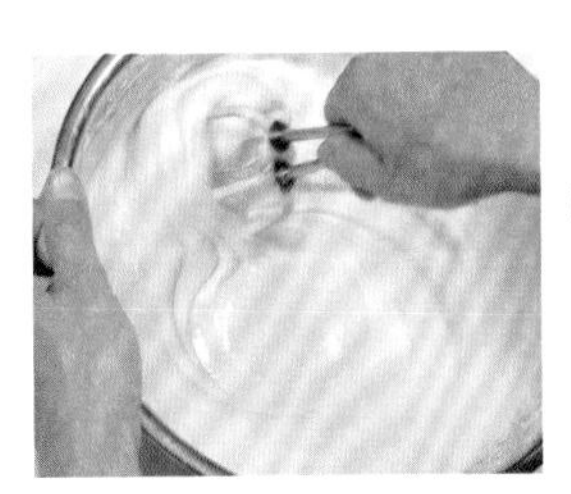

6 取下电动打蛋器的扇叶，用手拿着搅拌，调整肌理。

※因为这时会存有较大的泡沫，搅拌可以使泡沫均匀。

7 整体撒上筛过的低筋面粉，然后用橡胶刮刀从碗底开始搅拌，这时逆着刮刀的搅拌方向转动容器，会使效率高一些。

8 面糊完全搅拌均匀至看不见面粉时，将溶化后的步骤3材料倒入，倒的时候先倒在橡胶刮刀上，然后再洒在整个面糊上。

9 用橡胶刮刀从碗底开始搅拌面糊。

※搅拌均匀即可，过度搅拌会产生气泡。

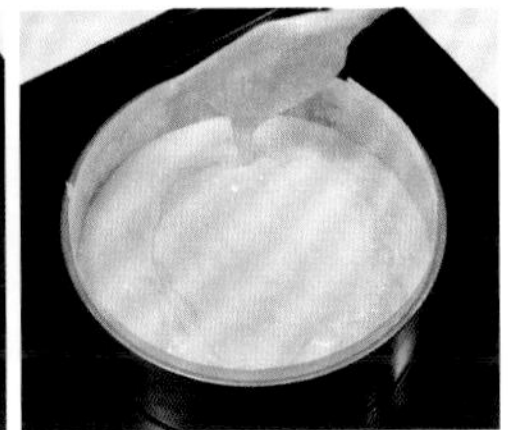

10 将面糊倒在模子里，容器中剩下的面糊（比其他面糊颜色更黄）可以用橡胶刮刀刮入模具中，注意这些面糊要避开中心位置放在四周。

11 放入170~180℃的烤箱中烤制25~30分钟，然后去掉模具，放在冷却架（或木板）上，用纸（或布）盖上冷却。

※想要查看是否烤好，可以根据表层和四周的颜色以及中间的弹性进行判断。

甜饼

使用分别打发法，即将蛋黄和蛋白分开打发。
特点是口感清爽，带有一定弹性。

材料（边长30cm的烤板1个）

蛋黄……3个
白砂糖……45g
蛋白霜
- 蛋白……3个
- 白砂糖……45g

低筋面粉……90g

准备

- 低筋面粉过筛

制作方法

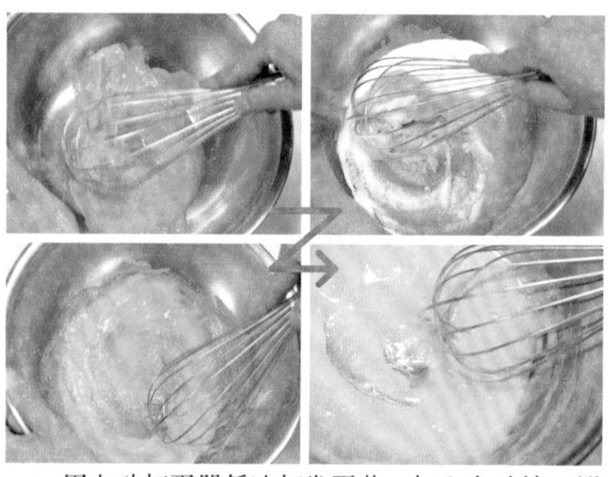

1 用电动打蛋器低速打发蛋黄，加入白砂糖，搅拌至泛出白色。

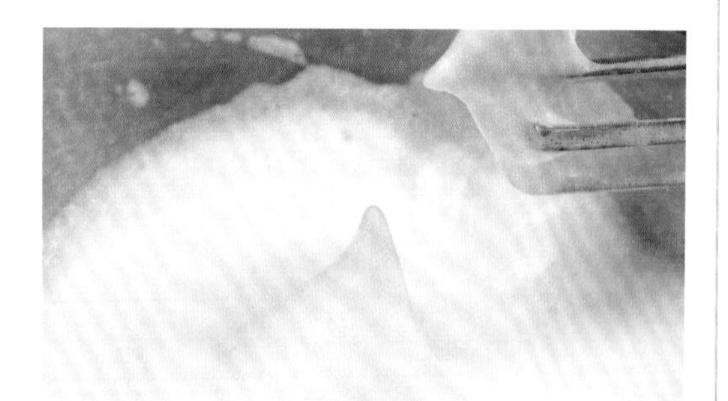

2 制作蛋白霜。用电动打蛋器打发蛋白，直到蛋白不再有黏性。继续用电动打蛋器低速打发至蛋白内含有的空气呈泡沫状，慢慢拿起打蛋器，如果蛋白跟着立起呈柔和的锥形，就说明可以了。

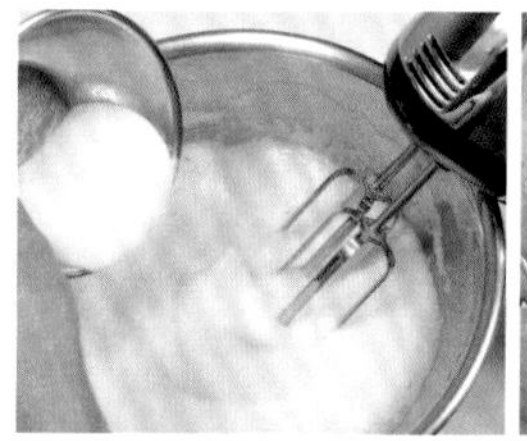

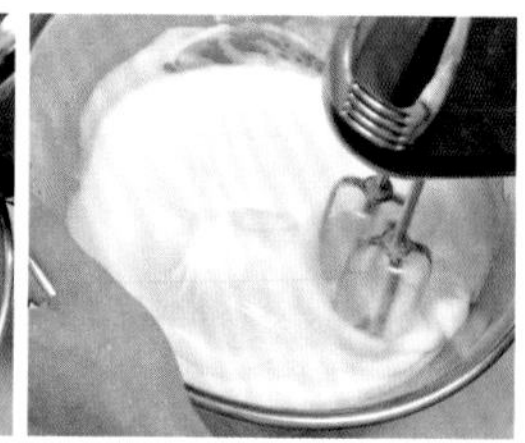

3 在步骤2中加入1/3的白砂糖，用电动打蛋器高速打发。

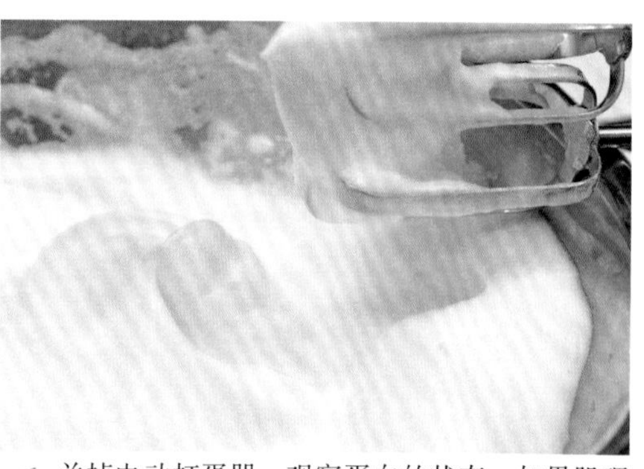

4 关掉电动打蛋器，观察蛋白的状态，如果肌理细腻并拿起打蛋器时形成线条明晰的锥形角时就可以了。加入剩下白砂糖的1/2，再按照步骤3的方式打发。

※加入白砂糖后蛋白泡沫会变得松弛，因此第2次放糖之前，一定要将蛋白打发充分。

5 按照步骤4的方法确认打发状态，如果打发好后加入剩下的白砂糖继续打发，直到蛋白可以形成尖锐的尖角，而且富有光泽、肌理细腻为止，这时蛋白霜便制作完成了，取下电动打蛋器的扇叶，手动进行搅拌。

6 将步骤5中1/3的材料放入步骤1中，用橡胶刮刀搅拌。

※这时蛋白霜气泡会破裂减少，可以不必在意。

7 对步骤6搅拌后，再度打发剩下的蛋白霜。

※这是因为蛋白霜在放置时气泡有所减少。

8 将步骤7中所有的蛋白霜加入蛋黄中，用橡胶刮刀从碗底开始搅拌，直到泛黄的白色完全掺杂在一起呈大理石纹理状。

※这时注意尽量避免气泡的减少。

9 将筛过的低筋面粉均匀撒在步骤8上，按照图中箭头方向搅拌面团并转动容器。

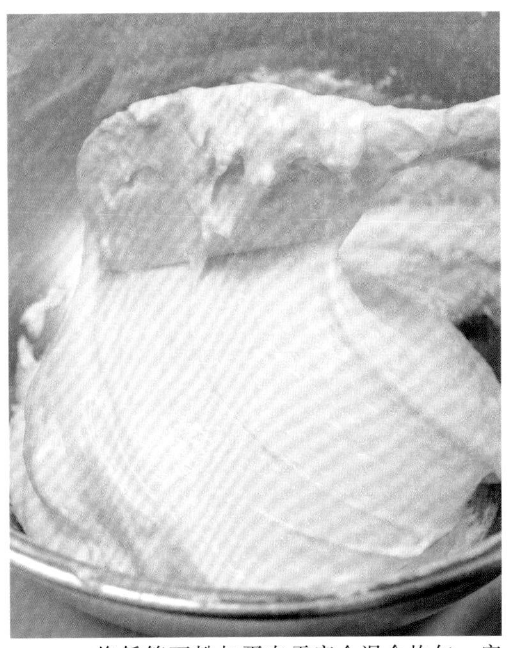

10 将低筋面粉与蛋白霜完全混合均匀，完成。

※过度搅拌会使面糊变得黏糊，要注意避免。

※甜饼的面糊主要用裱花袋挤出烤制，烤制方法参考各个蛋糕的制作方法。

杏仁甜饼

放入杏仁粉烤制的小薄饼。
特点是口感轻柔。

材料（边长24cm的烤板3个）

鸡蛋 …………………………………… 135g
杏仁粉 ………………………………… 97g
糖粉 …………………………………… 97g
低筋面粉 ……………………………… 22g
蛋白 …………………………………… 97g
白砂糖 ………………………………… 22g
黄油 …………………………………… 15g

准备

· 混合杏仁粉、糖粉、低筋面粉并过筛
· 将黄油隔热水熔化

制作方法

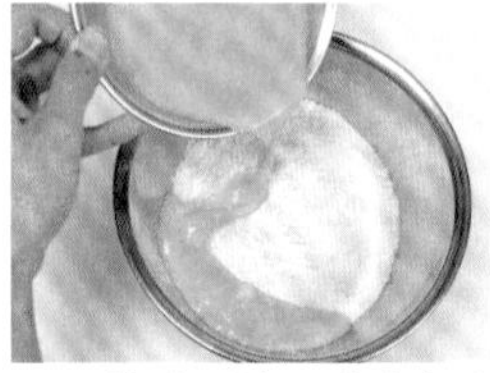
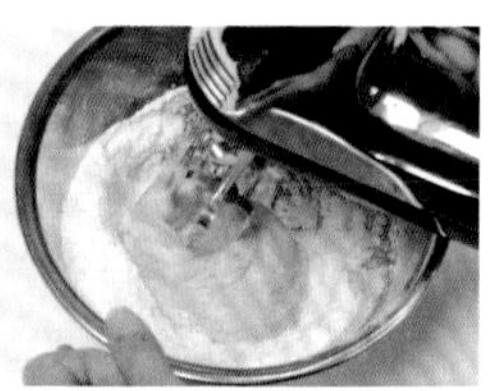

1 将鸡蛋放入碗中打发，然后把粉类撒入另一个碗中，将1/2的鸡蛋倒在里面，用电动打蛋器低速打发。

※一开始要保持低速，否则面粉会飞得到处都是。

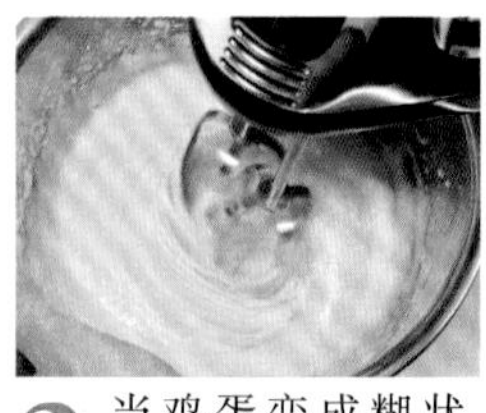
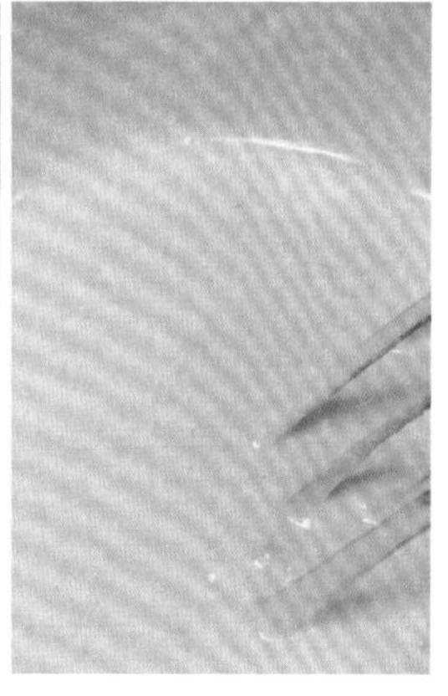

2 当鸡蛋变成糊状后，加入剩下的鸡蛋，用电动打蛋器高速打发至泛白。

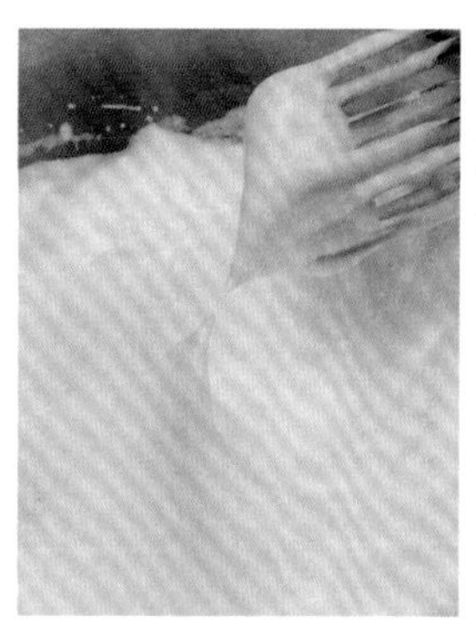

3 用鸡蛋蛋白和白砂糖制作蛋白霜（见P174步骤2~5）。将打蛋器拿起，如果能将蛋白霜带起后呈曲面就可以了。

※如果打发得太硬，泡沫会过大，这样烤出来的甜饼上会有小洞，一定要注意。

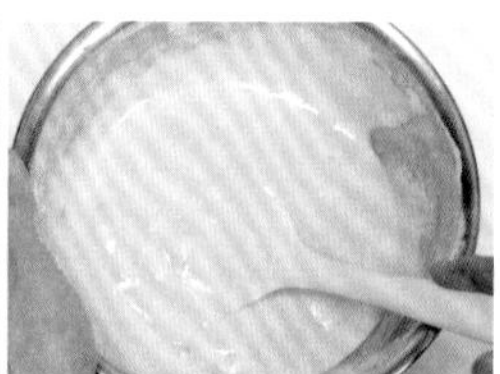

4 将步骤3中1/3的材料加在步骤2中，用橡胶刮刀搅拌。

※这时将蛋白霜混合均匀即可。

5 打发剩下的蛋白霜，待蛋白霜的泡沫均匀后将其全部放入步骤4中，从盆底开始充分搅拌。

※这时橡胶刮刀的动作要大，注意避免产生太多的泡沫。

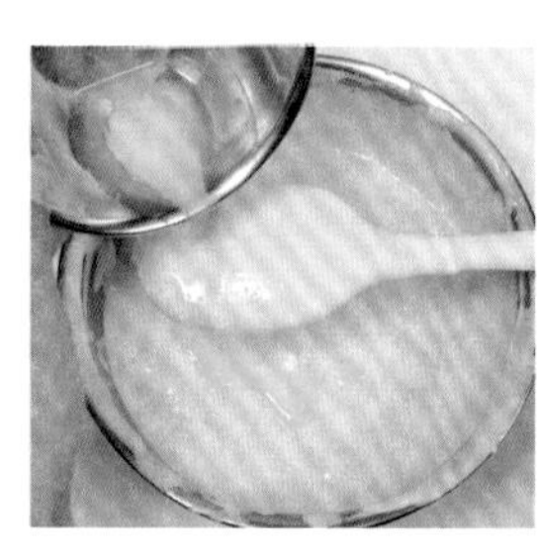

6 将熔化好的黄油倒在橡胶刮刀上面，均匀地洒在盆里，然后用橡胶刮刀从盆底开始充分搅拌。

酥皮甜饼

和面时在蛋白霜中加入杏仁粉。
除了当点心吃之外，还可以用来制作蛋糕。

材料（直径14cm、12cm的圆形模具各1个）

蛋白 …… 75g
白砂糖 …… 30g
低筋面粉 …… 10g
杏仁粉 …… 45g
糖粉 …… 45g

准备

- 低筋面粉过筛，混合杏仁粉和糖粉

制作方法

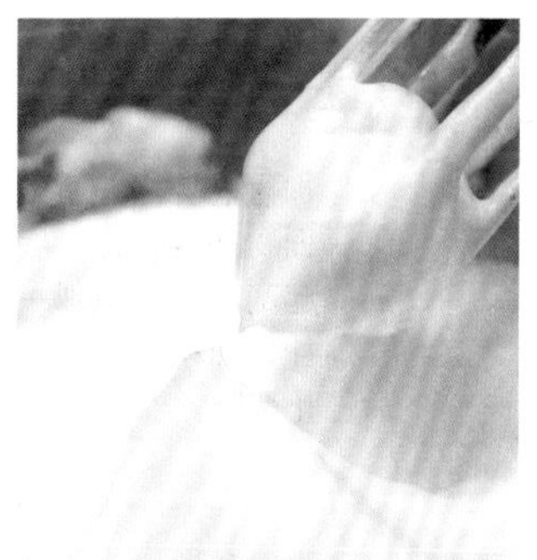

1 用蛋白和白砂糖制作蛋白霜（见P174的步骤2~5）。但质地要比制作普通甜饼更硬，以蛋白霜可以立起稳定的尖角为准。

※这是由于杏仁粉所含的油脂成分会消去泡沫，所以一定要充分打发。

2 加入混合好的低筋面粉、杏仁粉和糖粉。

3 先将橡胶刮刀立起，像切割面团一样纵向移动。

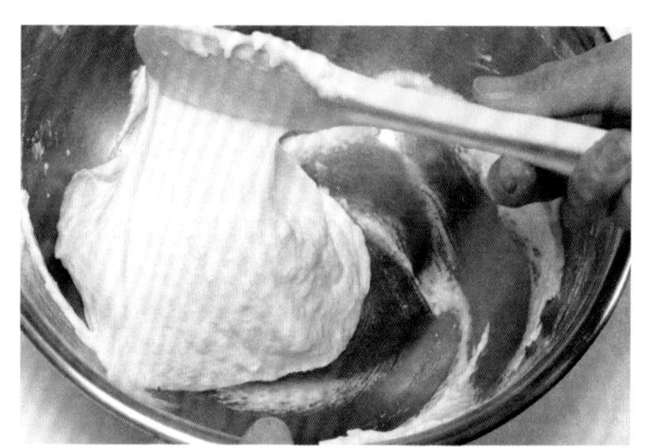

4 等到面粉完全融入蛋白霜之后，再从盆底开始搅拌。

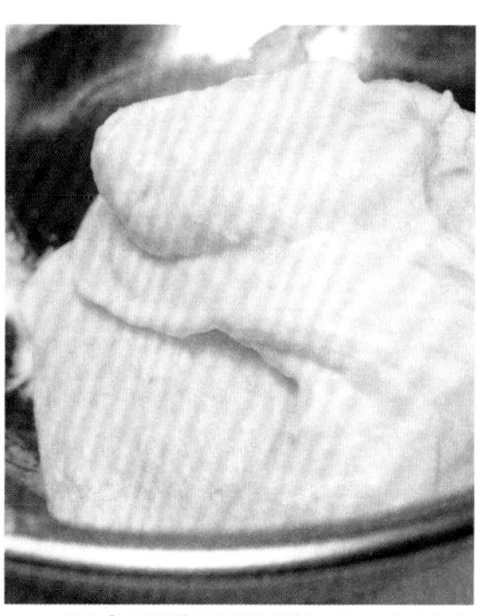

5 混合至看不到面粉时，和面完成。

基础蛋糕坯

挞皮

法语名为 pâte sucrée，是一种甜味挞皮。
其特点为制作过程中加入杏仁粉，口感清脆。

材料（直径18cm的挞模1个，直径7cm的挞模8个）

黄油……75g
糖粉……50g
食盐……1g
鸡蛋……25g（1/2个）
低筋面粉……120g
杏仁粉……20g

准备

- 黄油放在室温中熔化
- 鸡蛋放在室温中调开
- 低筋面粉和杏仁粉分别过筛，然后混合

制作方法

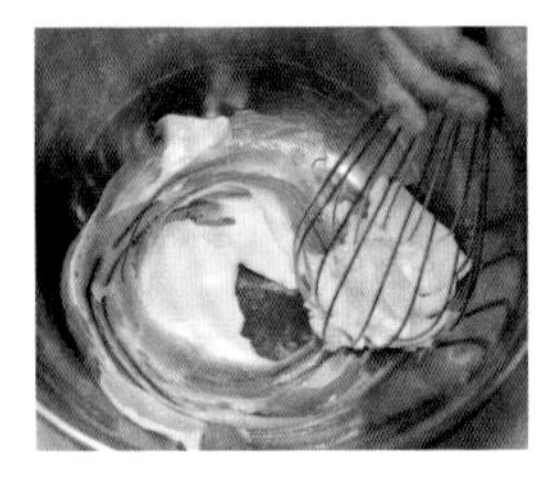

1 使用打蛋器打发黄油。

※黄油过于坚固的话，可以先放在案板上用手砸软，但是不要放在热水中加热。

2 在黄油中加入1/2的糖粉和全部的食盐，搅拌至看不到糖粉为止，然后加入剩下的糖粉混合。

※不需要起泡，只要看不见糖粉即可，注意不要过度混合。

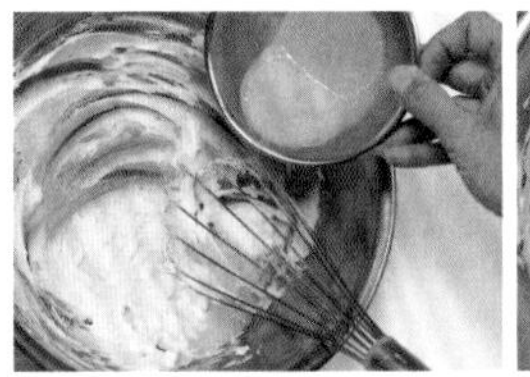

3 将鸡蛋分2~3次加入，每次都要充分混合。

※一次性放入的话不容易混合，所以要分次进行。

4 加入混合好的低筋面粉和杏仁粉，然后立起刮刀，像切割一样搅拌，面粉全部湿润后停止切割。

5 用刮刀刮动并扩展面团表面，使面团混合均匀。

※注意不要留下面块、黄油块等东西，一定要充分搅拌。

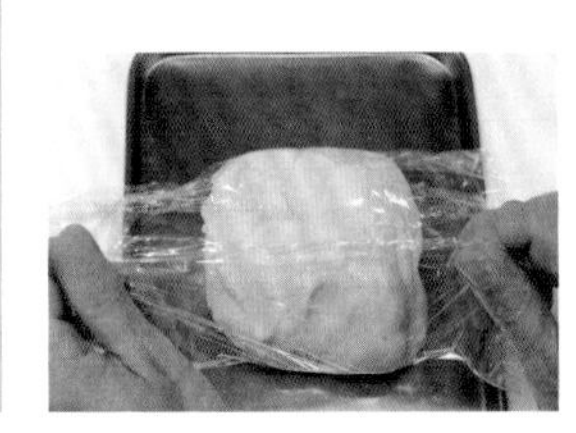

6 用保鲜膜包好，放入冰箱中冷藏。

※最少要冷藏2~3小时，可以的话最好在做蛋糕的前一天就放到冰箱里。

咸饼干

法语名为pâte brisée，是一种不加糖的咸味饼干。
由于烤制过程中容易收缩，一定要小心制作。

材料（直径18cm的挞模1个）

低筋面粉……150g
黄油……60g
蛋黄……1个
食盐……1g
水……30g

准备

- 低筋面粉过筛，然后放入冰箱中冷藏
- 将黄油放入冰箱冷藏

制作方法

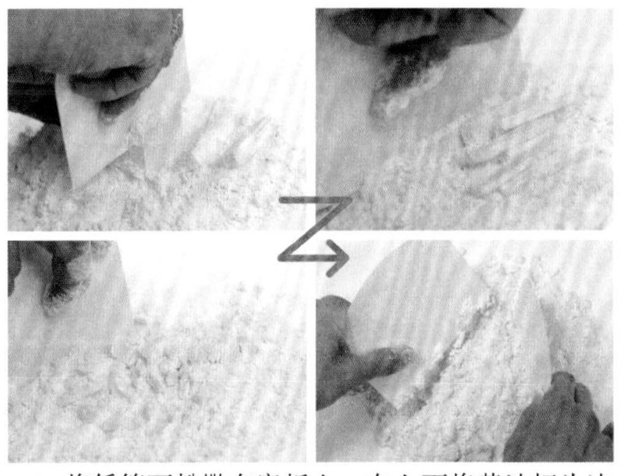

1 将低筋面粉撒在案板上，在上面将黄油切为边长1cm的方块，然后用2个橡胶刮刀快速上下切割，将黄油块切为红豆大小。

2 用双手将黄油和面粉搓在一起，直到黄油搓细，和面粉混在一起变成黄白相间的奶酪状为止。

※可以在搓的过程中让面粉从指尖漏出去。

3 在面粉中间挖1个坑，将蛋黄、食盐和水放在里面，然后用手搅拌混合。

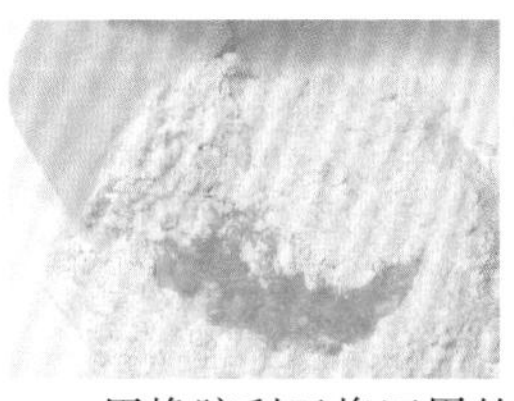

4 用橡胶刮刀将四周的面粉盖在上面，放置1分钟，用刮刀切割混合。

5 一直搅拌到看不见面粉为止。用刮刀将面团横向切为两半，再用手把其中一半盖在另一半上并压扁，再纵向切为两半，重复上面动作。

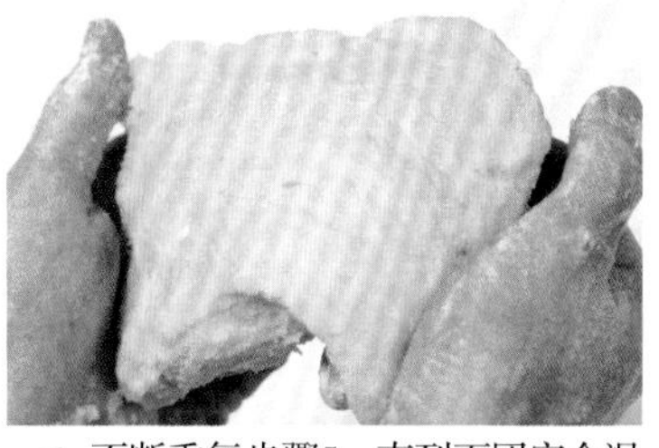

6 不断重复步骤5，直到面团完全混合均匀，中间不再有小的面块。

7 将面团团成圆球形，压扁，用保鲜膜包好，放在冰箱中冷藏。

※最少要冷藏2~3小时，可以的话最好在做蛋糕的前一天就放到冰箱里。

挞皮的入模、烤制方法

烤制大型挞皮时（直径18cm的挞模1个）

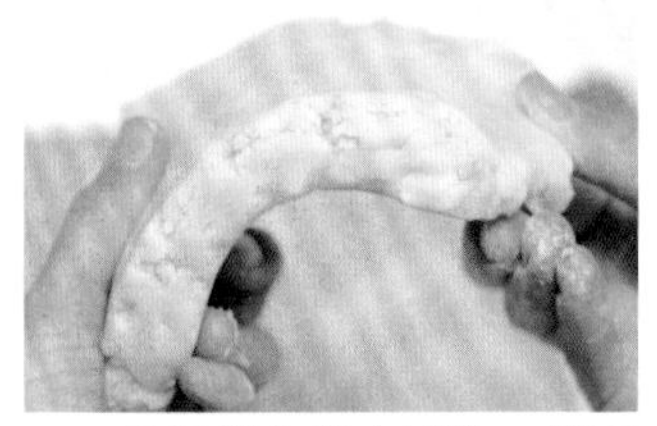

1 在案板上撒上面粉，把面团（见P178）放在上面，用擀面杖击打面团，将其调节至适合的硬度（弯曲面团时不会断裂）。

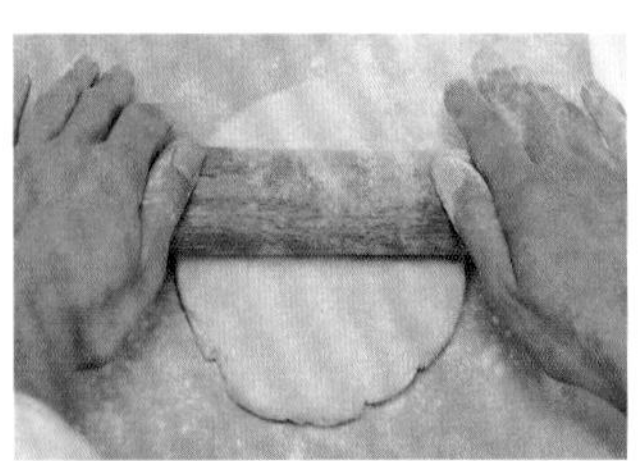

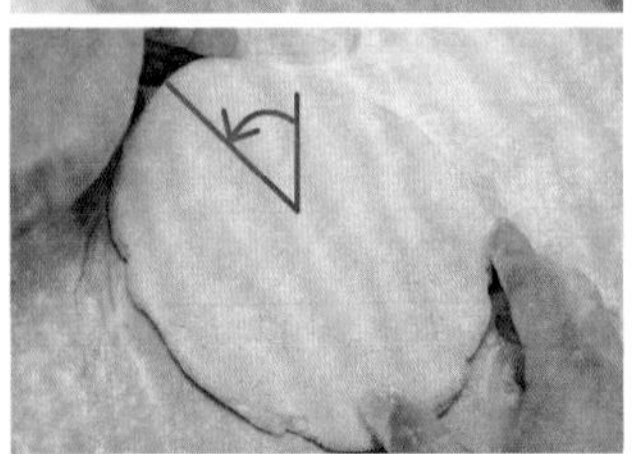

2 将面团团成球形，然后在上面撒上面粉并压扁，再用擀面杖上下擀开，同时不停地以约30° 旋转面饼。重复这一动作，直到其变成比挞模大一圈的厚3~4cm的圆饼。

3 用干燥的刷子刷掉多余的面粉，然后用打孔器（或餐叉）在上面打孔。

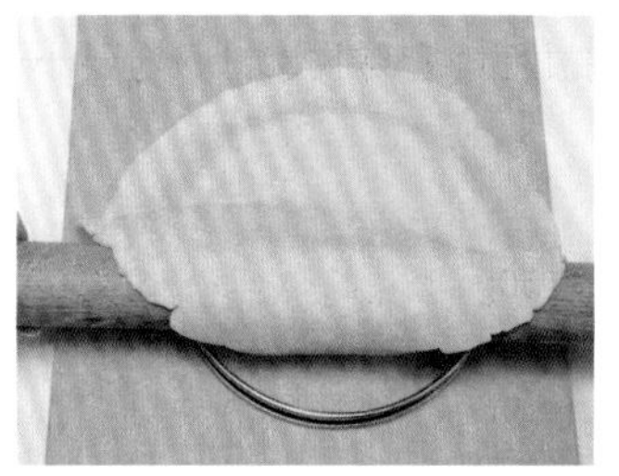

4 用擀面杖将面饼卷起，放在挞模上面。

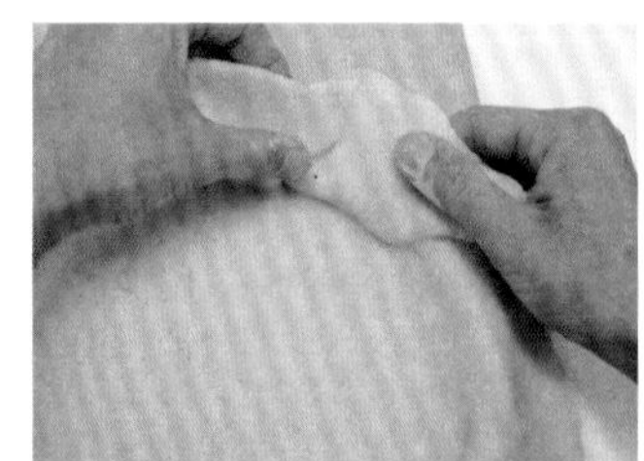

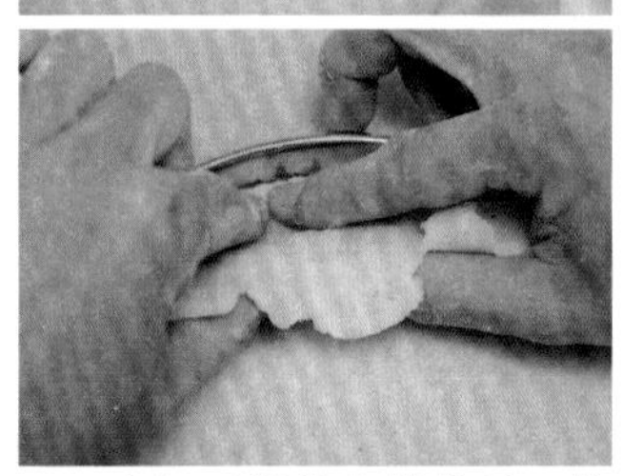

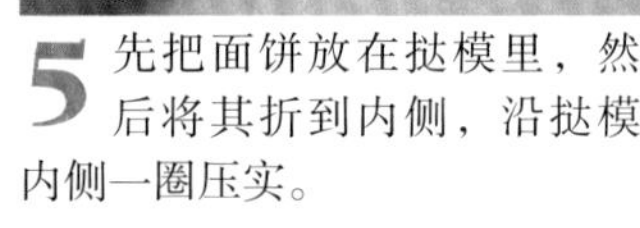

5 先把面饼放在挞模里，然后将其折到内侧，沿挞模内侧一圈压实。

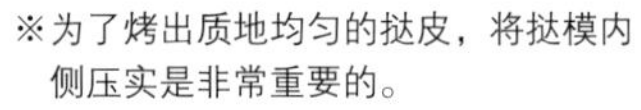

※为了烤出质地均匀的挞皮，将挞模内侧压实是非常重要的。

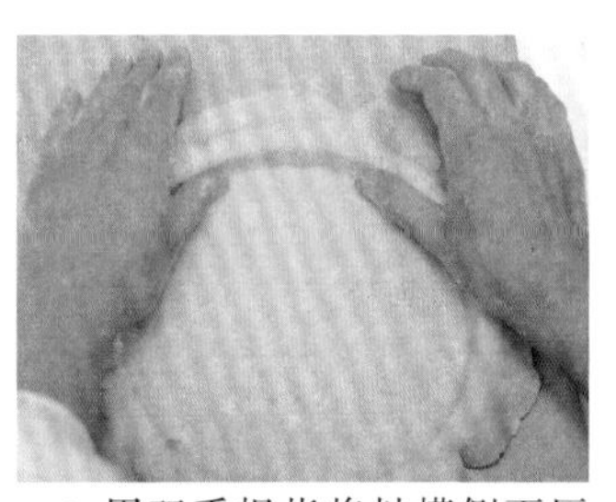

6 用双手拇指将挞模侧面压平。

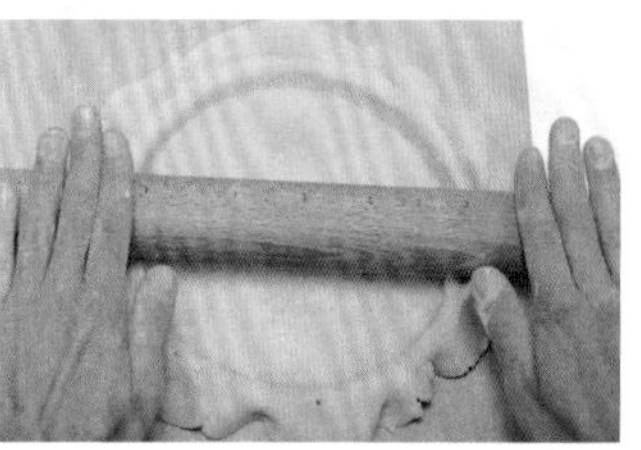

7 把擀面杖放在挞模上面来回擀压，将多余的面饼切掉。

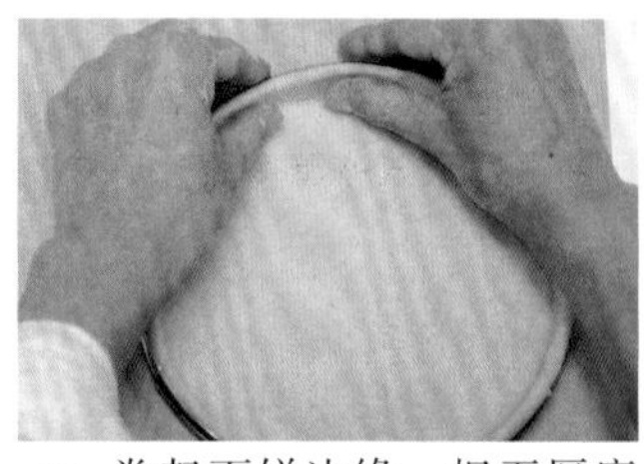

8 卷起面饼边缘，捏至厚度均匀，然后放入冰箱中冷藏。

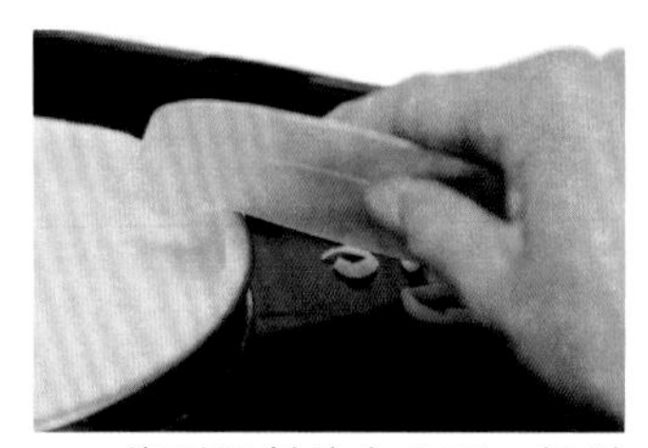

9 将刮刀斜放在上面，把露在挞模外面的面刮掉。

10 将比挞模大一圈的玻璃纸放在挞模上，四周贴紧面饼，在里面放上一定重量的红小豆。

※红小豆有烧烤专用的，也可以选择其他品种，重量适合即可，第1次使用前先放入180℃的烤箱中烤制大约20分钟，此后可以重复使用。

11 将挞皮放入170~180℃的烤箱中烤制20~25分钟，在15分钟时，如果挞皮边缘已经变色，可以将红小豆连同玻璃纸一起拿掉。

※烤制途中要拿掉红小豆，以防止挞底烤不熟。

12 将挞皮再次放入烤箱，直到整个挞皮都变为橙色，然后去掉挞模，放在冷却架（或木板）上冷却。

烤制小型挞皮时（直径7 cm的挞模8个）

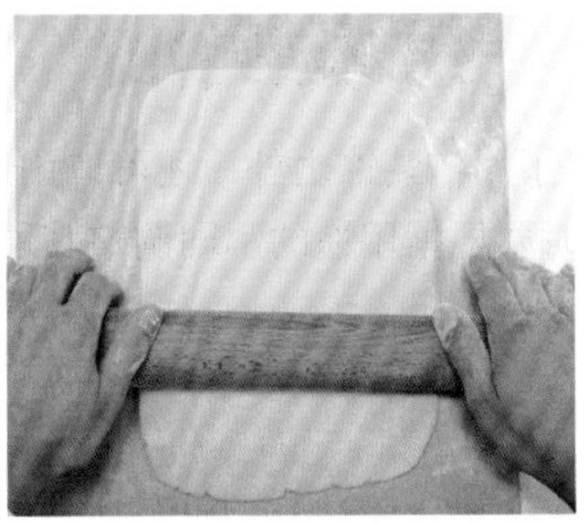

1 调节面团的硬度（见P180步骤1），将其擀为方形，在上面撒上面粉。然后上下擀动擀面杖，将面饼转动90°，同样再擀一遍。

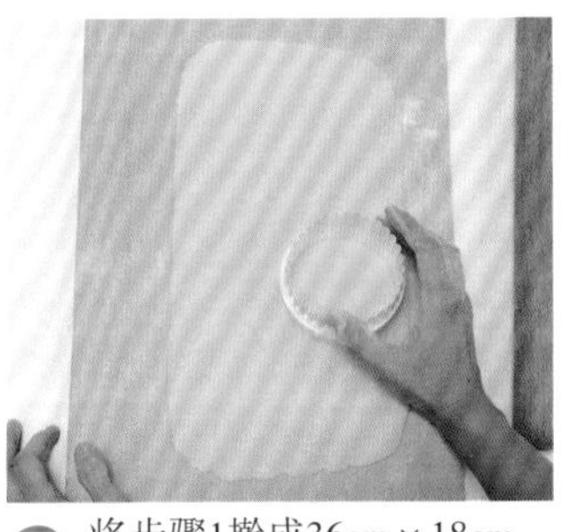

2 将步骤1擀成36cm×18cm、厚3mm的长方形，然后在上面放上直径9cm的圆形模具，确认面饼的大小。

※面饼的厚度同样重要，面饼不够大的话，可以在刻下圆形挞皮后将剩下的面团成团，冷藏后擀薄再次刻出挞皮。

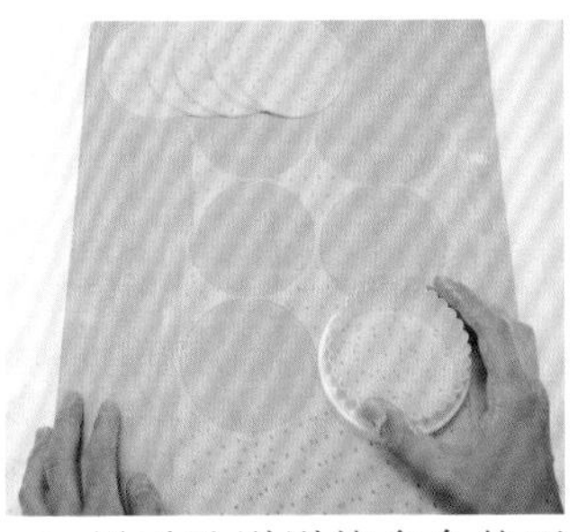

3 用干毛刷刷掉多余的面粉，然后用打孔器（或餐叉）打孔，用直径9cm的圆形模具刻下挞皮。

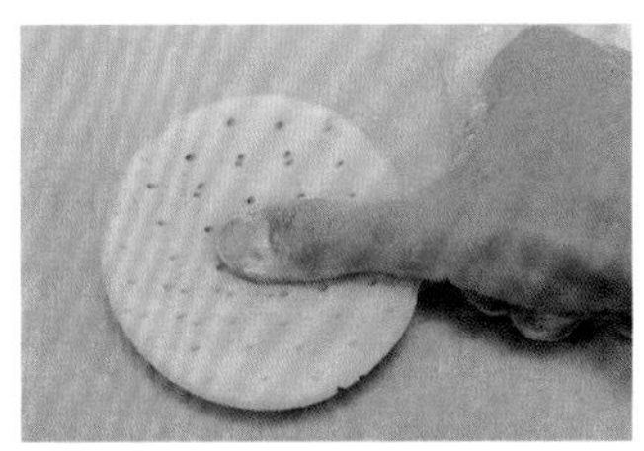

4 将挞皮放在挞模上面，将拇指放在其圆心上，将挞皮轻轻压在挞模里。

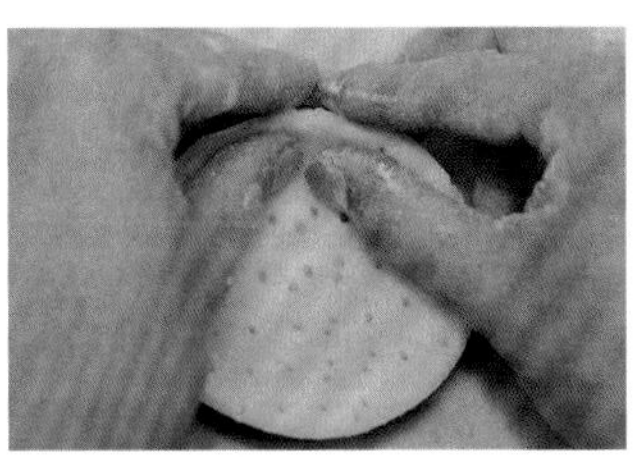

5 用手指将挞皮的四周压紧。

6 将挞模翻过来，看看挞皮是否恰好嵌入挞模当中。确认无误后将挞皮放入冰箱中冷藏。

※注意挞皮和挞模之间不要留有空隙。

7 将挞模上面露出来的面切掉（见P180步骤9），然后在里面铺上纸或铝箔，放上红小豆，放入烤箱中烤制（见P181步骤11~12）。

打发奶油

打发的奶油除了用作装饰之外，还可以用于调制慕斯。
使用时要根据用途的不同调整其硬度。

1 将生奶油放在盆里，然后将盆浸入冰水里。

2 加入白砂糖。

3 用打蛋器前后移动打发。

※没有必要总是拿起打蛋器观察，可以通过搅拌时的感觉确认液体的打发程度就可以了。

※注意打蛋器不要插得太深，以防止磨损容器底部。

※也可以使用电动打蛋器，但是注意不要过度打发。

4 当奶油变成糊状，拿起打蛋器时带起的奶油呈液态流下，并能画出完整的数字8。

↓

六分发

→适合制作巴伐利亚布丁等糕点

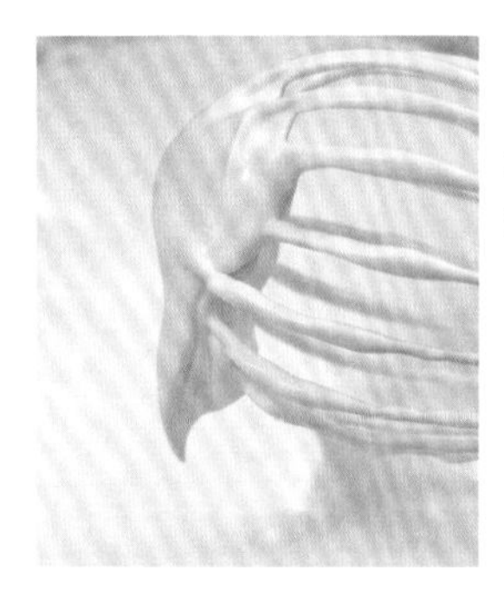

5 拿起打蛋器，奶油不再滴下，而是在容器平面上成缓和的锥形角。

↓

七分发

→适合涂抹蛋糕

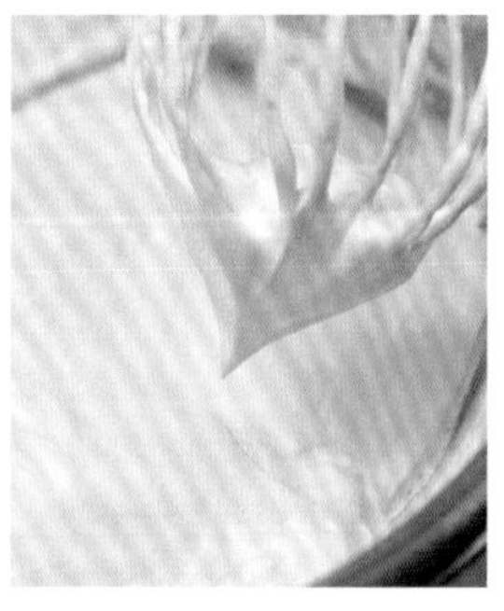

6 拿起打蛋器，奶油立起成为尖锐的锥形角。

↓

八分发

→适合装饰蛋糕

过度打发后的还原方法

奶油打发过度会使水分与油脂分离，反而变得干巴巴，这样的奶油是没法用的。如果一不小心将奶油打发成这样（如图所示），还可以还原回去，方法是在里面放入白砂糖轻轻搅拌均匀。

意大利蛋白霜

在打发后的蛋白中放入热糖汁继续打发，
直到其带有黏性和硬度。

材料（分量适合操作即可，制成后约重180g）

蛋白 …… 60g
白砂糖 …… 10g
糖汁
- 水 …… 35g
- 白砂糖 …… 110g

制作方法

1 在碗中加入蛋白和10g白砂糖，用电动打蛋器打发，拿起电动打蛋器，如果带起的蛋白霜断裂成尖角，并立刻弯折，这说明已经可以了。

2 做糖汁。在锅中加入指定量的水和110g白砂糖，加热沸腾后用湿毛刷擦掉飞溅在锅面上的糖汁。

※沸腾后不要再搅拌或晃动锅，不然砂糖将会由于振动而再度结晶。

3 在锅中放入温度计，当温度上升到118~120℃时关掉火。

※也有不使用温度计的确认方法（参照右下方说明）。

4 用电动打蛋器搅拌步骤1中的材料，然后一点点加入步骤3的材料，继续打发。

※将糖汁沿盆的边缘倒入。

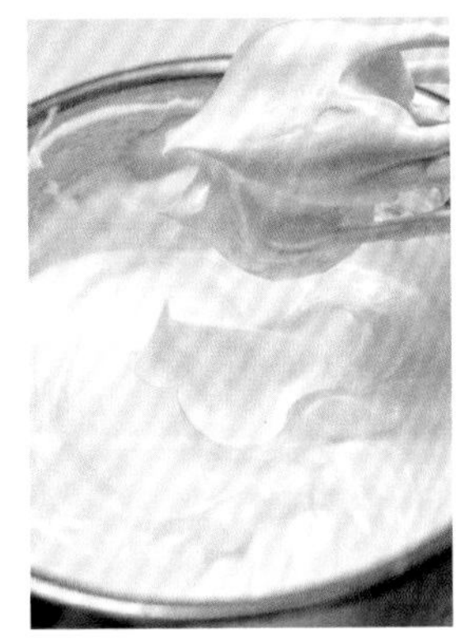

5 糖汁全部加入之后，用电动打蛋器高速打发，至能够用打蛋器带起尖角为止。

※如果用于装饰蛋糕（涂抹或裱花），这时候就可以了。

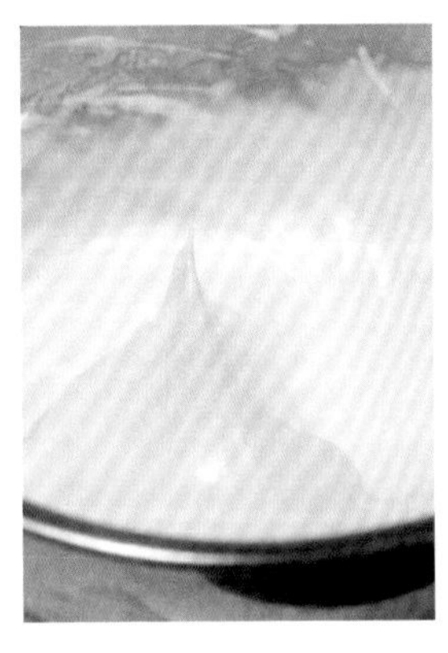

5 用电动打蛋器低速打发，直到蛋白霜变得像人的皮肤一样细腻就可以了。

※如果用于制作慕斯或黄油奶油，需要打发至这种程度。

糖汁温度的测量方法

当糖汁浓缩到带有黏度时，用勺子取出少许，放在冰水中冷却，待其凝固后从勺子上取下（见左侧照片）。然后用手指团成球形，如果用手捏可以变形就可以了（见右侧照片）。如果放入冰水后像水饴一样无法凝结为固体，则说明加热不足；如果凝结后的糖用手捏不动，就说明加热过度了。

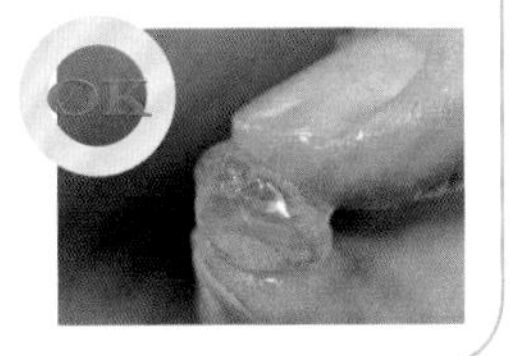

黄油奶油

制作时加入意大利蛋白霜，口感清爽。

材料（完成后重约480g）

黄油 …… 280g
意大利蛋白霜
　蛋白 …… 80g
　白砂糖 …… 15g
　糖汁
　　水 …… 40g
　　白砂糖 …… 120g

准备

・将黄油切成薄片，用橡胶刮刀压软。
※黄油过度冷却后，内部成分将会分离，难以变成柔软的奶油

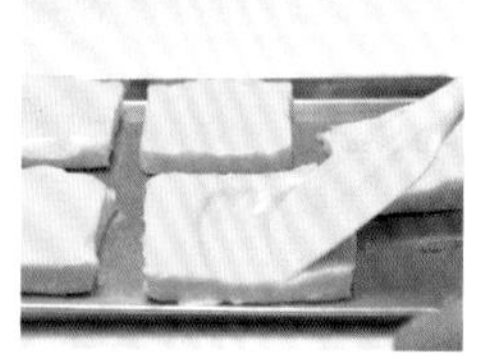

制作方法

1 制作意大利蛋白霜（P183）。一次性加入黄油，用电动打蛋器搅拌。

2 混合均匀后黄油奶油完成，质地轻盈，富有光泽。

※如果黄油奶油过于蓬松，可以放在火上加热1~2秒，并搅拌。

杏仁奶油

放入挞皮当中烤制蛋挞。

材料（完成后重约240g）

黄油 …… 60g
糖粉 …… 60g
鸡蛋 …… 60g
杏仁粉 …… 60g
朗姆酒 …… 适量

准备

・将黄油、鸡蛋放在室温中回温
・杏仁粉过筛

制作方法

1 将黄油放入容器中，用打蛋器混合至奶油状。分2~3次加入糖粉，每次都要充分混合。

※不需要打出气泡，每次只要糖粉看不见了就可以放入下一部分糖粉。

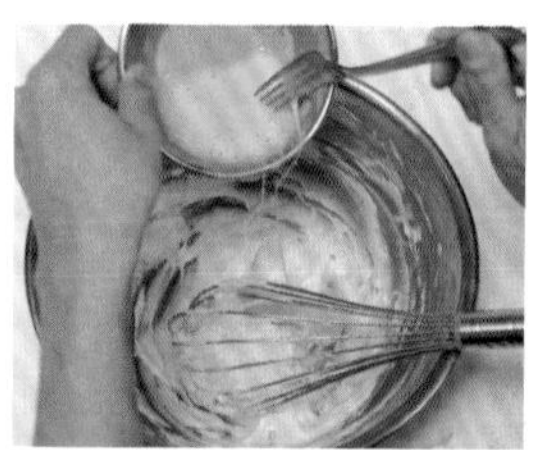

2 将鸡蛋打散，分3~4次放入步骤1中，每次都要搅拌均匀。

※如果将鸡蛋一次性加入会难以分离，所以每次都要将鸡蛋混合好后再加入另一部分鸡蛋。

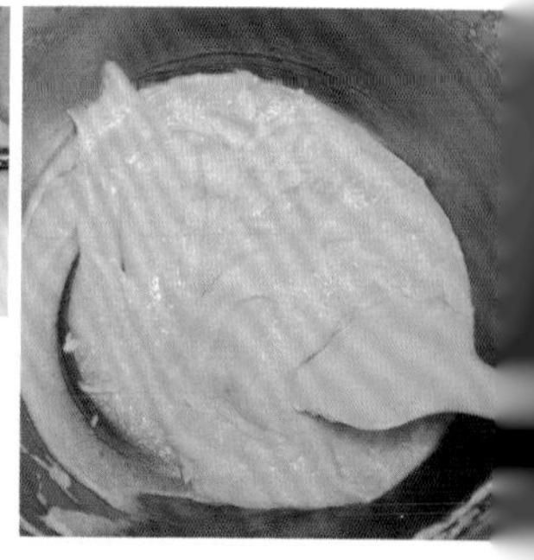

3 放入杏仁粉，充分混合均匀，加入朗姆酒，完成。

※放朗姆酒是为了增加香气，没有的话也可以不放。

甘纳许巧克力

在巧克力中放入充足的生奶油
是一种口感柔滑的巧克力奶油。

材料（制成后重约110g）

巧克力（甜味）………………………… 50g
生奶油（乳脂肪含量35%）……………… 50g
黄油 ……………………………………… 10g

准备

- 黄油放在室温中熔化

制作方法

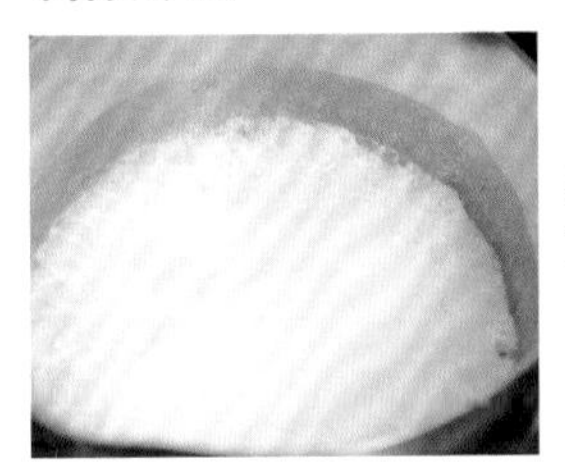

1 在锅中放入生奶油，加热至沸腾，然后从火上拿下，冷却至50℃。

※主要是为了杀菌，所以必须加热至沸腾。

2 将巧克力放入盆中，浸入约70℃的热水中熔化，加热至45~50℃，熔化后从热水中拿下来。

※根据巧克力种类不同，熔化的温度也有所不同。牛奶巧克力大约45℃，白巧克力大约40℃。

3 将熔化了的巧克力放入步骤1中的生奶油中。

4 用橡胶刮刀将全体混合均匀。

※掺入空气会变得白浊，所以不要使用打蛋器，只能用橡胶刮刀。

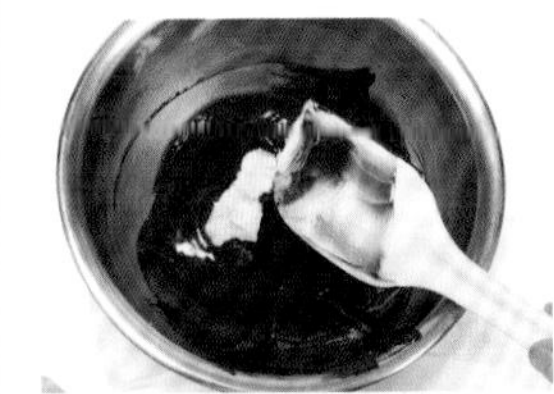

5 加入黄油，搅拌至熔化，完成。

甘纳许的主要用途

甘纳许有很多种使用方法，本书中主要包括：放在锥形袋中书写文字（P6和P96）、绘画花纹（P92）、作为奶油使用（P96和P132）。也有不加黄油的类型，但是加入黄油后质地会变得柔软，容易书写。

奶油蛋糊

在蛋黄、白砂糖、粉类中加入温牛奶加热，
然后加入香草调味。

材料（做好后重约350g）

牛奶 250g
香草荚 1/4个
蛋黄 3个
白砂糖 75g
低筋面粉 15g
玉米淀粉 10g

准备

- 混合低筋面粉和玉米淀粉并过筛

制作方法

1 香草荚纵向切开，用刀尖取出种子。

2 在锅中放入牛奶、香草荚和种子，然后加热至锅的边缘部位沸腾。

3 在另一碗中放入蛋黄，用打蛋器打散，加入白砂糖混合至发白。

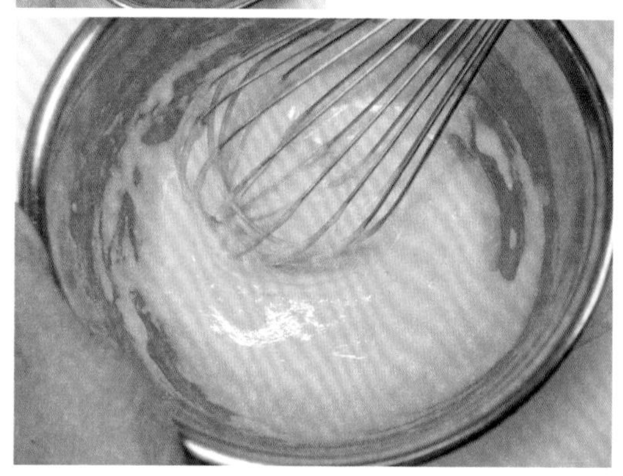

4 加入筛过的低筋面粉和玉米淀粉。

※搅拌至看不见粉末即可，不要混合过度。

5 加入1/3的温牛奶，混合均匀后再加入剩下的牛奶搅拌。

6 用滤勺过滤并倒入锅中。

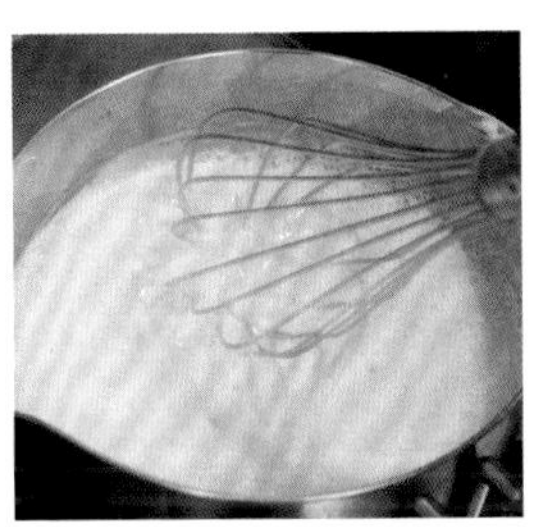

7 用中强火加热，从锅底搅拌混合并加热。

※当液体变成奶油状时最容易烧煳，注意不要停止搅拌。

8 当液体到达一定浓度并变成奶油状时，会变得黏而重，缺乏弹性，这时应继续加热。

※注意这时候不要停止加热。

※如果这时停止加热，会由于加热不足而留下很多没有化掉的面粉。

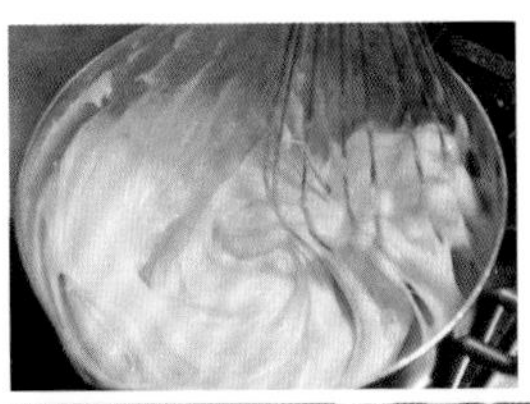

9 继续加热，直到面糊失去黏性且泛出光泽，这时关火。

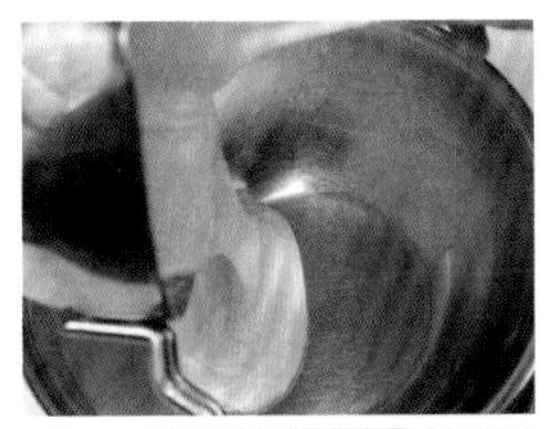

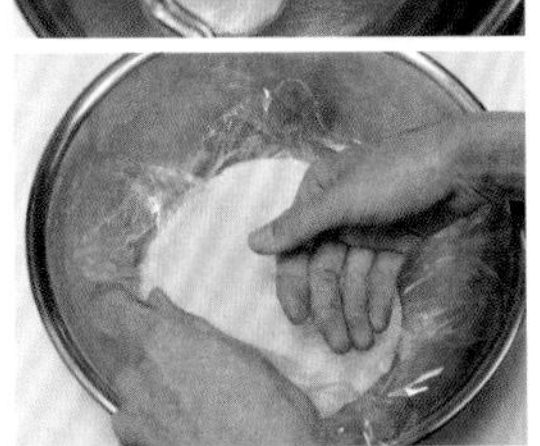

10 将面糊移到盆中，在上面盖上保鲜膜以防止其变干，然后立刻将盆浸入冰水里冷却。完全冷却后放入冰箱中冷藏备用。

※包上保鲜膜可以防止面团由于余热而水分蒸发，变成干面坨。

※急速冷却是为了防止细菌滋生。

加热程度的确认方法

冷却后揭掉保鲜膜，将面团翻过来。如果能够很干净地翻过来，说明加热充分；如果面团粘在盆底，则说明加热不足（如在步骤8中停止加热）；如果虽然能翻过来，但是用打蛋器无法再将其打成奶油状，说明加热过度了。

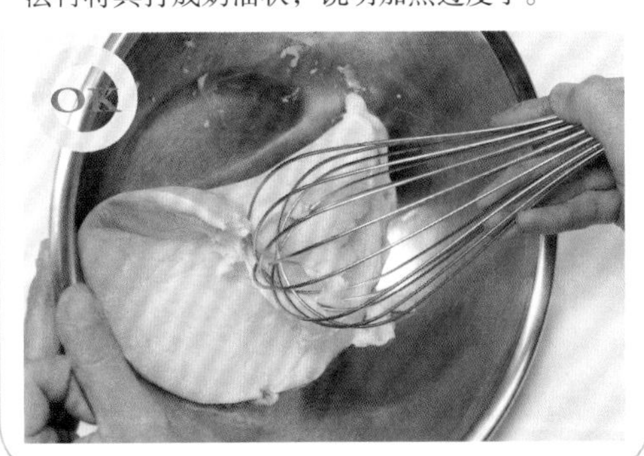

装饰工具

这里介绍在装饰蛋糕时使用到的主要工具，
请根据自己的用途进行选择。

裱花嘴

从左开始分别是星形裱花嘴、蒙布朗裱花嘴、圣安娜裱花嘴、半排花嘴和圆形裱花嘴。请根据要裱花的形状选择使用。

裱花袋

有塑料袋和布袋等各种材质的裱花袋。推荐使用重量轻、质量好、洗过之后可以重复使用的厚塑料袋裱花袋。

旋转台

涂蛋糕的必备用具，蛋糕直径如果在15~18cm，推荐使用直径27cm的旋转台。

抹刀

从上到下分别是大抹刀、小抹刀、直角抹刀、三角抹刀。

蛋糕装饰中最常用的是大抹刀。如果是细节雕琢或涂抹小型蛋糕，使用小抹刀会比较灵活。直角抹刀请参照下面的说明。三角抹刀常用于制作巧克力装饰。

抹刀与直角抹刀的选择

在完成相同工作时往往选用抹刀，比如涂抹奶油、刮掉慕斯、扩展回火巧克力等。而直角抹刀则通常是用来完成低位置的任务，由于手柄成L形直角，即使作业台很低，拿住抹刀的手也不会妨碍自己的工作。

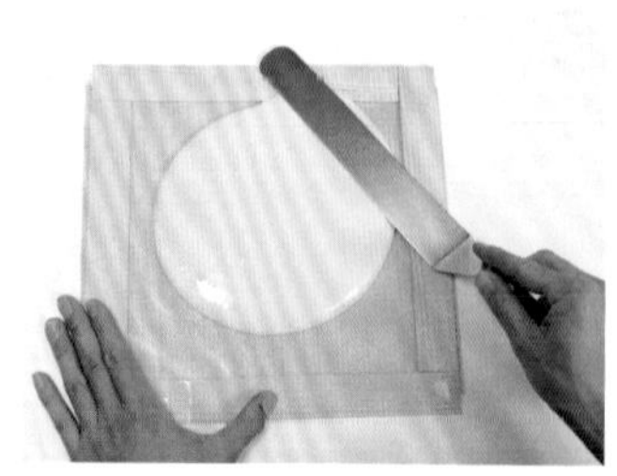

切刀

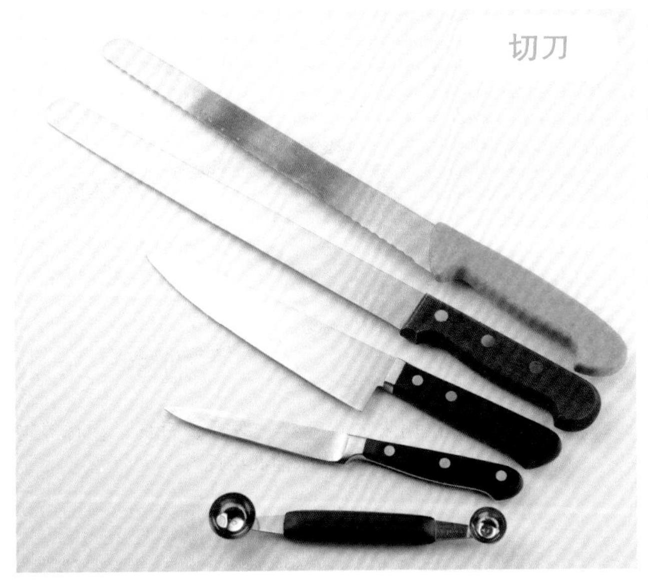

从上到下分别是波状切刀、蛋糕切刀、牛刀、水果刀、挖勺。

波状切刀主要用来切派底和挞皮，也可以用来切海绵蛋糕。蛋糕切刀主要用来切柔软的海绵蛋糕。牛刀是主要用来切巧克力和核桃，还可以雕刻巧克力，属于多功能切刀。水果刀主要是用来切水果。挖勺则是用来挖取香瓜球、切削巧克力卷的工具。

滤茶器

用来撒装饰用的糖粉和可可粉。

万能筛

本书中主要用来制作蛋糕屑。

擀面杖

本书中用来擀平蛋白软糖、制作螺旋形巧克力。

刷子

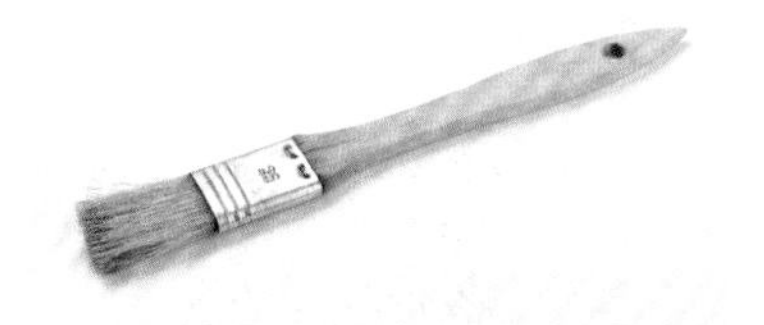

用来涂镜面果胶和果酱，使用时要先蘸水，然后再将其擦干。使用过后要注意洗净并晾干。

关于硅胶毛刷

硅胶毛刷的特点是容易维修改造，适合刷糖汁等液态物品。但是，如果是果酱等胶状物，会塞在刷子里难以处理。

胶膜

在铺展甘纳许和巧克力时使用。

托盘

可以用来放置容器、案板、刀具、食材等物品。反面可以用来铺展巧克力。

印花器

左边为木纹印花器，右边为长方形印花器。可以用来制作巧克力花纹等。木纹印花器是用来印制木纹的，而反面也可以用来印制斑纹。由于长方形印花器两面凸起的宽度不一，所以可以用来制作两种不同的花纹。

使用印花器制作不同的花纹

以不同的方式移动印花器，可以刻出不同的花纹。如果直着向下拉是直线花纹，如果左右摇晃向下拉则能刻出波浪纹。

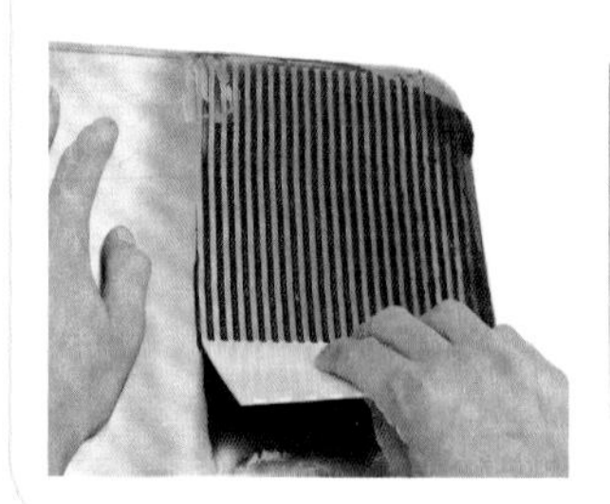

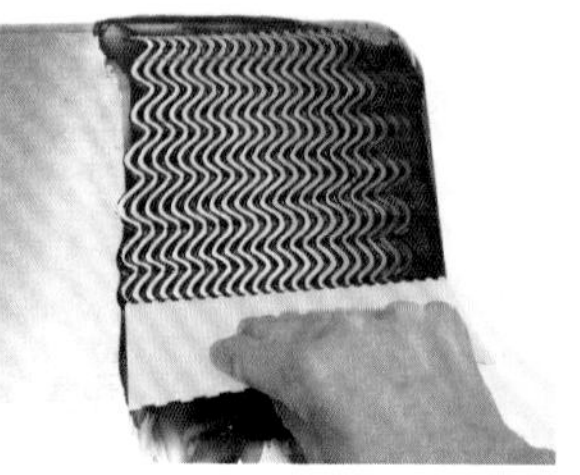

直尺

除了可以测量长度之外，还可以用来切割面团等。

冷却架

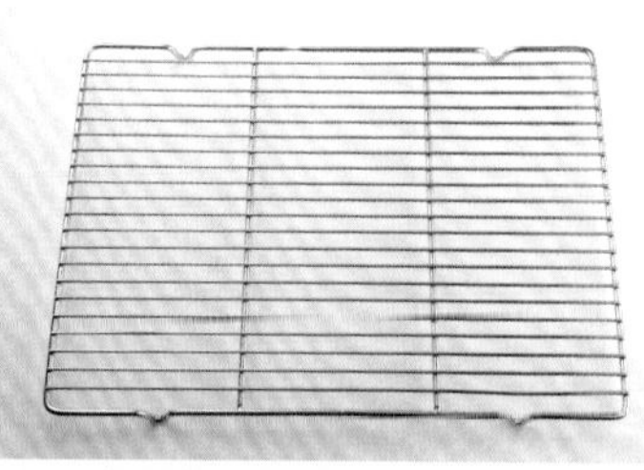

可以将蛋糕放在上面浇巧克力镜面。

勺子

用来制作椭圆球。咖喱勺和茶勺等具有一定深度的勺子比较适合使用。

模具

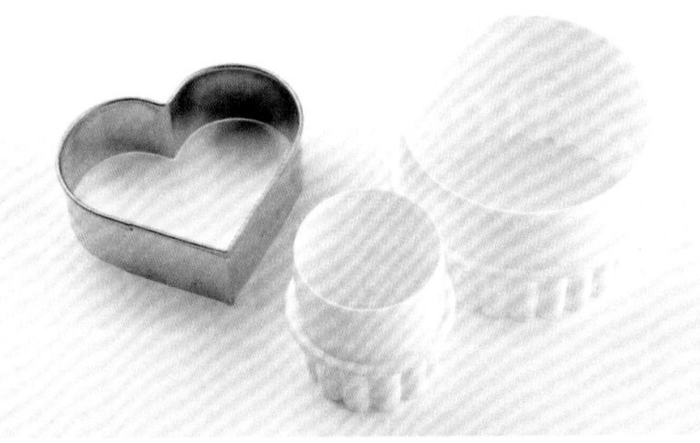

模具的用途非常广泛，既可以用来刻制软糖和巧克力模型，也可以用其边缘切削巧克力。

竹扦

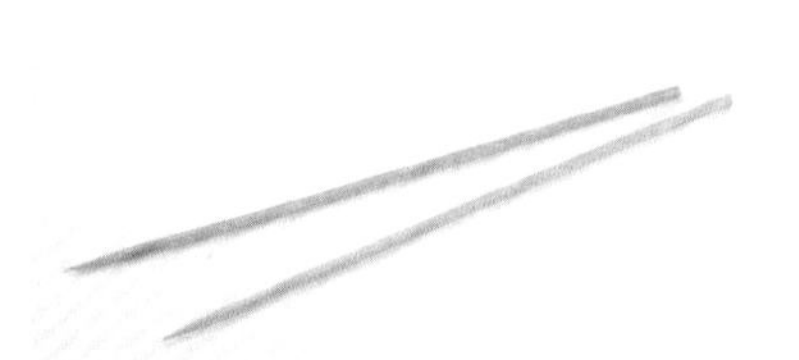

使用两根竹扦夹取金箔和其他细小装饰。

半月形模具

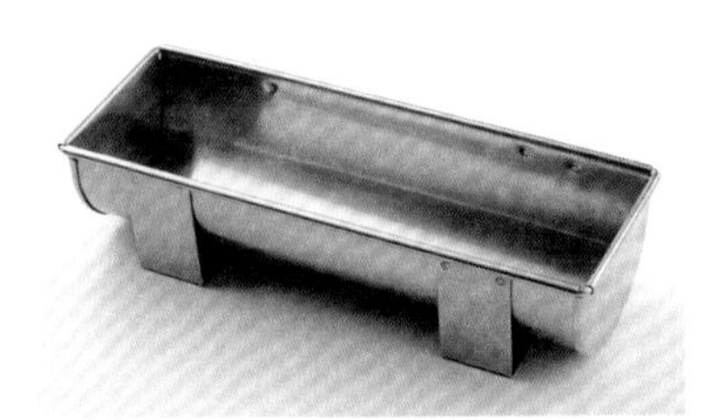

当需要制作曲形蛋糕或装饰时使用。

制作曲线装饰的简易器具

当需要制作巧克力饰带等曲面装饰时，如果手头上没有半月形模具，也可以使用空瓶、空罐、保鲜膜芯、擀面杖等物品替代。根据自己需要的装饰物的大小选用粗细适当的工具。

喷枪

用于给蛋糕烤出焦色。使用时要注意安全，给蛋糕等烤出焦色时，作业台要选用烤板等耐火材具。

喷枪的使用方法

烤枪需在制作平面黄油奶油的外层焦圈或果物焦面时使用。烤水果时将火焰置于果物10~15cm以外。另外，烘烤模具可使已经凝固的奶油慕斯更易于取出。

图书在版编目（CIP）数据

蛋糕装饰技法大全 /（日）杉本都香咲著；徐泽华译. -- 石家庄：河北科学技术出版社，2017.9
ISBN 978-7-5375-9185-0

Ⅰ. ①蛋… Ⅱ. ①杉… ②徐… Ⅲ. ①蛋糕－糕点加工 Ⅳ. ① TS213.2

中国版本图书馆 CIP 数据核字 (2017) 第 201105 号

蛋糕装饰技法大全

［日］杉本都香咲　著　　徐泽华　译

策划制作：北京书锦缘咨询有限公司（www.booklink.com.cn）
总 策 划：陈　庆
策　　划：李　伟
责任编辑：刘建鑫
设计制作：王　青

出版发行　河北科学技术出版社
地　　址　石家庄市友谊北大街 330 号（邮编：050061）
印　　刷　北京和谐彩色印刷有限公司
经　　销　全国新华书店
成品尺寸　170mm × 240mm
印　　张　12
字　　数　240 千字
版　　次　2017 年 10 月第 1 版
　　　　　2017 年 10 月第 1 次印刷
定　　价　58.00 元